智能机器人应用技术系列

机器视觉应用技术

管明雷　主　编

张　伟　连国云　任　晋　董　超　副主编

杨　欧　主　审

電子工業出版社

Publishing House of Electronics Industry

北京・BEIJING

内 容 简 介

本书分为4篇，主要内容包括机器视觉认知、图像颜色的空间转换和基本变换、检测目标图像的边缘、分割目标图像、拼接两张图像、使用OCR识别文字、检测人脸、手动搭建BP神经网络实现图像识别、搭建卷积神经网络实现手写数字图像识别、基于ResNet50实现限速牌识别、实现零件的自动分拣、实现工业钢材的缺陷检测、实现医学X-ray影像的肺炎检测、实现机器小车的目标跟随、实现机器小车的视觉巡线与自动驾驶、实现视觉SLAM建图。

本书可作为职业院校和应用型本科院校人工智能等专业教材。

图书在版编目（CIP）数据

机器视觉应用技术 / 管明雷主编. —北京：电子工业出版社，2023.9

ISBN 978-7-121-46354-9

Ⅰ. ①机… Ⅱ. ①管… Ⅲ. ①计算机视觉 Ⅳ. ①TP302.7

中国国家版本馆CIP数据核字（2023）第175470号

责任编辑：朱怀永
印　　刷：固安县铭成印刷有限公司
装　　订：固安县铭成印刷有限公司
出版发行：电子工业出版社
　　　　　北京市海淀区万寿路173信箱　邮编　100036
开　　本：787×1 092　1/16　印张：20.75　字数：531.2千字
版　　次：2023年9月第1版
印　　次：2025年1月第3次印刷
定　　价：59.80元

凡所购买电子工业出版社图书有缺损问题，请向购买书店调换。若书店售缺，请与本社发行部联系，联系及邮购电话：（010）88254888，88258888。

质量投诉请发邮件至zlts@phei.com.cn，盗版侵权举报请发邮件至dbqq@phei.com.cn。

本书咨询联系方式：（010）88254608，zhy@phei.com.cn。

前　言

党的二十大报告指出，推动战略性新兴产业融合集群发展，构建新一代信息技术、人工智能、生物技术、新能源、新材料、高端装备、绿色环保等一批新的增长引擎。

为贯彻落实党的二十大精神，培养高素质技能人才，助推产业和技术发展，建设现代化产业体系，编者依据机器视觉领域的岗位需求和院校专业人才目标编写了本书。

本书通过典型的工作任务将机器视觉的常用技术与实际应用紧密结合起来，突出理论实践一体化的教育理念。全书 4 篇、16 个任务，主要内容包括机器视觉认知与图像的基础算法、机器视觉常见应用、工业机器视觉与应用、智能机器人视觉与应用。

本书特色如下：

（1）将理论与实践相结合。本书知识点紧扣工作任务而展开，在介绍机器视觉相关技术和算法的基础上，进一步设置任务设计、任务实施和任务评价的环节。

（2）以实际应用为导向。本书紧扣机器视觉领域工作任务的具体实施流程，希望让学习者通过学习可以利用所学知识来解决实际的机器视觉问题。

（3）注重企业真实应用和内容的实用性。本书的 16 个任务中，有多个任务是基于企业真实应用案例的，仅经过细微改造，着重于实际工业应用解决方案的实施过程。

本书适用对象：

（1）开设机器视觉相关课程的职业院校的学生。

（2）机器视觉应用开发人员。

（3）从事智能制造相关研究的科研人员。

代码下载及问题反馈：

为了帮助读者更好地使用本书，本书配有教学视频、原始数据文件、Python 程序代码；为方便教师授课，本书还配备了 PPT 课件、教学大纲、教学进度表和教案等教学资源，教师如有需要可联系作者或出版社索要扫描书中二维码进行观看或下载。

编者已经尽最大努力减少在文本和代码中出现错误，但是由于水平有限，书中难免存在疏漏和不足之处，敬请广大读者批评指正。如果您有宝贵意见，欢迎将意见发送至 guanminglei@szpt.edu.cn 邮箱，编者会根据您的反馈意见进一步完善本书内容。

编　者

2022 年 12 月

目 录

第1篇 机器视觉认知与图像的基础算法

第2篇 机器视觉常见应用

第 3 篇 工业机器视觉与应用

第 4 篇 智能机器人视觉与应用

第1篇　机器视觉认知与图像的基础算法

任务 1

机器视觉认知

随着科学技术和工业智能化的快速发展，机器视觉作为可替代人眼的一种新型检测技术受到越来越多的关注。例如，在生产制造业中，传统的人工检测方式存在生产效率低、检测误差大、检测后无数据存储等缺点，而智能化机器视觉检测技术具有实时性、非接触性、高精度、高效率、高稳定性等优点，有着非常广泛的应用前景。本任务主要介绍机器视觉的相关概念、系统组成、工作原理、识别方式及常用的机器视觉工具等，期望学习者掌握机器视觉的相关理论知识，为今后的实践操作奠定基础。

【任务要求】

了解机器视觉的相关概念，熟悉机器视觉系统的组成、工作原理、识别方式及常用的机器视觉工具。

【相关知识】

1.1 机器视觉简介

机器视觉旨在通过模拟人类的视觉系统进行事物的测量与判断，了解机器视觉的背景、基本概念和成像原理，是促进人们对机器视觉进行研究的基础。

1.1.1 机器视觉的背景

机器视觉的研究始于 20 世纪 50 年代，研究人员开始对二维图像的模式进行识别；20 世纪 60 年代，美国学者罗伯兹提出了多面体组成的积木世界概念，其中预处理、边缘检测、对象建模等技术至今仍在机器视觉领域中应用；20 世纪 70 年代，大卫·马尔提出的视觉计算理论给机器视觉研究提供了一个统一的理论框架；20 世纪 80 年代以来，对机器视觉的研究形成了全球性热潮，尤其是处理器、图像处理等技术的飞速发展进一步推动了机器视觉的蓬勃发展，新概念、新技术、新理论不断得以涌现。

目前，较为先进的机器视觉技术仍由发达国家掌控，并且还开发出了相应的机器视觉软、硬件产品。中国目前正处于由劳动密集型向技术密集型转型的时期，对能够提高生成产效率、降低人工成本的机器视觉方案有着大量的需求。也正因为如此，中国正在成为机器视觉技术发展与应用最为活跃的地区之一。尤其是随着长三角和珠三角地区成为国际电子和半导体技术的转移地，进一步促使这些地区成为机器视觉的技术聚集地，许多具有国际先进水平的机器视觉系统随之进入了中国。与此同时，国内的机器视觉企业也在与国际机器视觉企业的良性竞争中不断茁壮成长，许多大学和研究所都在致力于机器视觉技术的研究。

1.1.2 机器视觉的基本概念

人类获取外部世界的信息大部分来自视觉，视觉是人类观察与认识世界的最重要方式。而基于人类视觉的原理，使机器也能够像人一样利用视觉认知世界，成为人类的梦想。随着计算机技术及相关技术的快速发展，以人的视觉系统为基础的仿生工程也逐步发展起来。在这一过程中形成了“计算机视觉”这一新兴学科。计算机视觉的研究目标是通过一张或者多张图像认知周围的环境，使之不仅能够完成像人眼一样的功能，还能够完成人眼不能够胜任的任务。

不同于纯粹的计算机视觉理论，机器视觉是基于计算机视觉技术的工程应用。机器视觉通过计算机来模拟人的视觉功能，首先从客观的图像中对信息进行提取，然后使用模仿人类大脑工作机制的方式对图像进行处理、加工和识别，最后得出对图像处理后的判断结论及对应的执行、控制等相关动作。机器视觉是由多个领域和多个学科交叉结合而产生的新型技术，其涉及光学成像、人工智能、计算机软硬件技术、控制技术、生物学、图像处理技术等。当前，随着现代技术的快速发展，机器视觉的应用已逐渐成熟，成为社会发展不可缺少的技术之一。机器视觉在生产、生活等多个领域得到广泛应用，如工业、农业、医疗、交通等。在工业领域中，机器视觉被应用在部件的装配、非接触测量、数控机床加工等多个生产环节，国内比较常见的是应用在产品的检测与定位环节；在农业领域中，机器视觉主要应用在农业植物种类识别、产品的品质检测与分级等环节；在医疗领域中，机器视觉主要应用在医学疾病的诊断、药用玻璃瓶的缺陷检测、药剂杂质的检测及对药品外包装泄漏的检测等环节；在交通领域中，机器视觉主要应用在视频检测、安全保障、车牌识别等系统中。

1.1.3 成像原理

视觉是一个复杂的感知和思维过程，视觉器官中眼睛接受外界的刺激信息，大脑对这些信息通过复杂的机理进行处理和解释，使这些刺激具有明确的物理意义。当前的生物视觉信息处理方式可以分为自底向上和自顶向下两种方式。

自底向上是前馈，指基于数据驱动的处理方式；自顶向下是反馈，指利用前期积累的对目标的先验知识，对目标未来状态做出期望和假设，是基于概念驱动或者任务驱动的方式。人类视觉系统之所以功能强大，是因为视皮层之间存在着反馈、关联和记忆存储等功能，这些功能指导人类视觉系统做出正确的选择。而机器视觉则是模拟人的视觉认知机制，成为一个复杂精密、智能高效的系统。

人类视觉系统的信号处理流程如图 1-1 所示。首先，外部信息进入 Retina（视网膜），视网膜中主要包括光感受器、双级细胞和神经元细胞；然后进入 LGN（侧膝状体），侧膝状体将视网膜传出的视觉信号进行传递；其次进入视皮层处理区域（依次是 V1、V2、V4、

PIT 和 AIT）；最后到达大脑高级区域视觉神经通路（PFC、PMC 和 MC），从而得出相关的反馈行为。

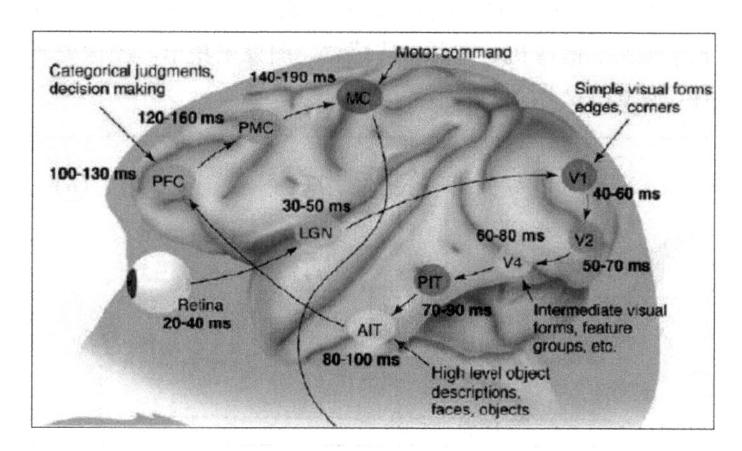

图 1-1　人类视觉系统的信号处理流程

由图 1-1 可知，视觉神经通路最核心的区域是视皮层，而视皮层的功能其实与计算机视觉算法的功能存在相互对应的关系。V1 区属于初级视觉皮层，主要功能是对输入的图像信息提取边缘特征；V2 区是对目标初级轮廓部分进行检测；V4 区执行更高层的视觉抽象和分析，如对目标分类、定位和跟踪等。人的眼睛、侧膝状体（LGN）、初级视觉皮层和高级视觉皮层，可以理解为对目标初级特征进行收集和抽取。

虽然机器视觉是模拟人类视觉进行工作的，但两者有着一定的区别，如表 1-1 所示。例如，机器视觉可以观测的范围很广、测量精确度高、灵敏度高和工作效率高等。而人眼会受到认知和生理等方面的限制，主观性强，导致识别率不高、分辨力差甚至精度低等情况。因此，现今大部分领域需要采用机器视觉技术，尤其是在某些精密化要求较高的行业。越来越多的像素尺寸需要达到微米级，而微米级的像素尺寸远超于人类视觉能达到的精度。

表 1-1　人类视觉与机器视觉的比较

性能	人类视觉	机器视觉
智能	基本没有智能性	较高的智能化，易观察到显微的变化
反应速度	速度不高，对于高速运动的物体不便观测	高速，便于观察
适应性	有人的主观性因素	适应性强
环境要求	较高	不高，可以自身调节
感光范围	380～780nm 的可见光	光谱范围宽，包括可见光、紫外光谱、红外光谱
观测精度	低	可达微米级
彩色识别力	识别力不强，不具有量化能力	一般的图像采集系统对彩色的识别较差，但具有量化的特点
其他	主观性强，工作时长受限	客观，工作效率高，时间长

1.2　机器视觉系统

机器视觉系统是实现机器视觉功能的核心，了解机器视觉系统的组成及系统中不同类型的采集设备，是研究机器视觉系统的第一步。

1.2.1 机器视觉系统的组成

一个典型的机器视觉系统可分为 3 部分，即图像采集部分、图像处理部分和运动控制部分，主要包括光学镜头、摄像机、光源、传感器、图像采集卡、图像处理系统、输入输出和执行机构等部件，如图 1-2 所示。

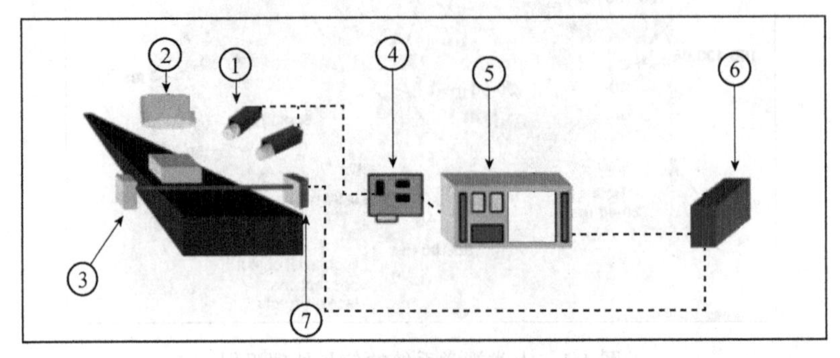

1—光学镜头与摄像机；2—光源；3—传感器；4—图像采集卡；5—图像处理系统；6—输入输出机构；7—执行机构

图 1-2 典型的机器视觉系统组成

图 1-2 中的各部件介绍如下。

① 光学镜头与摄像机。对于一个摄像机来说，其光学镜头至关重要，是摄像物体成像的关键器件，对目标信息的获取有着较大的影响。光学镜头是与被测物体距离较近的部件，相当于人眼的晶状体，入射光正是通过光学镜头才使得外界的景物成像到摄像机光敏面上。光学镜头的质量直接影响系统的整体性能，因此合理选择并安装光学镜头是保证清晰成像，同时获得正常视频信号的基础。摄像机实际上是一个光电转换装置，即将图像传感器所接收到的光学图像，转化为计算机所能处理的电信号。光电转换装置是构成摄像机的核心器件，目前典型光电转换装置有真空摄像管、CCD 图像传感器、CMOS 图像传感器等。

② 光源。光源是一个辅助成像的重要器件，对成像质量的好坏往往起到至关重要的作用。好的光源和照明方式的设计能够改善整个系统的分辨率、降低噪声、简化图像分析与处理的软件算法，从而提升系统的整体可行性。

③ 传感器。传感器通常以光纤开关、接近开关等形式出现，用来识别被测对象的位置和状态。

④ 图像采集卡。图像采集卡是硬件系统的重要组成部分，具有控制摄像机拍照、获取数字化视频信息等功能。它是连接图像采集和处理分析的桥梁，同时也是整个系统中最昂贵的部件之一，在降低系统硬件成本、提高性价比方面起到举足轻重的作用。

⑤ 图像处理系统。图像处理系统好比人的大脑，进行图像增强、数据编码和传输、平滑、边缘锐化、分割、特征抽取、图像识别与理解等处理，有些处理软件具有数据记录和网络通信功能。通过数字 I/O 通信和记录数据，加上一定的判据或图像处理算法区分优劣部件来实现机器视觉系统质量检测的总目标。

⑥ 输入输出机构。输入输出机构用来接收来自计算机图像处理后反馈的逻辑控制信息，并用于控制执行机构。

⑦ 执行机构。执行机构用来执行输入输出机构所传输的反馈信息，直接作用于被测物体，一般将机械臂或者电机作为执行机构。

1.2.2　机器视觉系统的工作原理

在实际应用中，机器视觉系统的组成一般会根据检测的内容、检测项大小及形式而改变其内部结构，但总体上大同小异。机器视觉系统一般是以图像信息中的高度、面积、位置等为关键点，根据事先在软件算法中所设定的合格范围进行对比，判别是否合格后，再以目视化图像或其他操作形式显示出的一个过程，其工作原理如图 1-3 所示。

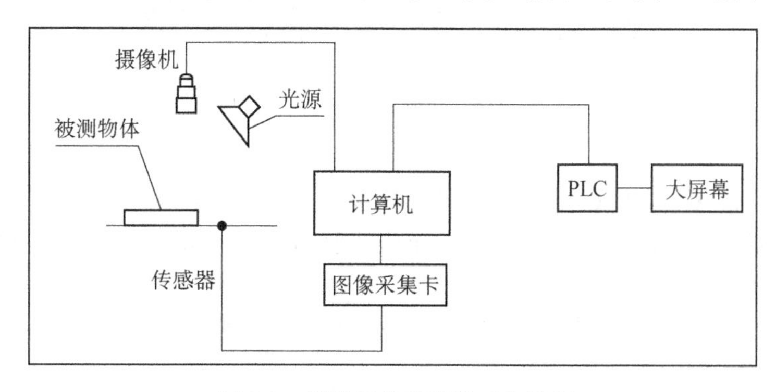

图 1-3　机器视觉系统的工作原理

如图 1-3 所示，机器视觉系统的具体工作流程如下。

（1）被测物体进入图像采集区域。

（2）照明系统即光源（该光源为可调节式光源，可调节光源亮度、角度及光源位置的高度）照射被测物体，使其达到需要的亮度。

（3）摄像机进行拍摄，采集被测物体的相关信息。

（4）传感器实时判断被测物体的位置和状态，以便图像采集卡进行正确的采集。

（5）图像采集卡将获取到的被测物体的图像传至计算机，计算机运行图像处理算法，获得检测结果，并进行分析。

（6）将所得结果通过 I/O 端口传送到 PLC，控制器将所得结果通过现场总线接口传送到执行机构，执行机构将目视化结果呈现在大屏幕上，最终完成检测。

1.2.3　采集设备

在机器视觉系统中，常用的图像采集设备为相机。相机广泛应用于各个领域，尤其是用于生产监控、测量任务和质量控制等。目前，应用于机器视觉系统中的相机一般是基于嵌入式系统的工业相机。工业相机通常比常规的标准数字相机更加坚固耐用，能够应对各种复杂多变的外部影响，如高温、高湿、粉尘等恶劣环境。图像传感器是机器视觉系统图像摄取装置的核心部件。工业相机中图像传感器有 CCD 和 CMOS 两种。

CCD 是典型的固体成像，这种图像模式集成了光电转换和电荷存储功能于一体，其工作过程如图 1-4 中（a）所示。在驱动脉冲的推动下，不断转移并放大输出信号，形成输出图像；CMOS 是具有动态成像特点的图像传感器，将图像信号读取电路、图像放大信号器、转换器及控制器集成在一块芯片上，不仅具有良好的集成性、高传输性，还具有局部区域访问等优点，其工作过程如图 1-4 中（b）所示。

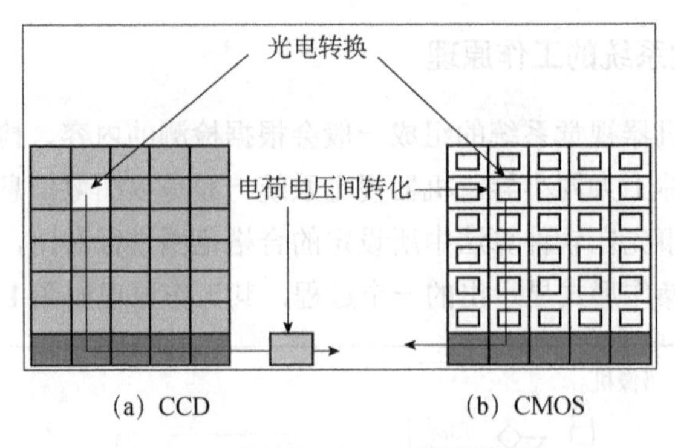

图 1-4　CCD 和 CMOS 的工作过程

在实际运用中，CCD 和 CMOS 图像传感器需要一定的使用条件。对于检测实时运动的物体，摄像机也同样需要运动时，选择 CCD 传感器的工业相机最为适宜；CMOS 相机一般用于拍摄相对静止的物体，采用帧曝光方式的 CMOS 图像传感器也可以作为 CCD 使用。此外，关于 CCD 和 CMOS 图像传感器的更多性能比较见表 1-2。

表 1-2　CCD 和 CMOS 图像传感器的性能比较

性能	CCD	CMOS
分辨力	较好	一般
噪点	一个放大器，噪点低	配置多个放大器，噪点高
耗电	较高	较低，一般为 CCD 的 1/8
成像质量	成像通透性、明锐度都很好，色彩还原、曝光可以保证基本准确	成像通透性一般，对实物的色彩还原能力偏弱，曝光相对较差
成本	较高	较低

1.3　机器视觉识别的实现方式

在机器视觉系统中，识别是十分重要的功能组成部分。下面将对识别过程的模式识别和深度学习进行介绍。

1.3.1　模式识别

模式识别（Pattern Recognition）是人类的一项基本能力。在日常生活中，人们经常进行模式识别。例如，区别周围人，张三、李四；区别物体，凳子、椅子；区别声音，说话声、狗叫声等。

机器视觉系统中的模式识别是指对表征事物或现象的各种（数值的、文字的和逻辑关系的）信息进行处理和分析，从而对事物或现象进行描述、辨认、分类和解释的过程，是信息科学和人工智能的重要组成部分。模式识别又常称作模式分类，从处理问题的性质和解决问题的方法等角度，模式识别分为有监督的分类、无监督的分类和半监督的分类。三者的主要差别在于各实验样本所属的类别是否事先已知。

现代的模式识别是随着 20 世纪 40 年代计算机诞生及 50 年代人工智能的出现而兴起的。但是在计算机出现之前的 1929 年，G.Tauschek 发明了阅读机，利用光学和机械手进行光学字符识别，能够识别数字 0～9。20 世纪 30 年代，Fisher 提出统计分类理论，由此奠定了统计模式识别的基础。统计模式识别成为模式识别的重要分支，主要包括 Baves 决策、概率密度统计（参数和非参数方法）、特征变量选取、聚类分析。至 20 世纪 60 年代初期，模式识别才真正被广泛接受，并迅速发展成为一门新学科。

自 21 世纪以来，模式识别的应用越来越广泛，可应用于文字识别、语言识别、食品检测、医学诊断等众多领域。

在文字识别领域，模式识别能够极大程度地减轻人工的劳动强度，促进文化的传播与交流；在语言识别领域，模式识别能够让语言识别更加方便、经济和准确，为人们的生活提供越来越多的便利；在食品检测领域，模式识别能够对大米质量进行检测分类、对牛肉的脂肪含量进行检测、对小麦的含水率分布进行检测等；在医学诊断领域，模式识别在癌细胞检测、X 射线照片分析、血液化验、染色体分析、心电图诊断和脑电图诊断等方面取得了显著的成效。

1.3.2　深度学习

在理解深度学习的概念之前，需要先对机器学习进行简单的了解。机器学习是人工智能的一个分支，然而在很多时候，机器学习几乎成为人工智能的代名词。简单地说，机器学习就是通过算法，使计算机能够从大量的历史数据中学习其规律，从而能够对新的样本进行智能识别或对未来做出预测。

机器学习模型大致分为浅层次结构模型和深层次结构模型两类，分别对应浅层学习和深度学习。浅层学习需要人为提取特征，模型本身只根据特征进行分类或预测，人为提取的特征很大程度上决定了整个模型的效果。但是大量实验和实践结果表明浅层次结构模型在处理图像、视频、语音、自然语言等高维数据时表现较差，仅使用人工提取的特征难以满足需求。

深度学习是一种以人工神经网络为架构，对数据进行表征学习的算法。深度学习使用人工神经网络自动提取特征来替代手工获取特征，使提取出的特征更具科学性和合理性。因此，深度学习技术在提取物体深层次的结构特征方面具有极大优势。关于浅层学习和深度学习的更多性能比较见表 1-3。

表 1-3　浅层学习和深度学习的性能比较

学习分类	目标层次	思维能力	学习行为	认知结果
浅层学习	应用	低水平思维能力	低情感投入	概念间没有建立意义联系
	理解		低行为投入	
	识记		简单活动	
深度学习	创新	高水平思维能力（反思、元认知）	高情感投入	认知深度与广度的提升，且进行了概念转变
	评价		高行为投入	
	分析		复杂活动	

近年来，随着计算机性能的不断提升，用于高性能运算的硬件不断更新，在一定程度上提高了计算机的运算能力和运算速度，现有的高性能计算机已经可以完成深度学习中大规模的矩阵运算。随着深度学习的快速发展，各种深度学习的算法和模型不断应用到现今火热的领域中。计算机视觉和机器视觉紧密相关、不可分割，传统的机器视觉方法，主要

取决于自定义的特征，然而这些特征不能抓取高等级的边界信息，以获得更多的复杂特征。而深度学习因提取特征能力强、识别精度高、鲁棒性好等优点，被广泛应用于计算机视觉的各种任务中，包括人脸识别、图像分类、目标检测、图像语义分割、姿态估计、场景识别、目标跟踪、动作识别等。

深度学习的目的是建立可以模拟人脑进行分析、学习的人工神经网络，并随着互联网技术的发展，其作用日益凸显。除应用在机器视觉领域，深度学习在自然语言处理和识别等方面的效果均远超于传统技术，甚至当前其他识别模型。综合而言，深度学习的优缺点如下。

优点：在计算机视觉和语言识别方面比传统方法好；具有较好的转移学习的特性，一个模型移植到另一个模型上进行简单细化就可以继续使用了。

缺点：训练耗时，模型正确性验证复杂；某些深度网络耗时过长。

但总体而言，深度学习是用更多的数据或是更好的算法来提高学习算法的结果，因此其结果的准确率和性能相对于浅层学习的效果会更好。

1.4 常用的机器视觉工具

工具是实现机器视觉的基础且为必须要素，而工具的选择在对于构造、实现机器视觉的相关功能则产生着十分重大的影响。在机器视觉中，常用的实现工具有 Python、PyCharm、MATLAB 和 LabView。

1.4.1 Python

Python 的创始人是荷兰的 Guido van Rossum。Python 是一门结合解释性、编译性、互动性和面向对象的高层次计算机程序语言，也是一门功能强大而完善的通用型语言，已具有二十多年的发展历史，成熟且稳定。相比于 C++或 Java，Python 让开发者能够用更少的代码实现想法。到目前为止，Python 被全世界编程爱好者广泛使用，应用领域几乎无限制，主要应用于后端开发、游戏开发、网站开发、科学运算、大数据分析、云计算、图形开发等领域。Python 的主要特点是简洁、灵活、运行较快、可读性高、易于理解、可连接其他语言等，属于一个开源的工具。

此外，Python 还有一个十分重要的特点——拥有大量且丰富的第三方库，使得 Python 能够简便地调用其他程序语言，提高 Python 的整体适用性。下文将介绍 Python 中常应用于机器视觉的第三方库，包括科学计算基础的 NumPy 库、高级科学计算的 SciPy 库、图形可视化的 Matplotlib 库和计算机视觉的 OpenCV 库。

1. NumPy

NumPy 是 Numerical Python 的简称，是一个 Python 科学计算的基础包。NumPy 主要提供了以下功能。

（1）快速高效的多维数组对象 ndarray。

（2）用于对数组执行元素级的计算，以及直接对数组执行数学运算的函数。

（3）用于读写硬盘上基于数组的数据集的工具。

（4）提供了行列式计算、矩阵运算、特征分解、奇异值分解的函数与方法。

（5）用于将 C、C++、Fortran 代码集成到 Python 的工具。

除了为 Python 提供快速的数组处理功能，NumPy 在数据分析方面还有另外一个主要作用，即作为算法支架传递数据的容器。对于数值型数据，NumPy 数组在存储和处理数据时要比内置的 Python 数据结构高效得多。此外，由低级语言（比如 C 和 Fortran）编写的库可以直接操作 NumPy 数组中的数据，无须进行任何数据复制工作。

2. SciPy

SciPy 是一个基于 Python 的开源库，是一组专门解决科学计算中各种标准问题域的模块的集合，经常与 NumPy、StatsModels、SymPy 一起使用。SciPy 的不同子模块有不同应用，如插值、积分、优化、图像处理等。SciPy 主要包含了 8 个模块，其具体模块及对其简介如表 1-4 所示。

表 1-4　SciPy 的模块及其简介

模块名称	简介
scipy.integrate	提供了数值积分和微分方程求解器
scipy.linalg	扩展了由 numpy.linalg 提供的线性代数和矩阵分解功能
scipy.optimize	提供了函数优化器（最小化器）及根查找算法
scipy.signal	提供了信号处理工具
scipy.sparse	提供了稀疏矩阵和稀疏线性系统求解器
scipy.special	提供了 specfun（这是一个包含了许多常用数学函数的 Fortran 库）的包装器
scipy.stats	提供了检验连续和离散概率分布的方法（如密度函数、采样器、连续分布函数等），各种统计检验的方法，以及常用的描述性统计的方法
scipy.weave	提供了利用内联 C++代码加速数组计算的工具

3. Matplotlib

Matplotlib 是当前最流行的用于绘制数据图表的 Python 库，是 Python 的 2D 绘图库。Matplotlib 最初由约翰·亨特（John Hunter）创建，目前由一个庞大的开发团队维护。Matplotlib 操作简单容易，用户只需输入几行代码即可生成直方图、散点图、条形图、饼图等图形。Matplotlib 提供了 pylab 模块，其中包含许多 NumPy 库和 pyplot 函数中常用的函数，方便用户快速进行计算和绘图。Matplotlib 跟 IPython 相结合，提供了一种交互式数据绘图环境，可实现交互式绘图，实现利用绘图窗口中的工具栏放大图表中的某个区域或对整个图表进行平移浏览。Matplotlib 是众多 Python 可视化库的鼻祖，也是 Python 最常用的标准可视化库，其功能非常强大。

4. OpenCV

OpenCV 是一种由 C++语言编写，基于 BSD 许可发行的跨平台计算机视觉与机器学习软件库，可以在 Linux、Windows、Android、Mac OS 等系统中运行。同时，OpenCV 提供了 Python、Java 和 MATLAB 等语言的接口。其中，OpenCV-Python 是 OpenCV 的 Python API，其结合了 OpenCV C++ API 和 Python 语言的良好特质。同时，OpenCV-Python 还是解决计算机视觉问题的 Python 专用库，联合 NumPy、SciPy 和 Matplotlib 库使用其性能和效果会更佳。

目前，OpenCV 已经被广泛应用在多个领域当中，人机互动、人脸识别、机器视觉、运动追踪和分析、动作识别、图像分割等领域都可见其身影。它具有强大的跨平台性，属于开源的开发工具，可以被免费应用在各个领域。

在实际应用环节，OpenCV 具有运行速度快、开发目的明确、运行独立性高、图像视频输入输出效率高且程序底层与高层开发包完善的特点。而且，利用 OpenCV 能够为深度开发计算机视觉市场提供巨大辅助，它一直致力于成为标准 API。

应用 OpenCV 可以快速完成图像数据的分配、释放、复制和转换；能够快速获取文件与摄像机中的图像或视频并完成二者输出；可以基于奇异值算法、解方程算法或矩阵积算法处理矩阵和向量；还能够开展多元结构分析和数字图像的基本处理，更能有效地开展动物图像的追踪分析与运动分割。

1.4.2 PyCharm

PyCharm 是由 JetBrains 打造的一款专用的 Python 集成开发环境（IDE），带有一整套可以帮助 Python 开发者提高工作效率的功能，包括调试、语法高亮、Project 管理、代码跳转、智能提示、自动完成、单元测试及版本控制。而且 PyCharm 界面十分友好，功能较为齐全、集成工具较为多样，本身提供的编译器具有智能代码补全、代码出错提示和结构查看等功能。

同时，PyCharm 能够实现跨平台的效果，适用于 Windows、MacOS 和 Linux 等系统，不仅为 Python 开发人员提供了广泛的实施工具，还为 Python、Web 和数据科学开发创建了一个便捷的环境。

PyCharm 还提供了一些高级功能，用于支持 Django 框架下的专业 Web 开发，同时支持 Google App Engine 和 IronPython。这些功能在先进代码分析程序的支持下，使 PyCharm 成为 Python 专业开发人员和刚起步人员的有力工具。

此外，PyCharm 因能够调用 Python 中的 Matplotlib 和 NumPy 第三方库，使得在 PyCharm 中，当使用这两种第三方库时，便可进一步帮助使用者在处理数据时，调用数组查看器和交互式图表等，既高效又便捷。

1.4.3 MATLAB

MATLAB 是美国 MathWorks 公司出品的商业数学软件，是用于算法开发、数据分析、数值计算、深度学习、图像处理、信号处理、量化金融与风险管理、等领域的高级计算语言和交互式环境，是全球公认的优秀的软件之一。

MATLAB 本意为矩阵工厂（矩阵实验室），软件主要用于科学计算、可视化及交互式程序设计的复杂计算。它将数值分析、矩阵计算、科学数据可视化及非线性动态系统的建模和仿真等诸多强大功能集成在一个易于使用的视窗环境中，为科学研究、工程设计及必须进行有效数值计算的众多科学领域提供了一种全面的解决方案，并在很大程度上摆脱了传统非交互式程序设计语言（如 C、Fortran）的编辑模式。

MATLAB 语言简单灵活、易学易懂，能够高效实现不同领域的计算过程，在数值计算方面首屈一指。例如，实现行矩阵运算、实现算法、创建用户界面、连接其他编程语言的程序等。此外，MATLAB 的基本数据单位是矩阵，它的指令表达式与数学、工程中常用的形式十分相似，故用 MATLAB 来解算较为复杂的数学问题相较于 C、FORTRAN 等语言更加简捷。

1.4.4　LabView

LabView 由美国 NI 公司推出，是专为测试、测量和控制应用而设计的系统工程软件，可快速访问硬件和数据信息。

LabView 的编程环境简化了工程应用的硬件集成，可实现通过一致的方式采集 NI 和第三方硬件的数据的功能；LabView 还降低了编程的复杂性，从而使得开发者能够将更多的注意力投入到更为复杂的工程问题上；LabView 还提供了拖放式工程用户界面，并集成了数据查看器，可实现即时更新、查看可视化结果。

此外，为了将所采集的数据转化为真正的商业成果，还可以使用内置的数学和信号处理 IP 来开发数据分析和高级控制算法，或者复用其他各种工具的程序库。同时，为了确保与其他工程工具的兼容性，LabView 支持连接其他软件和开源语言，并运行这些软件和语言的程序库。

小结

本任务首先简要介绍了机器视觉的背景、基本概念和成像原理；其次介绍了机器视觉的系统，包括了机器视觉系统的组成、不同类型的视觉采集设备；接着介绍了可通过模式识别和深度学习两种方式实现机器视觉的识别；最后介绍了常用的机器视觉工具及部分工具下常用于机器视觉的第三方库。

从对机器视觉的基本概念到机器视觉的组成结构，再到机器视觉识别的实现方式及常用的软件工具，通过这一由浅入深、层层递进的知识设计，希望能够有效提升学习者对机器视觉的认知，为今后深入学习和实践奠定基础。

任务 1 练习

1. 选择题

（1）不能够学到数据更高层次的抽象表示，也不能自动从数据中提取特征的方式是（　　）。

A. 人工智能　　　　B. 机器学习

C. 深度学习　　　　D. 数据清洗

（2）OpenCV 作为基于 C/C++语言编写的跨平台开源软件，实现了图像处理和计算机视觉方面的很多通用算法，但没有提供（　　）接口。

A. MATLAB　　　　B. Python

C. 几何运算　　　　D. Java

2. 判断题

（1）在不考虑成本的情况下，选择相机的像素越高越好。（　　）

（2）机器视觉系统能够完成物体尺寸和表面特征的检测、目标的识别和定位。（　　）

3. 填空题

（1）机器视觉识别实现方式主要有________和________。

（2）在机器视觉的识别实现方式中，模式识别分为________、________、________。

4. 简答题

（1）什么是机器视觉？

（2）机器视觉的核心目标是什么？

任务 2

图像颜色的空间转换和基本变换

数字图像是对真实世界的客观描述，是模拟图像经过采样、量化后的数字结果。图像处理的内容非常丰富，涉及的相关知识和应用领域也非常广泛。本任务主要介绍数字图像处理中的常用方法，包括图像颜色空间转换方法、图像变换方法。

【任务要求】

在图像处理中，图像的灰度化和二值化是常用的图像处理操作之一，对图像进行灰度化、二值化处理可以达到降低图像维度、突出图像特征的目的。请根据提供的限速牌图像，实现限速牌图像的灰度化、二值化和图像的翻转。

【相关知识】

2.1　常用机器视觉工具的安装

Python 是现行热门的编程语言之一，它不仅简单易学且具有丰富和强大的库，能极大地提高开发效率。下面将对 Python 环境配置流程、PyCharm 安装和基本使用方法进行介绍。

2.1.1　Python 环境配置流程

Anaconda 是一个开源的 Python 发行版本，包含 Anaconda、Python 等 180 多个科学包及其依赖项。其中 Anaconda 是一个开源的环境管理器，可以在同一个机器上安装不同版本的软件包，并能够在不同的环境之间切换。Anaconda 包含了大量的科学包，下载文件比较大。如果只需要某些包，或需要节省带宽或存储空间，可以使用较小的发行版 Miniconda（仅包含 Anaconda 和 Python）。

Anaconda 可以应用于多种系统，不管是 Windows、Linux 还是 Mac OS X，都可以找到对应系统类型的版本。Anaconda 可以同时管理不同版本的 Python 环境，包括 Python 2 和 Python 3 两个版本。本书中所有的程序代码都是基于 Python 3 版本进行编写，推荐使用

Python 3 版本。

Anaconda 安装步骤如下。

（1）打开 Anaconda 安装包，单击“Next”按钮进行下一步操作，如图 2-1 所示；单击“I Agree”按钮同意安装协议并进行下一步操作，如图 2-2 所示。

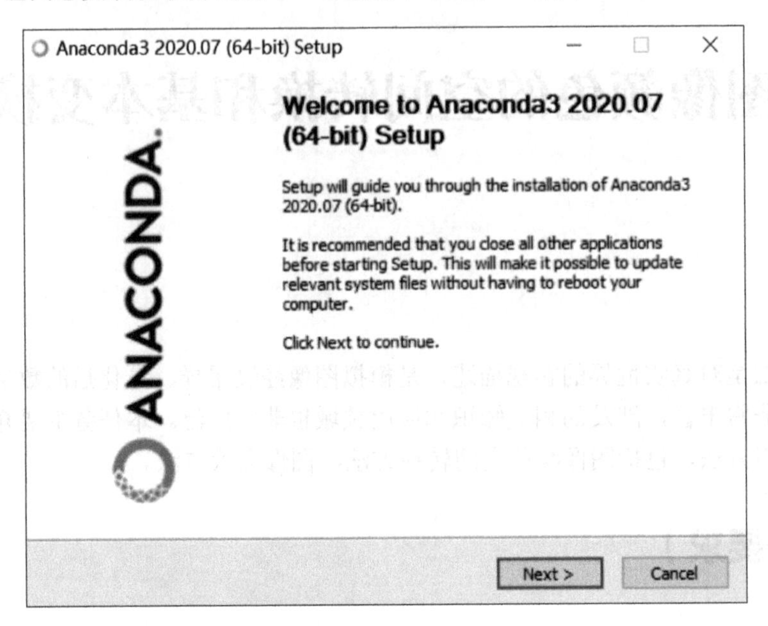

图 2-1　打开 Anaconda 安装包

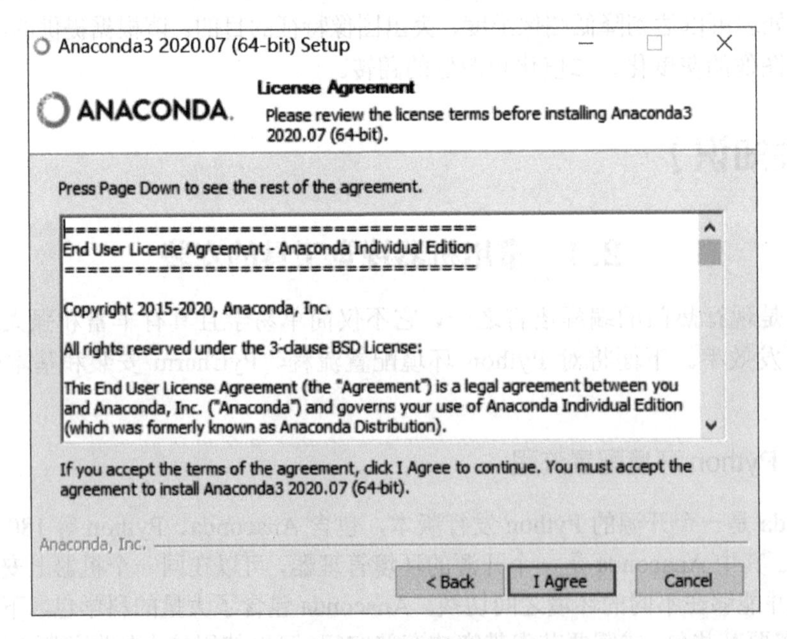

图 2-2　安装协议

（2）选择安装类型为“All Users（requires admin privileges）”，即所有用户可用类型，单击“Next”按钮进行下一步操作，如所图 2-3 所示。

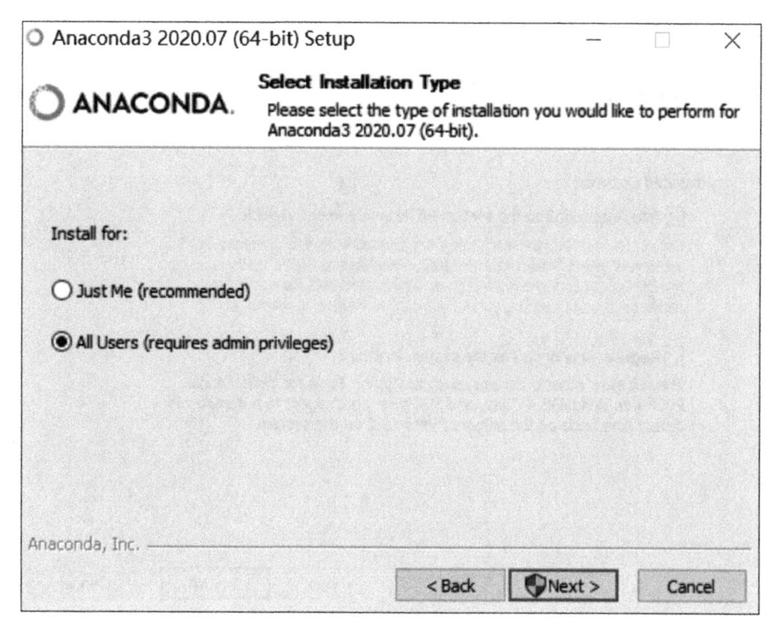

图 2-3　选择安装类型

（3）Anaconda 安装位置可选择系统默认，也可单击“Browse...”按钮自定义安装位置，单击“Next”按钮进行下一步操作，如图 2-4 所示。

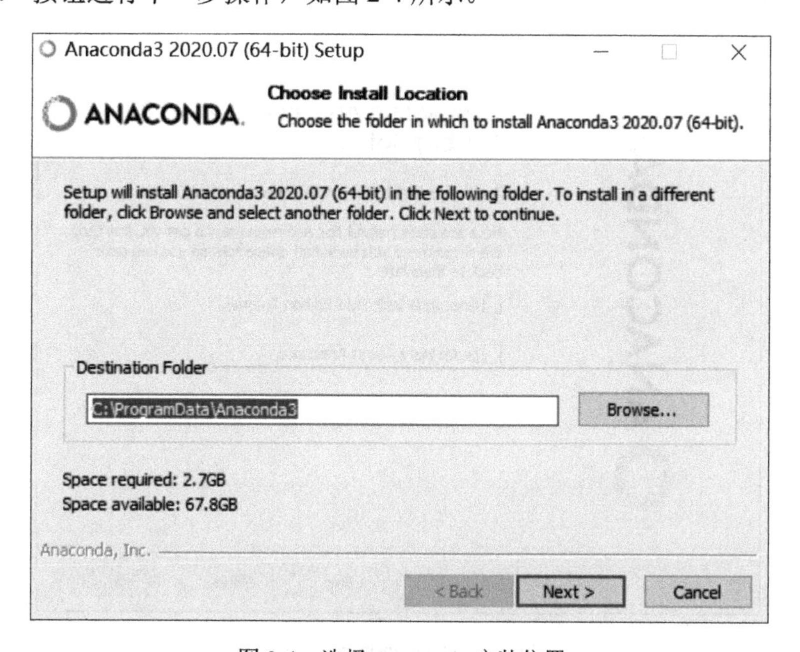

图 2-4　选择 Anaconda 安装位置

（4）选择 Anaconda 安装位置后，勾选“Add Anaconda to the PATH enviroment variable”（添加 Anaconda 至我的环境变量路径中）复选框，方便后续创建多种版本的 Python，但是可能会影响其他程序的使用；再勾选“Register Anaconda3 as the system Python3.8”（Anaconda 可基于 Python3.8 的环境中运行）复选框，单击“Install”按钮进行安装，如图 2-5 所示。

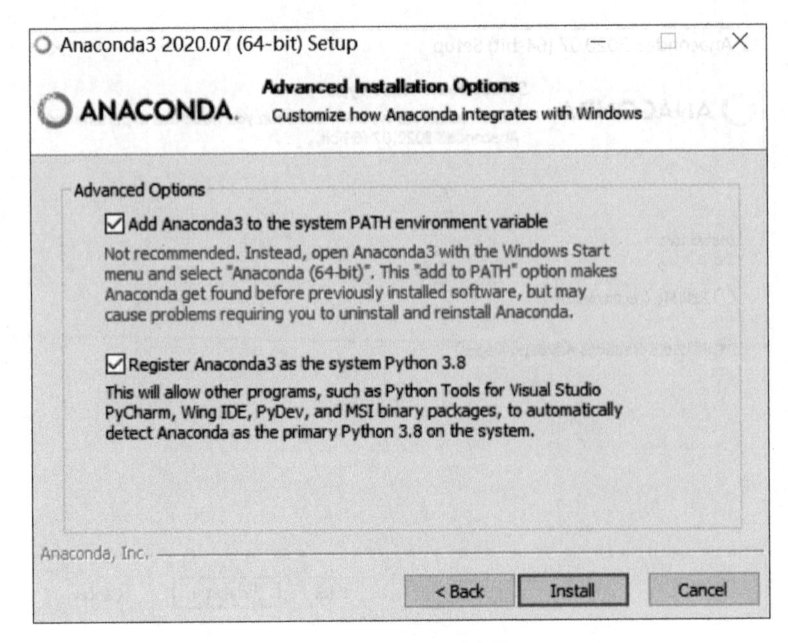

图 2-5　Anaconda 安装

（5）Anaconda 安装完成后依次单击“Next”按钮进行下一步操作，最后单击“Finish”按钮结束安装，如图 2-6 所示。

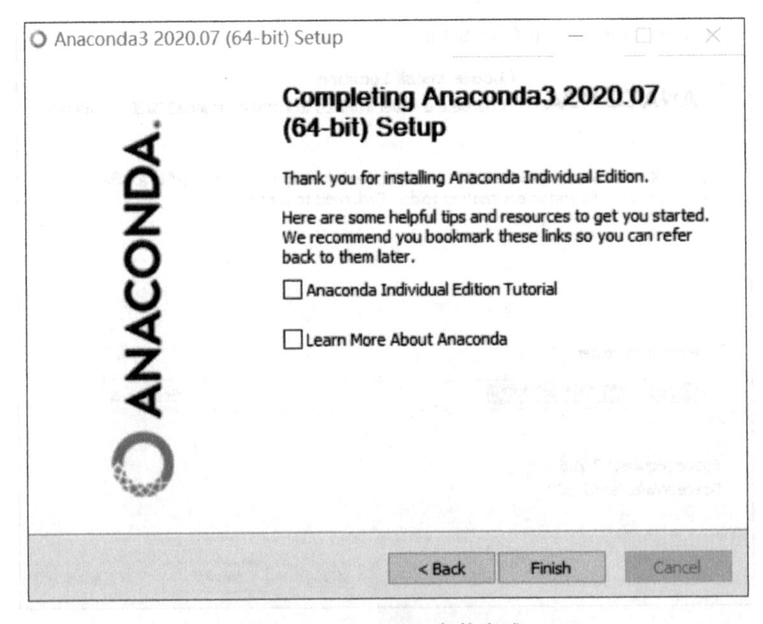

图 2-6　Anaconda 安装完成

Python 的大部分第三方库可以通过开始菜单栏中的 Anaconda 文件夹下的 Anaconda Prompt 进行下载与安装，安装命令为“pip install”。

以安装 OpenCV 库为例展示库的安装过程，具体安装步骤如下。

（1）通过开始菜单栏中的 Anaconda 文件夹下的 Anaconda Prompt 安装 OpenCV 库，如图 2-7 所示，双击打开“Anaconda Prompt”进行下一步操作。

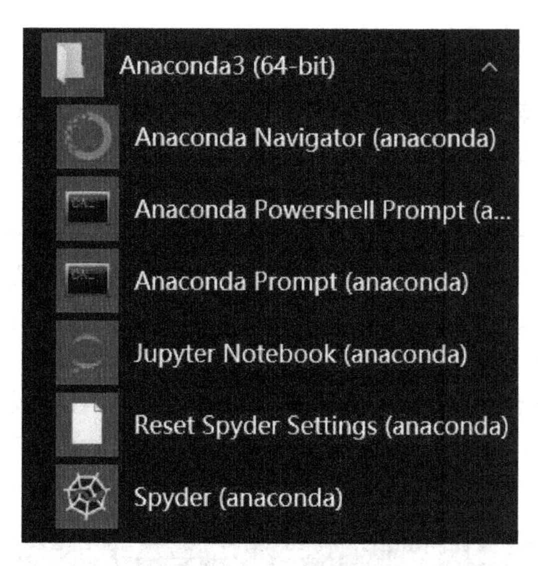

图 2-7　Anaconda Prompt

（2）打开 Anaconda Prompt 后，在命令行中输入“pip install opencv-python”，按“Enter”键执行命令进行安装，如图 2-8 所示。

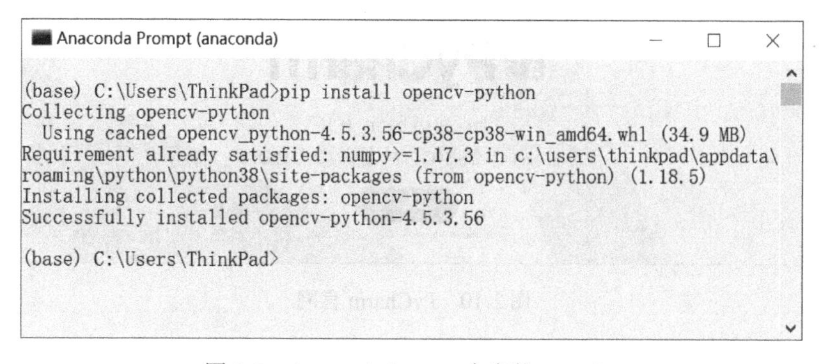

图 2-8　Anaconda Prompt 中安装 OpenCV

（3）在 Anaconda Prompt 的命令行中输入“pip show opencv-python”并运行，可查看是否成功安装 OpenCV 库，如图 2-9 所示。

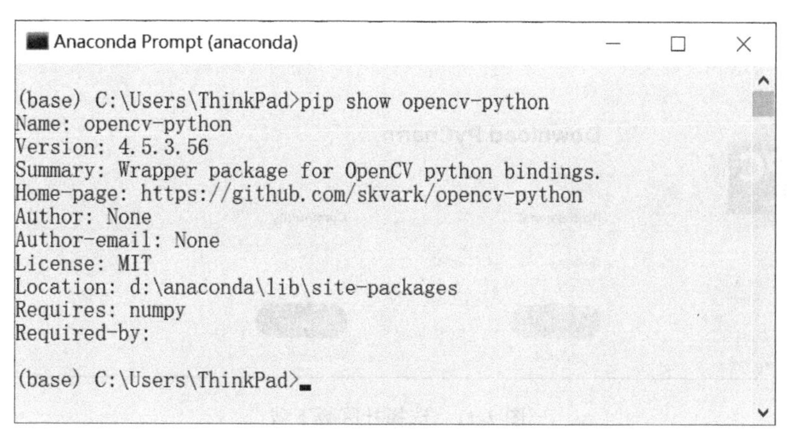

图 2-9　查看是否安装成功 OpenCV 库

2.1.2 PyCharm 安装流程

PyCharm 是一款比较流行的 Python IDE，具有许多可以帮助 Python 开发者提高工作效率的功能，包括调试、语法高亮、Project 管理、代码跳转、智能提示、自动完成、单元测试和版本控制等。

PyCharm 还提供了一些高级功能，用于支持 Django 框架下的专业 Web 开发，同时支持 Google App Engine（可以在 Google 的基础架构上运行的网络应用程序）和 IronPython（在 NET 和 Mono 上实现的 Python 语言）。这些功能在先进代码分析程序的支持下，使 PyCharm 成为 Python 专业开发人员和初学者的有力工具。

PyCharm 可以跨平台使用，分为社区版和专业版，其中社区版是免费的，专业版是付费的，对于初学者而言，社区版和专业版的差距不大。PyCharm 的安装步骤如下。

（1）打开 PyCharm 官网，单击“DOWNLOAD”按钮，如图 2-10 所示。

图 2-10　PyCharm 官网

（2）选择 Windows 系统的“Community”社区版，单击“Download”按钮进行下载，如图 2-11 所示。

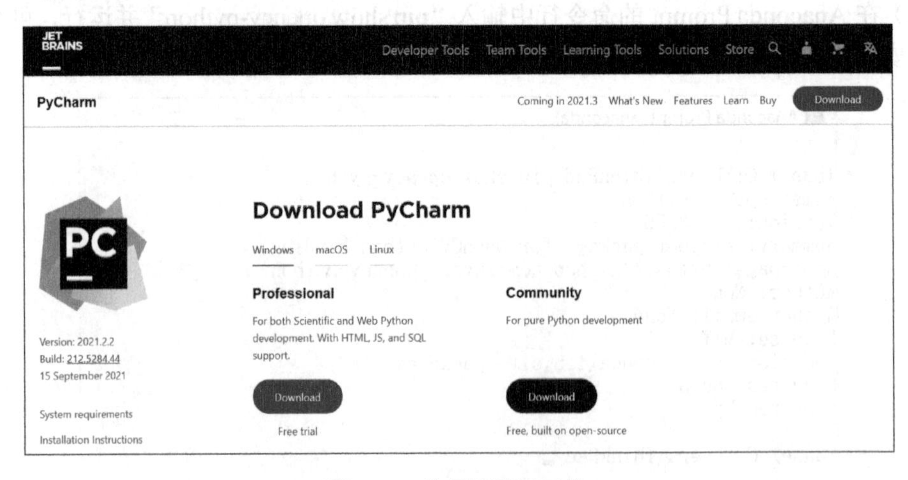

图 2-11　选择社区版下载

（3）下载完成后，双击安装包打开 PyCharm 安装界面，单击“Next”按钮进行下一步操作，如图 2-12 所示。

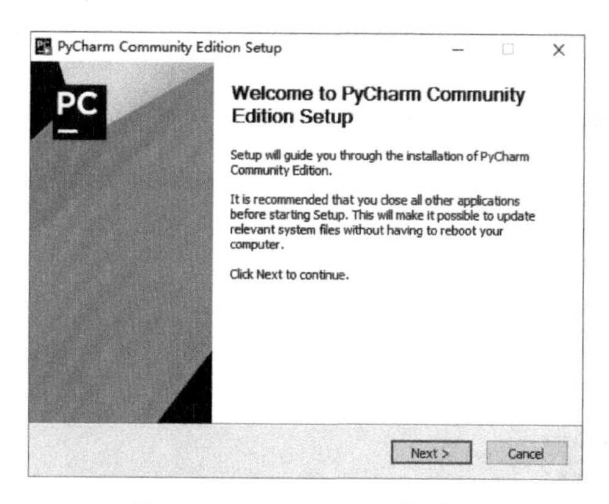

图 2-12　PyCharm 安装界面

（4）在安装界面系统自定义软件安装路径，如果自行设置则建议安装路径不包含有中文字符，单击“Next”按钮进行下一步操作，如图 2-13 所示。

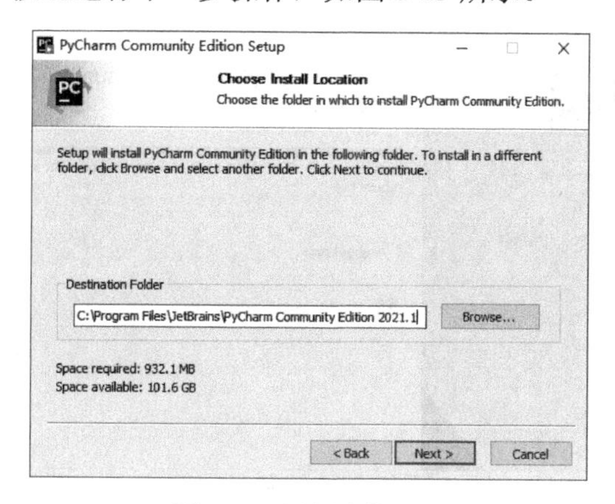

图 2-13　设置安装路径

（5）软件安装路径设置完成后，在进入的安装界面中勾选全部的安装选项，单击“Next”按钮进行下一步操作，如图 2-14 所示。

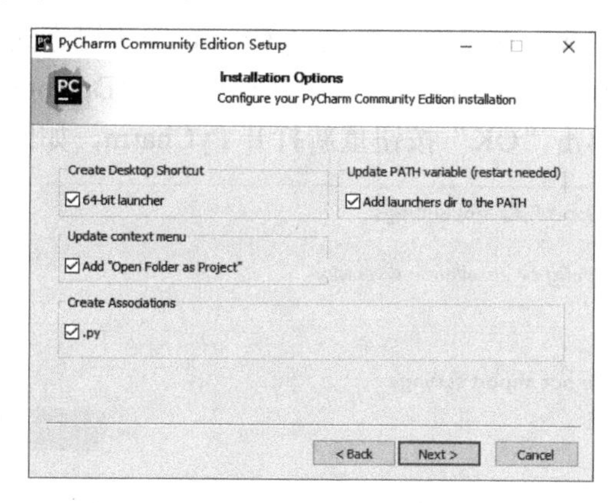

图 2-14　勾选安装选项

（6）单击“Install”按钮，系统默认安装 PyCharm，如图 2-15 所示，等待安装完成后单击“Finish”按钮完成安装，如图 2-16 所示。

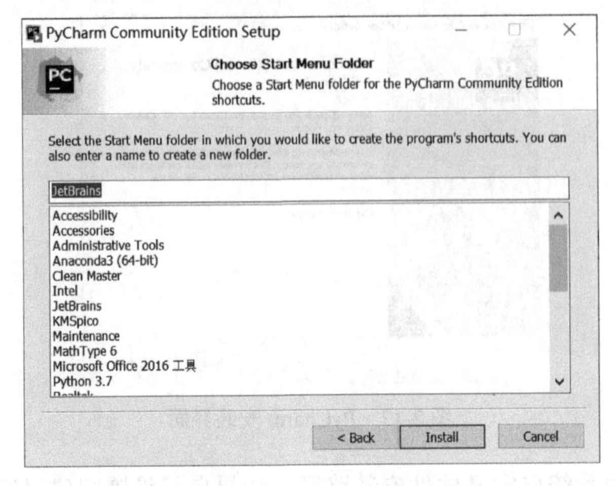

图 2-15　PyCharm 安装

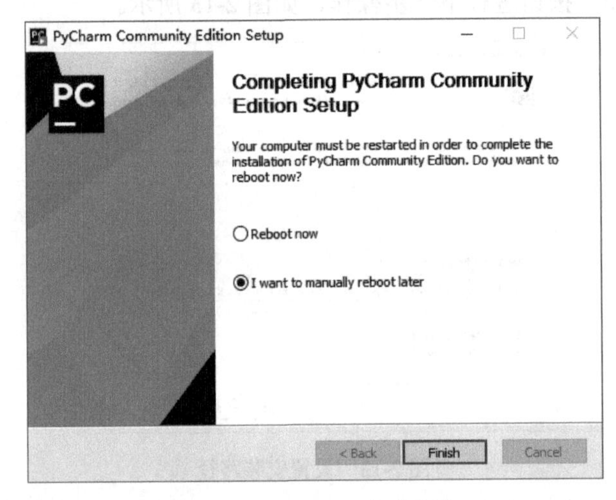

图 2-16　PyCharm 完成安装

PyCharm 的基本使用方法如下。

（1）PyCharm 安装完成后在桌面会生成 PyCharm 的快捷方式，双击桌面上的快捷方式，在弹出的“Import PyCharm Settings”对话框中选择“Do not import settings”（不导入文件选项）单选按钮，单击“OK”按钮重新打开 PyCharm，如图 2-17 所示。

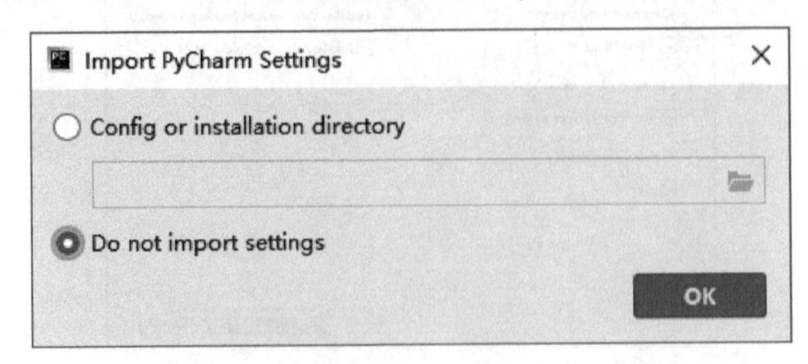

图 2-17　选择不导入文件选项单选按钮

（2）重新打开 PyCharm 后，系统将会弹出 PyCharm 初始界面，选择“New Project”选项创建新项目，如图 2-18 所示。

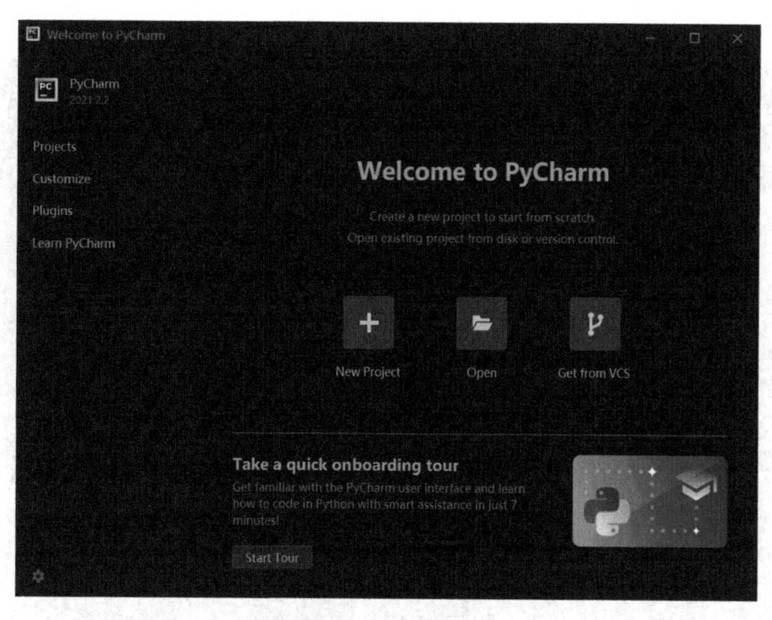

图 2-18　创建新项目

（3）创建新项目之后需要选择项目保存位置、文件命名和配置 PyCharm 的解释器。项目保存位置和文件命名可在“Location”（位置）中进行设置，设置完成后即可配置 PyCharm 的解释器，选中“Previously configured interpreter”（以前配置的解释器）单选按钮，单击“…”按钮进行下一步操作，如图 2-19 所示。

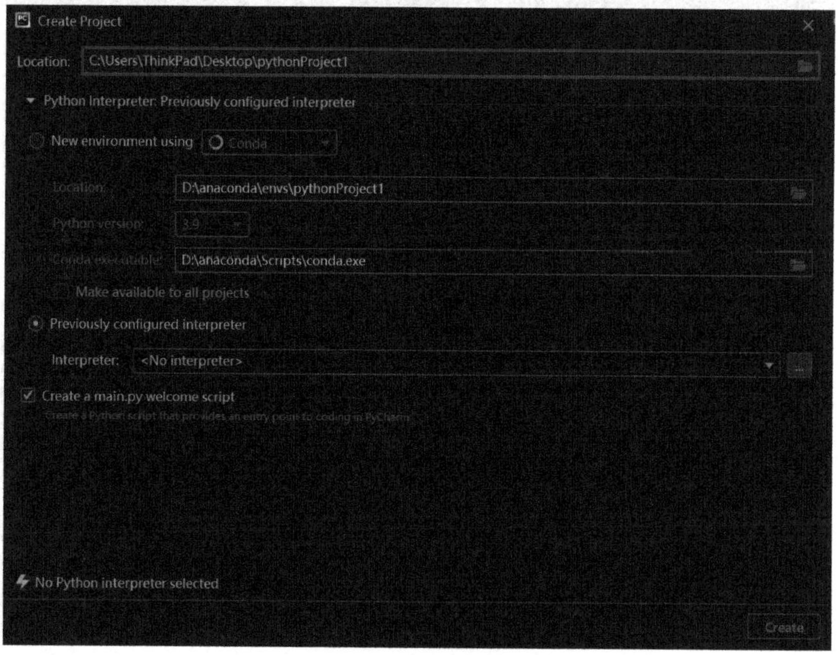

图 2-19　配置解释器

（4）在打开“Add Python Interpreter”窗口中，选择 Anaconda3 下的 Python 解释器。找到 Anaconda3 文件夹下的“python.exe”，选择该解释器，单击“OK”按钮进行下一步操作，如图 2-20 所示。

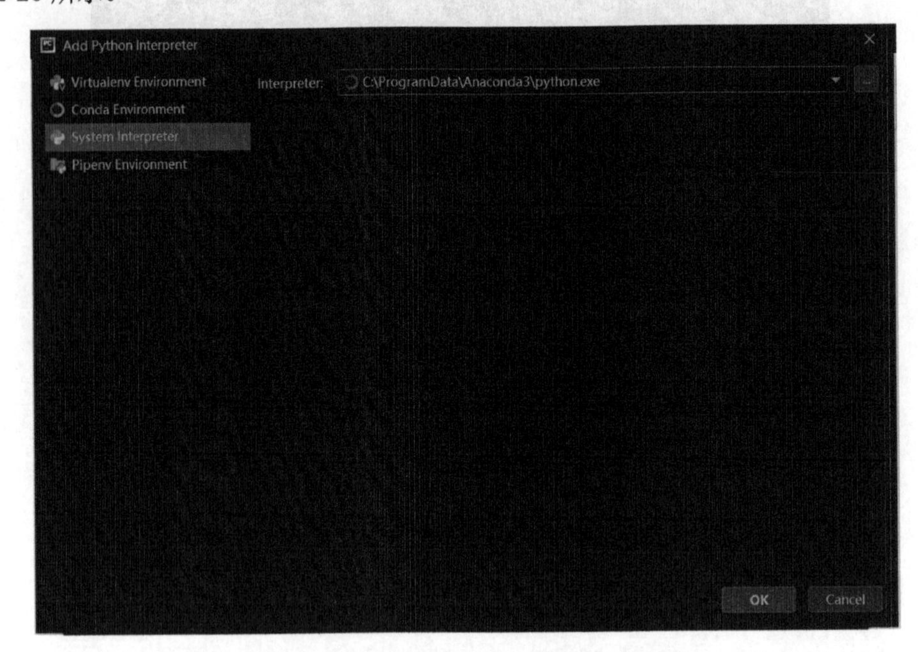

图 2-20　选择 Anaconda3 下的 Python 解释器

（5）选择 Anaconda3 下的 Python 解释器后，单击“Create”按钮创建项目，如图 2-21 所示，成功创建项目后的 PyCharm 界面如图 2-22 所示。

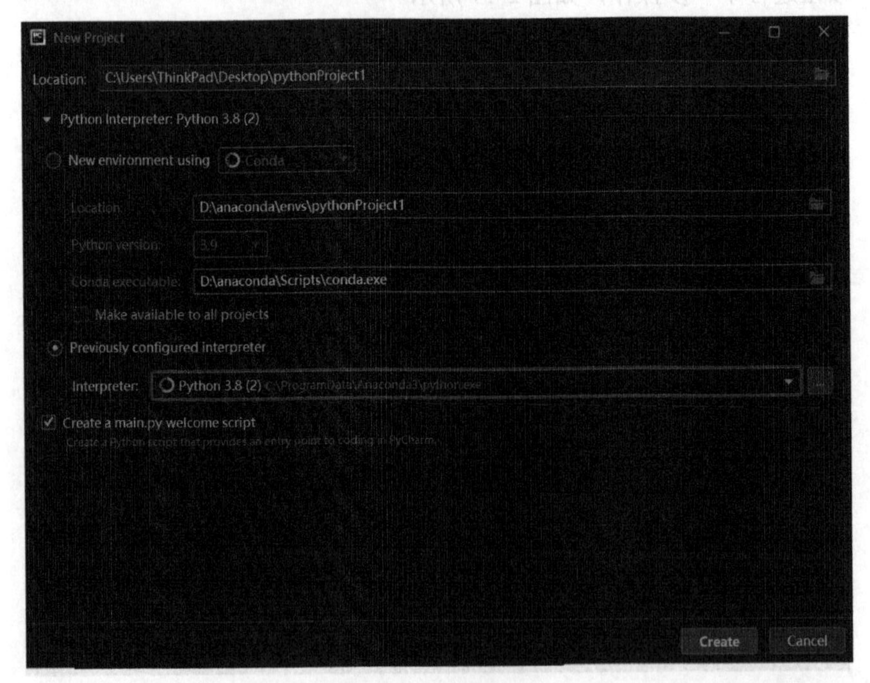

图 2-21　创建项目

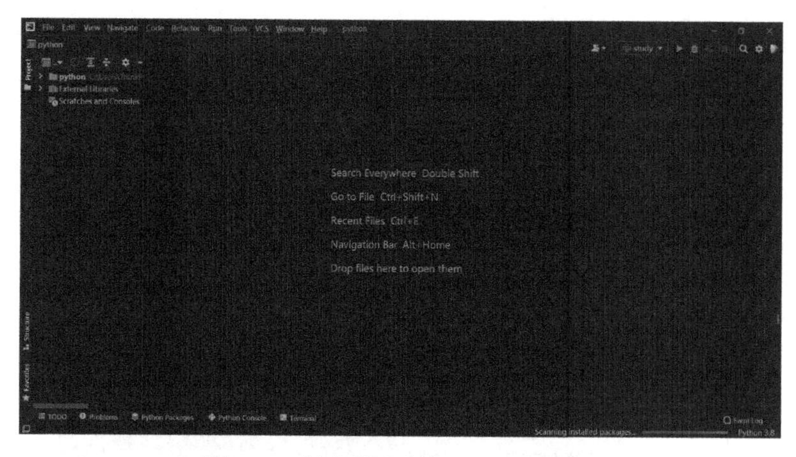

图 2-22　创建项目后的 PyCharm 界面

（6）若更换 PyCharm 的主题，单击工具栏的“File”菜单，选择“Settings”命令进行下一步操作，如图 2-23 所示。

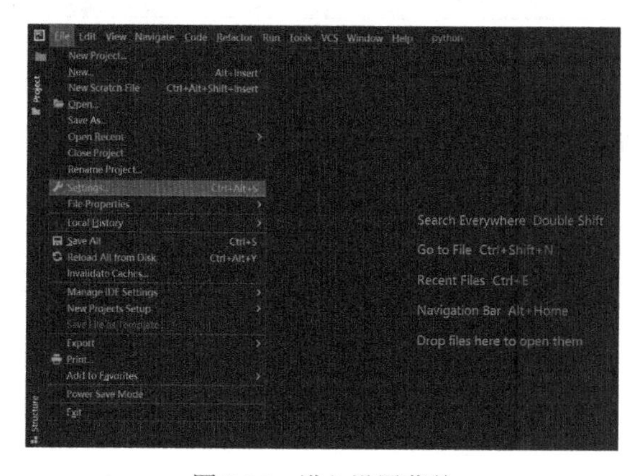

图 2-23　进入设置菜单

（7）进入“Settings”界面后，依次选择“Appearance & Behavior”→“Appearance”选项，在“Theme”中选择自己喜欢的主题，这里选择“Windows 10 Light”（Windows10 白光主题），单击“OK”按钮进行下一步操作，如图 2-24 所示。

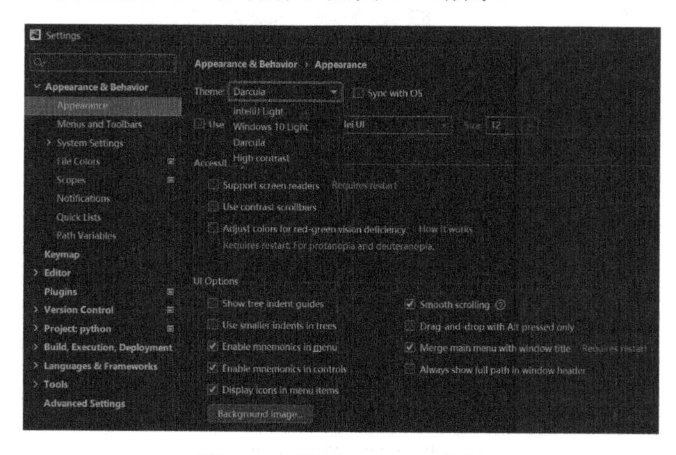

图 2-24　设置 PyCharm 主题

（8）设置 PyCharm 主题完成后，需要创建 Python 源文件，右击项目名“python”，选择“New”→“Python File”命令，如图 2-25 所示。

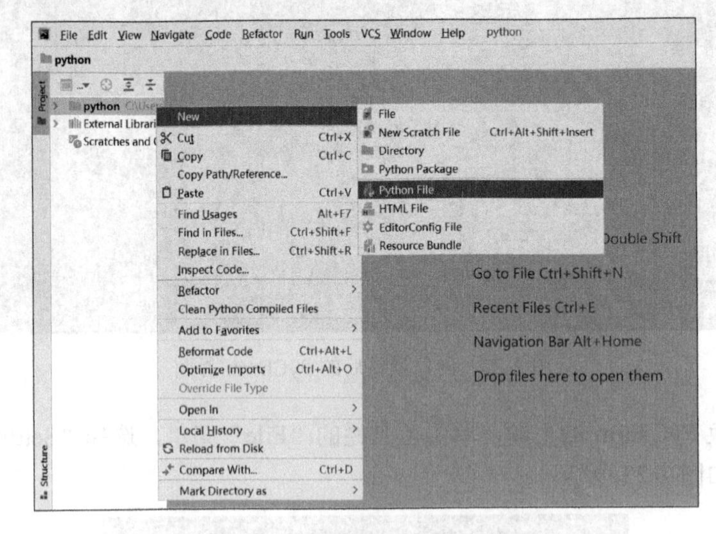

图 2-25 创建 Python 源文件

（9）在弹出的对话框中输入文件名“study”，如图 2-26 所示。

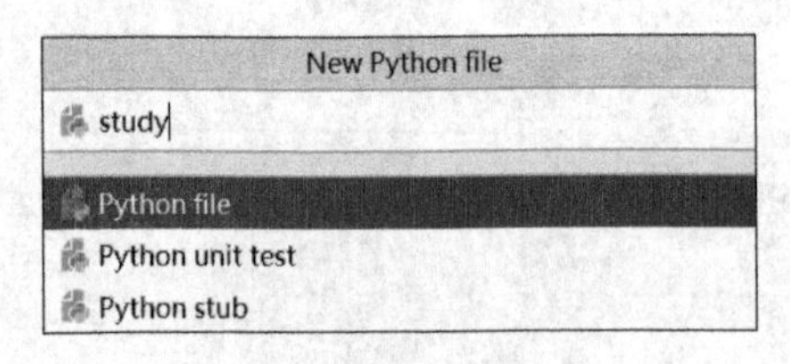

图 2-26 输入文件名

（10）输入文件名后按“Enter”键创建 study.py 文件，在创建的 study.py 文件中输入代码，在工具栏的“Run”菜单下找到“Run...”命令，单击运行代码，如图 2-27 所示。

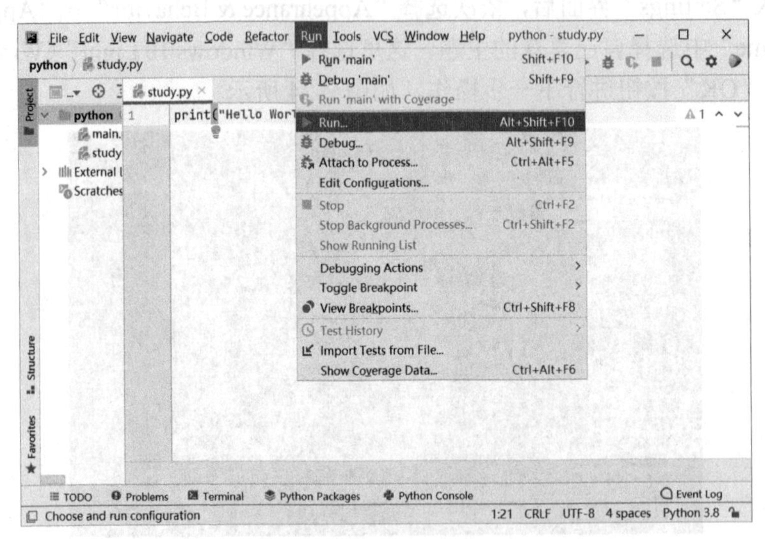

图 2-27 运行代码

（11）代码运行结果如图 2-28 所示。

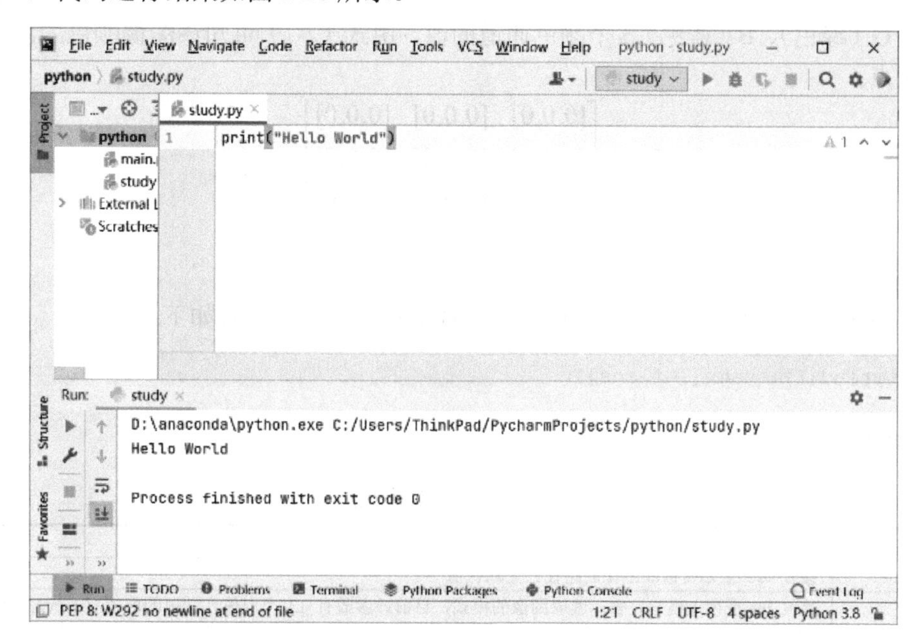

图 2-28　代码运行结果

2.2　读写图像文件

数字图像是连续的光信号经过传感器的采样在空间域上的表达。一张数字图像包含若干个像素点，如图 2-29 所示。

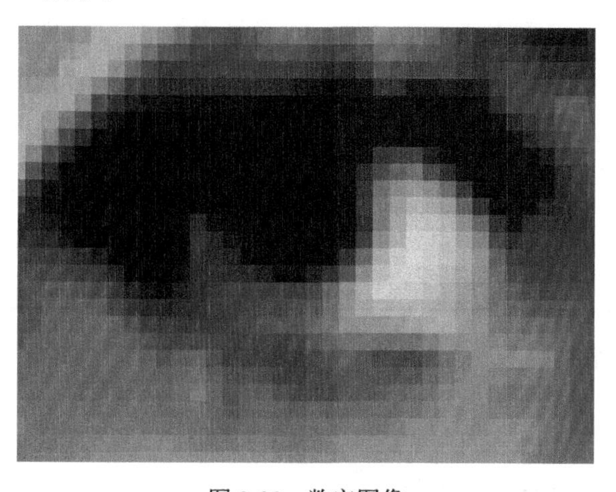

图 2-29　数字图像

图 2-29 中的一个小格子即为一个像素点，每个像素点都有对应的像素值，不同像素值的像素点通过矩阵排列的方式组合构成图像。

使用 OpenCV 库对数字图像进行处理时，涉及的基础操作包括读入、显示和保存图像文件。在 OpenCV 库中，图像数据是以 NumPy 数组的形式存在。一张大小为 3×3[①]的彩色

① 构成图像的基本单位是像素，“2×2” 应表示为 “2 像素×2 像素”，为书写简便，本书中只给出数字。

RGB 图像的 NumPy 数组形式如式（2-1）所示，其中[0,0,0]表示图像中的一个像素在 R（红色）、G（绿色）、B（蓝色）3 个颜色通道的值。由式（2-1）可知该图像颜色为黑色，共 9 个像素点。

$$\boldsymbol{I}_{3\times3}=\begin{bmatrix}[0,0,0] & [0,0,0] & [0,0,0]\\ [0,0,0] & [0,0,0] & [0,0,0]\\ [0,0,0] & [0,0,0] & [0,0,0]\end{bmatrix} \tag{2-1}$$

1. 读取图像

在 OpenCV 中，通过 imread()实现读取图像数据，其语法格式如下：

```
cv2.imread(filename[, flags])
```

imread()的参数说明如表 2-1 所示。

表 2-1　imread()的参数说明

参数名称	说明
filename	接收 str。表示待读取图像的路径。无默认值
flags	接收 int 或读入模式。表示读取图像的模式，目前该参数有 13 个取值，常用的取值有：cv2.IMREAD_UNCHANGED，表示返回原始图像，可用−1 代替；cv2.IMREAD_GRAYSCALE，表示返回灰度图，可用 0 代替；cv2.IMREAD_COLOR，表示返回通道顺序为 BGR 的彩色图像，可以 1 代替。默认为 cv2.IMREAD_COLOR

使用 imread()实现图像读取操作如代码 2-1 所示。

代码 2-1　使用 imread()实现图像读取操作

```
import cv2
img = cv2.imread('../data/lena.jpg')  # 以彩色图模式读取图像
gray = cv2.imread('../data/lena.jpg', cv2.IMREAD_GRAYSCALE)  # 以灰度图模式读取图像
print('img_shape:', img.shape)  # 输出图像大小
print('img_dtype:', img.dtype)  # 输出数据格式
print('img_type', type(img))  # 输出图像格式
print('gray _shape:', gray.shape)
print('gray _dtype:', gray.dtype)
print('gray_type', type(gray))
```

运行代码 2-1 的结果如下。

```
img_shape: (377, 373, 3)
img_dtype: uint8
img_type <class 'numpy.ndarray'>
gray _shape: (377, 373)
gray _dtype: uint8
gray_type <class 'numpy.ndarray'>
```

根据代码 2-1 的输出可知，在默认情况下通过 imread()读取图像数据为 3 通道的彩色图，像素值为 8 位的非负整数，图像数据以 NumPy 中 ndarray 的方式存在，如果定义了 imread()读取模式为 cv2.IMREAD_GRAYSCALE，那么读取的图像为单通道的灰度图。

需要注意的是，通过 OpenCV 读取彩色图像数据的颜色通道顺序为 BGR（蓝、绿、红），

并非常用的 RGB（红、绿、蓝）顺序。

2. 显示图像

在 OpenCV 中，通过 imshow()实现图像数据的显示，其语法格式如下：

```
cv2.imshow(winname, mat)
```

imshow()的参数说明如表 2-2 所示。

表 2-2　imshow()的参数说明

参数名称	说明
winname	接收 str。表示显示图像的窗口名称。无默认值
mat	接收 array。表示需要显示的图像。无默认值

使用 imshow()实现图像显示操作，如代码 2-2 所示，得到的结果如图 2-30 所示。

代码 2-2　使用 imshow()实现图像显示操作

```
img = cv2.imread('../data/lena.jpg')  # 以彩色图模式读取图像
cv2.imshow('Lena', img)  # 显示图像
cv2.waitKey(0)
```

图 2-30　代码 2-2 运行结果

在 OpenCV 中，通过 waitKey()实现设置图像窗口显示时长，其语法格式如下：

```
cv2.waitKey([,delay])
```

waitKey()的参数说明如表 2-3 所示。

表 2-3　waitKey()的参数说明

参数名称	说明
delay	接收 int。表示延迟时间，单位为毫秒。无默认值

waitKey()的作用是等待用户按键触发，如果用户按键触发时间超过了设置的时间则继续执行程序；当 delay 的值为 0 时，程序一直暂停运行并等待用户按键触发。

在代码 2-2 中增加 waitKey(0)的目的是令程序一直停留在显示图像的状态，如果没有增加 waitKey(0)，那么程序运行完毕后，图像显示窗口会自动关闭。

3. 保存图像

在 OpenCV 中，通过 imwrite()实现图像数据的保存，其语法格式如下：

```
cv2.imwrite(filename, img[, params])
```

imwrite()的参数说明如表 2-4 所示。

表 2-4 mwrite()的参数说明

参数名称	说明
filename	接收 str。表示保存图像的文件名。无默认值
img	接收 array。表示需要保存的图像。无默认值
params	接收 int 或保存图像的方法。表示保存图像的分辨率，目前该参数有 19 个取值，常用的取值有：cv2.IMWRITE_JPEG_QUALITY，表示对于 JPEG 格式的图像，它的取值可以从 0 到 100；cv.IMWRITE_PNG_BILEVEL，表示二进制 PNG 格式的图像，可用 0 或 1 代替。无默认值

使用 imwrite()实现图像保存操作如代码 2-3 所示。

代码 2-3 使用 imwrite()实现图像保存操作

```
gray = cv2.imread('../data/lena.jpg', cv2.IMREAD_GRAYSCALE)  # 以灰度图模式读取图像
cv2.imwrite('../tmp/lena_gray.jpg', gray)  # 将图像数据保存到磁盘中
```

2.3 常用的图像类型和颜色空间

图像是人类社会活动中常用的一种信息载体，除了日常生活中常见的彩色图像类型外，还有多种图像类型，在实际的应用中可以根据需求选择图像的类型。同时，在不同的领域中，对颜色的不同编码方法也造就了不同的颜色空间。

2.3.1 图像类型

已知图像数据读入计算机后以 NumPy 数组的形式存在，通过改变图像数组的约束条件即可得到不同的数据类型。例如，在不改变数值范围的情况下，改变数组的维度可以得到灰度图像。下面将对 RGB 图像、灰度图像和二值图像三种常见图像类型进行介绍，并介绍 RGB 图像转为灰度图像和灰度图像转为二值图像的操作。

1. RGB 图像

RGB（Red、Green、Blue）图像如图 2-31（a）所示，可以看成是由多个 RGB 像素点组成，每个彩色像素点分别由 R（红色）、G（绿色）、B（蓝色）3 种颜色空间组成，如图 2-31（b）所示，R（红色）、G（绿色）、B（蓝色）3 种颜色空间的像素点分别以 0～255 为范围进行量化，如图 2-31（c）所示。因此，可以由 3 个 0～255 的数字表示一个彩色像素中红、绿、蓝 3 种颜色的成分。例如，某个彩色像素值为（255,0,255），表示该像素红色成分为 100%，绿色成分为 0%，蓝色成分为 100%，由此可知该像素点颜色为紫色。

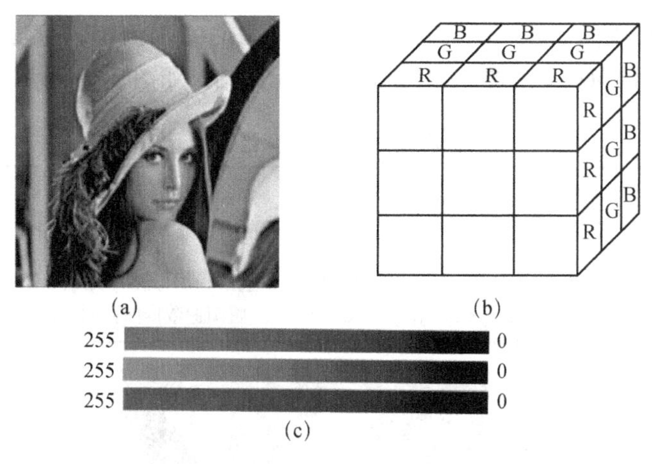

图 2-31　彩色图像

2. 灰度图像

灰度图像只表达图像的亮度信息，没有颜色信息，如图 2-32（a）所示。灰度图像的每个像素点上只包含一个量化的灰度级（灰度值），像素点的亮度水平如图 2-32（b）所示，通常使用 1 个字节（8 位二进制数）来存储灰度值，因此用正整数表示，灰度值的范围是 0～255。

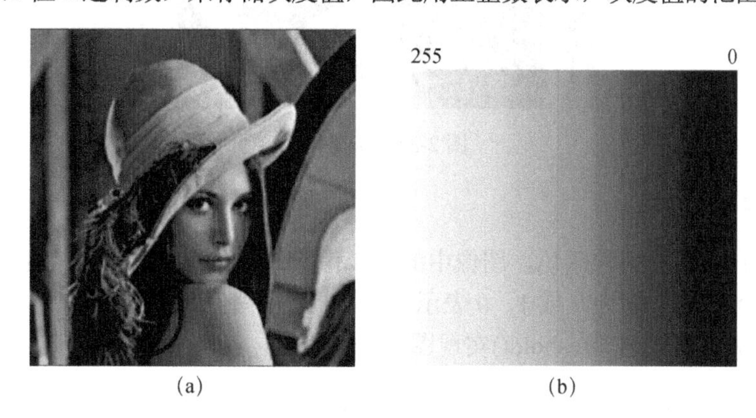

图 2-32　灰度图像

在 OpenCV 中，通过 cvtColor()实现图像灰度化，其语法格式如下：

```
cv2.cvtColor(src, code[, dst[, dstCn]])
```

cvtColor()的参数说明如表 2-5 所示。

表 2-5　cvtColor()的参数说明

参数名称	说明
src	接收 array。表示输入的图像。无默认值
code	接收 int 或读取模式。表示颜色空间类型，目前该参数有多个取值，常用的取值有：cv2.COLOR_BGR2GRAY，表示将 BGR 格式的图像转为灰度图像；cv2.COLOR_BGR2HSV，表示将 BGR 格式的图像转为 HSV 颜色空间的图像。无默认值
dst	接收 array。表示输出的图像。无默认值
dstCn	接收 int。表示目标图像数据通道数。无默认值

设置 cvtColor()中的 code 参数为“cv2.COLOR_BGR2GRAY”，可实现将 BGR 格式的图像（彩色图像）转为灰度图像，如代码 2-4 所示，结果如图 2-33 所示。

代码 2-4　图像灰度化操作

```
import cv2
src = cv2.imread('../data/lena.jpg')

gray=cv2.cvtColor(src,cv2.COLOR_BGR2GRAY) # 将彩色图像转为灰度图像
cv2.imwrite('../tmp/lena_gray.jpg', gray)  # 将图像数据保存到磁盘中
```

图 2-33　灰度化

3. 二值图像

二值图像只有黑白两种颜色，图像中的每个像素只能是黑或白，没有中间的过渡。因此二值图像的像素值只能为 0 或 1，0 表示黑色，1 表示白色。

在 OpenCV 中，通过 threshold()实现图像的二值化，其语法格式如下：

```
ret, dst=cv2.threshold(src, thresh, maxval, type[, dst])
```

threshold()会返回 thresh 和 dst 两个对象，thresh 表示设置的阈值，dst 表示二值化后的图像。threshold()的参数说明如表 2-6 所示。

表 2-6　threshold()的参数说明

参数名称	说明
src	接收 array。表示输入的图像。无默认值
thresh	接收 int。表示阈值的大小。无默认值
maxval	接收 int。表示大于阈值时设置的颜色。无默认值
type	接收 int 或阈值处理方法。目前该参数有 8 个取值，常用的取值有：cv2.THRESH_BINARY，表示将灰度图像进行二值化阈值处理；cv2.THRESH_BINARY_INV，表示将灰度图像进行反二值化阈值处理。无默认值
dst	接收 array。表示二值化后的图像（输出的图像）。无默认值

设置 threshold()中的 type 参数为“cv2.THRESH_BINARY”，可实现将灰度图像转为二值化图像，如代码 2-5 所示，结果如图 2-34 所示。

代码 2-5　图像二值化

```
import cv2
src = cv2.imread('../data/lena.jpg')

gray=cv2.cvtColor(src,cv2.COLOR_BGR2GRAY) # 将彩色图像转换为灰度图像
ret,binary=cv2.threshold(gray,127,255,cv2.THRESH_BINARY) #输入灰度图像，实现图像二值化
cv2.imwrite('../tmp/lena_binary.png', binary)  # 将图像数据保存到磁盘中
```

图 2-34　图像二值化

2.3.2　颜色空间

颜色空间是用一种数学方法表示颜色的，人们用颜色空间来指定和产生颜色。下面将对几种常用的颜色空间进行介绍，并使用 cvtColor()实现不同颜色空间之间的转换。

1. RGB 颜色空间

RGB（Red，Green，Blue）颜色空间最常用于显示器系统，通过发射 3 种不同强度的电子束，使屏幕内侧覆盖的红、绿、蓝磷光材料发光混合而产生色彩。在 RGB 颜色空间中，任意色光都可以通过 R（红色）、G（绿色）、B（蓝色）3 种不同分量的光相加混合来实现。

假设每种基色的数值归一化到[0，1]区间，最大值为 1，最小值为 0，那么黑色可表示为(0,0,0)，白色可表示为(1,1,1)，如图 2-35 所示。

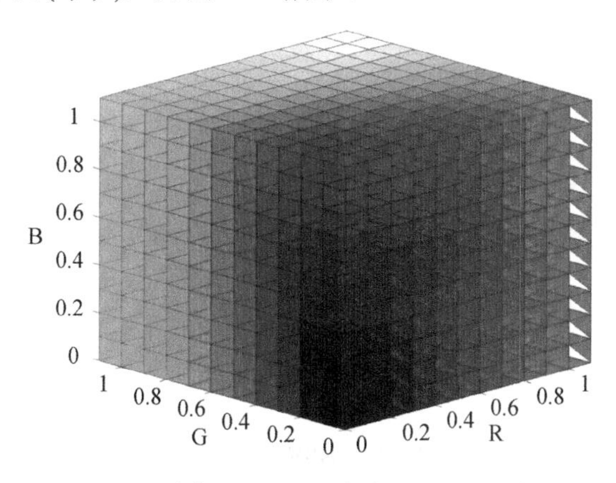

图 2-35　RGB 颜色空间

由于 OpenCV 库读取图像为 BGR 类型，设置 cvtColor ()中的 code 参数为“cv2.COLOR_BGR2RGB”，因此可实现将 BGR 颜色空间转换为 RGB 颜色空间，如代码 2-6 所示，原图像如图 2-36（a）所示，转换后的图像如图 2-36（b）所示。

代码 2-6　使用 cvtColor()实现将 BGR 颜色空间转换为 RGB 颜色空间

```
import cv2
src = cv2.imread('../data/lena.jpg')

rgb = cv2.cvtColor(src, cv2.COLOR_BGR2RGB)  # BGR 转 RGB
cv2.imwrite('../tmp/rgb.jpg',rgb)
```

（a）原图像

（b）转换后的图像

图 2-36　BGR 转 RGB 图像

2. HSV 颜色空间

HSV（Hue Saturation Value）颜色空间更符合人们对颜色的描述，常用于电视机的显示。HSV 颜色空间中的 3 个独立变量的物理意义分别为色调（Hue）、饱和度（Saturation）、亮度值（Value），如图 2-37 所示。圆锥的顶面对应于 V=1，所代表的颜色较亮，当 V=0 时为黑色。色调 H 由绕 V 轴的旋转角给定，红色对应角度 0°，绿色对应角度 120°，蓝色对应角度 240°。在 HSV 颜色模型中，每一种颜色与其对应的补色相差 180°。饱和度 S 取值为 0～1，所以圆锥顶面的半径为 1，当 S=1时对应颜色最深，当 S 减小时对应颜色变浅，当 $S=0$ 且 V=1时表示白色。

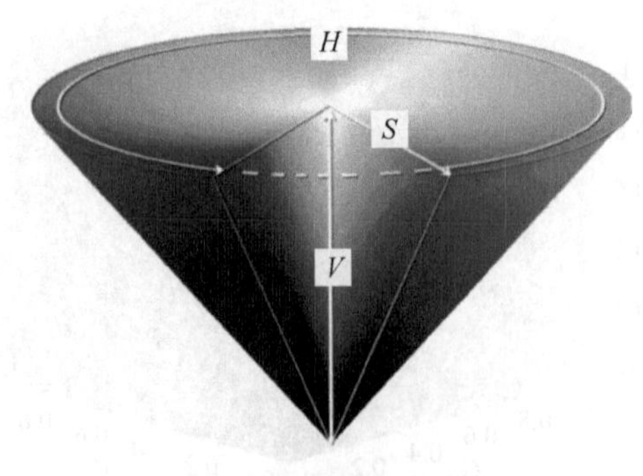

图 2-37　HSV 颜色空间

设置 cvtColor()中的 code 参数为“cv2.COLOR_BGR2HSV”时，可实现将 BGR 颜色空间转换为 HSV 颜色空间，如代码 2-7 所示，原图像如图 2-38（a）所示，转换后的图像如图 2-38（b）所示。

代码 2-7　使用 cvtColor()实现将 BGR 颜色空间转换为 HSV 颜色空间

```
import cv2
src = cv2.imread('../data/lena.jpg')

hsv = cv2.cvtColor(src, cv2.COLOR_BGR2HSV)  # BGR转HSV
cv2.imwrite('../tmp/hsv.jpg',hsv)
```

（a）原图像　　（b）转换后的图像

图 2-38　BGR 转 HSV 图像

3. YUV 颜色空间

YUV 是欧洲电视系统所采用的一种颜色编码方法，常用于各个视频处理的组件中。Y 表示明亮度，U 和 V 表示色度，作用是描述影像色调及饱和度，用于指定像素的颜色，如图 2-39 所示。YUV 主要用于优化彩色视频信号的传输，能够向后兼容老式黑白电视。与 RGB 视频信号传输相比，YUV 最大的优点在于只需占用极少的频宽，因为 RGB 要求 3 个独立的视频信号同时传输。亮度 Y 通过 RGB 颜色空间的像素值计算得出，色度 U 和 V 则定义了颜色的色调与饱和度，色度 U 反映了 RGB 输入信号蓝色部分与 RGB 信号亮度值之间的差异，色度 V 反映的是 RGB 输入信号红色部分与 RGB 信号亮度值之间的差异。

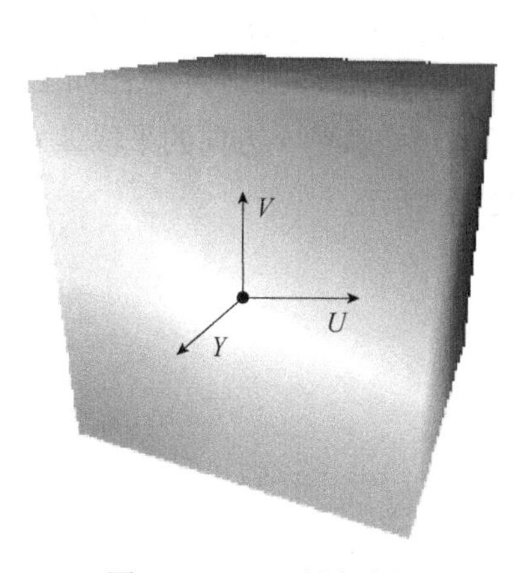

图 2-39　YUV 颜色空间

设置 cvtColor()中的 code 参数为“cv2.COLOR_BGR2YUV”，可实现将 BGR 颜色空间转换为 YUV 颜色空间，如代码 2-8 所示，原图像如图 2-40（a）所示，转换后的图像如图 2-40（b）所示。

代码 2-8 使用 cvtColor()实现将 BGR 颜色空间转换为 YUV 颜色空间

```
import cv2
src = cv2.imread('../data/lena.jpg')

yuv = cv2.cvtColor(src, cv2.COLOR_BGR2YUV)  # BGR转YUV
cv2.imwrite('../tmp/yuv.jpg',yuv)
```

(a) 原图像

(b) 转换后的图像

图 2-40 BGR 转 YUV 图像

2.4 常见的图像变换操作

2.4.1 平移

图像的平移变换是将一幅图像中的所有像素点都按照给定的偏移量向水平方向（沿 x 轴方向）或垂直方向（沿 y 轴方向）移动，是图像几何变换中较为简单的一种。

图像平移的原理示意图如图 2-41 所示，假设对像素点 $P_0(x_0,y_0)$ 进行平移后得到像素点 $P(x,y)$，其中 x 方向的平移量为 Δx，y 方向的平移量为 Δy，则像素点 $P(x,y)$ 的坐标如式（2-2）所示。

$$\begin{cases} x = x_0 + \Delta x \\ y = y_0 + \Delta y \end{cases} \tag{2-2}$$

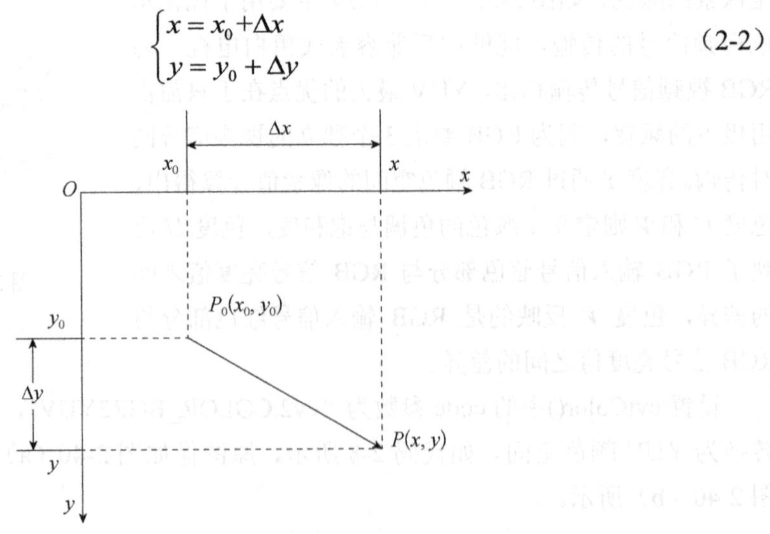

图 2-41 图像平移的原理示意图

在 OpenCV 中，通过 warpAffine()实现图像平移，其语法格式如下：

```
cv2.warpAffine(src, M, dsize[, dst[, flags[, borderMode[, borderValue]]]])
```

warpAffine()的参数说明如表 2-7 所示。

表 2-7　warpAffine()的参数说明

参数名称	说明
src	接收 array。表示输入的图像。无默认值
M	接收 array。表示用于变换的矩阵。无默认值
dsize	接收 tuple。表示输出图像的大小。无默认值
dst	接收 array。表示输出的图像。无默认值
flags	接收 int 或插值模式。表示进行矩阵变换的方法，目前该参数有 19 个取值，常用的取值有：cv2.INTER_NEAREST，表示最邻近插值算法；cv2.INTER_LINEAR，表示线性插值算法。默认为 cv2.INTER_LINEAR
borderMode	接收 int 或边界填充模式。目前该参数有 9 个取值，常用的取值有：cv2.BORDER_CONSTANT，表示用常数进行填充；cv2.BORDER_DEFAULT，表示将最近的像素进行映射。默认为 cv2.BORDER_CONSTANT
borderValue	接收常量或标量。表示边界填充值。默认为 0

使用 warpAffine()实现图像平移操作如代码 2-9 所示，图 2-42（a）为原图像，图 2-42（b）为平移后的图像。

代码 2-9　使用 warpAffine()实现图像平移操作

```
import cv2
import numpy as np

img = cv2.imread('../data/lena_1.jpg')
H = np.float32([[1, 0, 100], [0, 1, 100]])  # 定义平移矩阵
rows, cols = img.shape[:2]  # 获取图像高宽（行列数）
res = cv2.warpAffine(img, H, (cols, rows))  # 进行矩阵变换
cv2.imwrite('../tmp/translate.jpg', res)  # 保存平移后的图像
```

（a）原图像

（b）平移后的图像

图 2-42　图像平移

2.4.2 缩放

图像比例缩放是指将给定的图像在 x 轴方向按比例缩放至原来的 f_x，同时在 y 轴方向按比例缩放至原来的 f_y，从而获得一幅新的图像。如果 f_x=f_y，即 x 轴方向和 y 轴方向缩放的比例相同，此比例缩放为图像的全比例缩放。如果 $f_x \neq f_y$，那么图像的比例缩放会改变原始图像的像素间的相对位置，产生几何畸变。

图像缩放的原理示意图如图 2-43 所示，假设原图像中的像素点 $P_0(x_0,y_0)$，经过比例 (f_x,f_y) 缩放后，在新图像中对应的像素点为 $P(x,y)$，则像素点 $P_0(x_0,y_0)$ 和像素点 $P(x,y)$ 之间的对应关系如式（2-3）所示。

$$\begin{cases} x = f_x \cdot x_0 \\ y = f_y \cdot y_0 \end{cases} \tag{2-3}$$

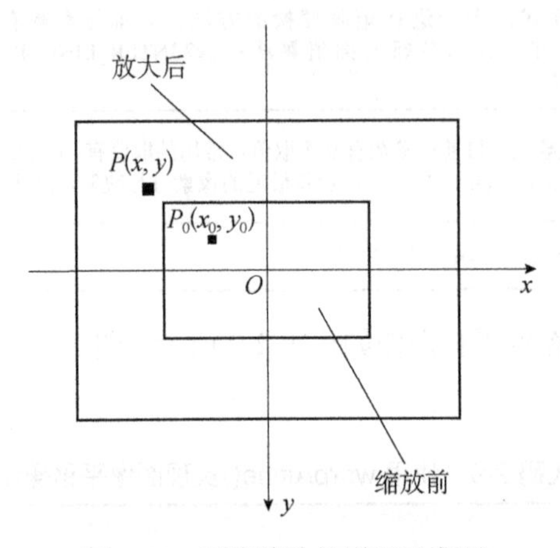

图 2-43　图像缩放的原理示意图

实现图像缩放有多种方法，OpenCV 中的 resize()提供了最邻近插值、双线性插值、区域插值、三次样条插值和 Lanczos 插值共 5 种方法，其语法格式如下：

```
cv2.resize(src, dsize[, dst[, fx[, fy[, interpolation]]]])
```

resize()的参数说明如表 2-8 所示。

表 2-8　resize()的参数说明

参数名称	说明
src	接收 array。表示输入的图像。无默认值
dsize	接收 tuple。表示输出图像的大小。无默认值
dst	接收 array。表示输出的图像。无默认值
fx	接收 double。表示 x 轴上的缩放比例。默认值为 0
fy	接收 double。表示 y 轴上的缩放比例。默认值为 0
interpolation	接收 int 或插值模式。表示进行图像缩放变换的方法，目前该参数有 10 个取值，常用的取值有：cv2.INTER_NEAREST，表示最邻近插值法，cv2.INTER_LINEAR，表示双线性插值法；cv2.INTER_AREA，表示区域插值法；cv2.INTER_CUBIC，三次样条插值法；cv2.INTER_LANCZOS4，表示 Lanczos 插值法。默认为 cv2.INTER_LINEAR

1. 最邻近插值法

最邻近插值法选取离目标像素点最近的像素点作为新的插入点，是一种较为简单的插值方法。由于是以最近的点作为新的插入点，可能会造成插值后生成的图像灰度值的不连续性，因此容易导致放大后的图像出现锯齿的现象。

假设像素点 A 的坐标为(2.3,4.7)，像素点 A 的 4 个相邻整数像素点坐标分别为(2,4)、(3,4)、(2,5)、(3,5)，离像素点 A 最近的像素点为(2,5)，根据最邻近插值原则，放大图像时，在像素点 A 附近插入的像素点为(2,5)。

采用最邻近插值法将图像放大和缩小，如代码 2-10 所示，图 2-44（a）为原图像，图 2-44（b）为放大的图像，图 2-44（c）为缩小的图像。

代码 2-10　采用最邻近插值法将图像放大和缩小

```
img = cv2.imread('../data/lena.jpg')

# 方法一：设置图像缩放因子，对图像进行放大和缩小，使用最邻近插值法
scale_large = cv2.resize(img, None, fx=1.5,
                         fy=1.5, interpolation=cv2.INTER_NEAREST)
scale_small = cv2.resize(img, None, fx=0.75,
                         fy=0.75, interpolation=cv2.INTER_NEAREST)
# 保存缩放后的图像
cv2.imwrite('../tmp/scale_large.jpg', scale_large)
cv2.imwrite('../tmp/scale_small.jpg', scale_small)
```

（a）原图像

（b）放大的图像

（c）缩小的图像

图 2-44　采用最邻近插值法缩放图像

2. 双线性插值法

双线性插值法利用像素点 (x,y) 的 4 个最邻近像素的灰度值，计算像素点 (x,y) 的像素值。双线性插值法的原理示意图如图 2-45 所示。假设输出图像的宽度为 W 、高度为 H，输入图像的宽度为 w 、高度为 h，按照线性插值的方法，将输入的图像沿宽度方向分为 W 等份，沿高度方向分为 H 等份，那么输出图像中的任意一个像素点 (x,y) 的像素值，应该由输入图像中 (a,b) 、 $(a+1,b)$ 、 $(a,b+1)$ 和 $(a+1,b+1)$ 4 个像素点的像素值确定，其中， $a=\left\lfloor x\cdot\frac{w}{W}\right\rfloor$，

$b=\left[y\cdot\dfrac{h}{H}\right]$。像素点$(x,y)$的像素值$f(x,y)$如式（2-4）所示。

$$f(x,y)=(b+2-y)f(x,b)+(a+1-x)f(x,b+1) \tag{2-4}$$

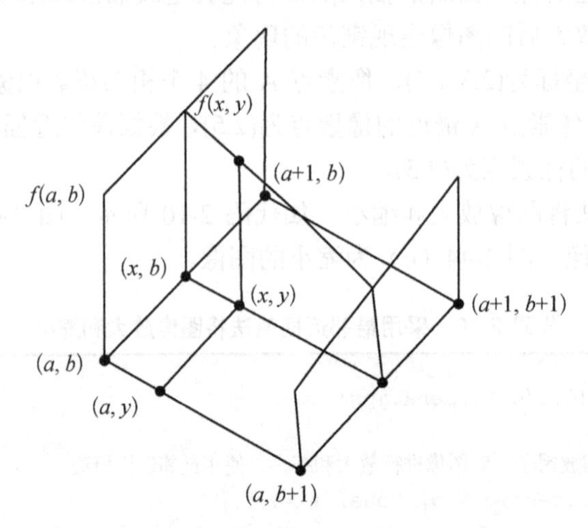

图 2-45　双线性插值法的原理示意图

采用双线性插值法将图像放大和缩小，如代码 2-11 所示，图 2-46（a）为原图像，图 2-46（b）为放大的图像，图 2-46（c）为缩小的图像。

代码 2-11　采用双线性插值法将图像放大和缩小

```
img = cv2.imread('../data/lena.jpg')

# 方法二：设置图像缩放因子，对图像进行放大和缩小
scale_large = cv2.resize(img, None, fx=1.5,
                         fy=1.5, interpolation=cv2.INTER_LINEAR)
scale_small = cv2.resize(img, None, fx=0.75,
                         fy=0.75, interpolation=cv2.INTER_LINEAR)
# 保存缩放后的图像
cv2.imwrite('../tmp/scale_large2.jpg', scale_large)
cv2.imwrite('../tmp/scale_small2.jpg', scale_small)
```

（a）原图像

（b）放大的图像

（c）缩小的图像

图 2-46　采用双线性插值法缩放图像

3. 区域插值法

区域插值法先将原图像分割成不同区域，然后将插值点映射到原图像，判断其所属区域，最后根据插值点附近的像素值采用不同的策略计算插值点的像素值。

区域插值共分 3 种情况，图像放大时类似于双线性插值，图像缩小（x 轴、y 轴同时缩小）又分如下两种情况。

（1）当图像缩小比例为整数 n 时，取插值点邻域内的区域像素的平均值作为插值点的像素值。当 $n=2$ 时的区域差值如图 2-47 所示，其中图 2-47（a）为原图像，图 2-47（b）为图像缩小 $n=2$ 后的图像。

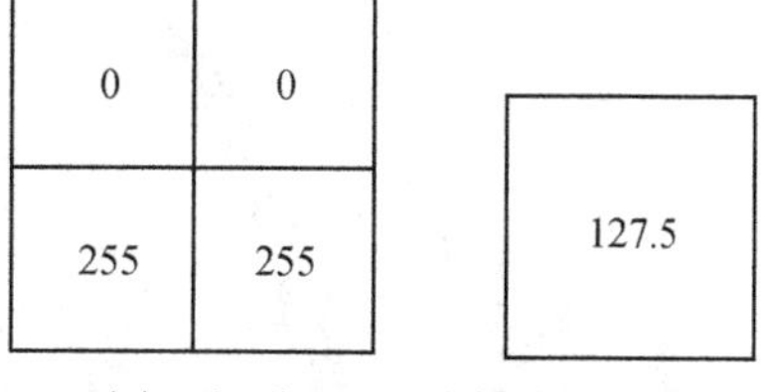

（a）原图像　（b）缩小n=2后的图像

图 2-47　原图像和缩小 $n=2$ 后的图像

（2）当缩小比例为非整数 $n.k$ 时（n 为整数部分，k 为小数部分），先取插值点整数部分邻域内的像素均值 a，再加上小数部分 $0.k$ 乘以整数部分对应区域以外的像素值的平均值 b 的和，作为插值点的像素值 $\mathrm{Val}_{\mathrm{pixcell}}=a+0.k\times b$。当 $n.k$=1.5 时区域插值如图 2-48 所示，其中图 2-48（a）为原图像，图 2-48（b）为缩小 $n.k$=1.5 后的图像。

0	0	0
127	127	127
255	255	255

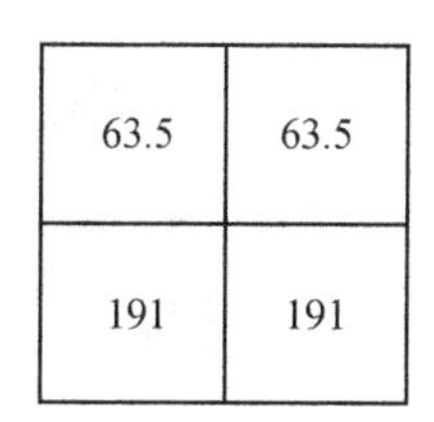

（a）原图像　（b）缩小$n.k$=1.5后的图像

图 2-48　原图像和缩小 $n.k$ =1.5 后的图像

采用区域插值法将图像放大和缩小，如代码 2-12 所示，图 2-49（a）为原图像，图 2-49（b）为放大的图像，图 2-49（c）为缩小的图像。

代码 2-12　采用区域插值法将图像放大和缩小

```
img = cv2.imread('../data/lena.jpg')

height, width = img.shape[:2]  # 获取图像高宽

# 方法三：设置图像的大小，不需要缩放因子，利用区域插值法对图像进行放大和缩小
scale_large = cv2.resize(img, (int(1.5 * width), int(1.5 * height)),
                         interpolation=cv2.INTER_AREA)
scale_small = cv2.resize(img, (int(0.75 * width), int(0.75 * height)),
                         interpolation=cv2.INTER_AREA)

cv2.imwrite('../tmp/scale_large3.jpg', scale_large)  # 保存缩放后的图像
cv2.imwrite('../tmp/scale_small3.jpg', scale_small)
```

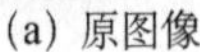

（a）原图像　　（b）放大的图像　　（c）缩小的图像

图 2-49　采用区域插值法缩放图像

4. 三次样条插值法

三次样条插值法需要选取插值像素点 (x,y) 的邻域内 16 个像素点的像素值，然后利用三次多项式 $S(x)$ 求解，利用趋近理论的最佳插值函数计算插值像素点的像素值。$S(x)$ 的表达式如式（2-5）所示。三次样条插值的优点是具有一阶、二阶导数收敛的性质，插值得到的结果更加平滑，缺点是运算量较大。

$$S(x)=\begin{cases}1-2|x|^2+|x|^3, 0\leqslant|x|<1\\4-8|x|+5|x|^2-|x|^3, 1\leqslant|x|<2\\0, |x|\geqslant 2\end{cases} \tag{2-5}$$

采用三次样条插值法将图像放大和缩小，如代码 2-13 所示，图 2-50（a）为原图像，图 2-50（b）为放大的图像，图 2-50（c）为缩小的图像。

代码 2-13　采用三次样条插值法将图像放大和缩小

```
img = cv2.imread('../data/lena.jpg')

# 方法四：设置图像缩放因子，使用三次样条插值法对图像进行放大和缩小
scale_large = cv2.resize(img, None, fx=1.5, fy=1.5,
                         interpolation=cv2.INTER_CUBIC)
scale_small = cv2.resize(img, None, fx=0.75, fy=0.75,
                         interpolation=cv2.INTER_CUBIC)

cv2.imwrite('../tmp/scale_large4.jpg', scale_large)  # 保存缩放后的图像
cv2.imwrite('../tmp/scale_small4.jpg', scale_small)
```

5. Lanczos 插值法

一维的 Lanczos 插值是在目标像素点的左边和右边各取 4 个像素点进行插值，8 个像素点的权重由高阶函数计算得到。二维的 Lanczos 插值是在 x 和 y 方向取邻域内的 16 个像素点进行插值，通过计算加权和的方式确定插值像素点的像素值。

（a）原图像

（b）放大的图像

（c）缩小的图像

图 2-50　利用三次样条插值法缩放图像

采用 Lanczos 插值法将图像放大和缩小，如代码 2-14 所示，图 2-51（a）为原图像，图 2-51（b）为放大的图像，图 2-51（c）为缩小的图像。

代码 2-14　采用 Lanczos 插值法将图像放大和缩小

```
img = cv2.imread('../data/lena.jpg')
height, width = img.shape[:2]  # 获取图像高宽

# 方法五：设置图像的大小，不需要缩放因子，使用 lanczos 插值法对图像进行放大和缩小
scale_large = cv2.resize(img, (int(1.5 * width), int(1.5 * height)),
                         interpolation=cv2.INTER_LANCZOS4)
scale_small = cv2.resize(img, (int(0.75 * width), int(0.75 * height)),
                         interpolation=cv2.INTER_LANCZOS4)

cv2.imwrite('../tmp/scale_large5.jpg', scale_large)  # 保存缩放后的图像
cv2.imwrite('../tmp/scale_small5.jpg', scale_small)
```

（a）原图像

（b）放大的图像

（c）缩小的图像

图 2-51　利用 Lanczos 插值法缩放图像

2.4.3 旋转

图像旋转（Rotation）是指图像以某一像素点为中心旋转一定的角度形成一幅新的图像的过程。通常是以图像的中心为圆心旋转，将图像中的所有像素点都旋转一个相同的角度。

图像旋转的原理示意图如图 2-52 所示，将像素点(x_0, y_0)绕原点 O 顺时针旋转至像素点(x_1, y_1)，其中 a 为旋转角，r 为像素点(x_0, y_0)到原点的距离，b 为原点 O 到像素点(x_0, y_0)的线段与 x 轴之间的夹角。在旋转过程中，r 保持不变。

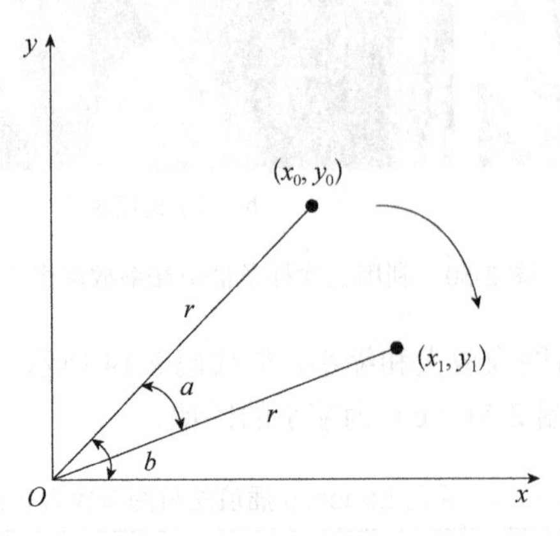

图 2-52　图像旋转的原理示意图

在 OpenCV 中，通过 getRotationMatrix2D()获取图像的旋转变化后的矩阵，其语法格式如下：

```
cv2.getRotationMatrix2D(center, angle, scale)
```

getRotationMatrix2D()的参数说明如表 2-9 所示。

表 2-9　getRotationMatrix2D()的参数说明

参数名称	说明
center	接收 tuple。表示旋转的中心点。无默认值
angle	接收 double。表示旋转的角度。无默认值
scale	接收 double。表示缩放的比例。无默认值

使用 getRotationMatrix2D()实现图像旋转，如代码 2-15 所示，图 2-53（a）为原图像，图 2-53（b）为旋转后的图像。

代码 2-15　使用 getRotationMatrix2D()实现图像旋转

```
img = cv2.imread('../data/lena.jpg')
height, width = img.shape[:2]  # 获取图像高宽（行列数）

matRotate = cv2.getRotationMatrix2D((width * 0.5, height * 0.5), 45, 1)  # 计算旋转变化后的矩阵
img_rotate = cv2.warpAffine(img, matRotate, (width, height))  # 旋转
cv2.imwrite('../tmp/lena_rotate.jpg', img_rotate)  # 保存旋转后的图像
```

(a) 原图像

(b) 旋转后的图像

图 2-53　图像旋转

2.4.4　仿射

图像的仿射变换是指对图像的像素点进行一次线性变换并加上平移向量的变换，包括图像平移、图像缩放和图像旋转等图像几何变换。假设原图像的某个像素点(x',y')经过仿射变换后为(x,y)，那么仿射变换的过程如式（2-6）所示。

$$\begin{cases} x = a \cdot x' + b \cdot y' + c \\ y = d \cdot x' + e \cdot y' + f \end{cases} \tag{2-6}$$

式（2-6）的矩阵形式如式（2-7）所示。

$$\begin{bmatrix} x \\ y \\ 1 \end{bmatrix} = \begin{bmatrix} a & b & c \\ d & e & f \\ 0 & 0 & 1 \end{bmatrix} \times \begin{bmatrix} x' \\ y' \\ 1 \end{bmatrix} \tag{2-7}$$

其中，参数a、e决定图像的缩放变换，参数c、f决定图像的平移变换，参数a、b、d、e决定图像的旋转变换。

在 OpenCV 中，通过 getAffineTransform()获取图像的仿射变换矩阵，其语法格式如下：

```
cv2.getAffineTransform(src, dst)
```

getAffineTransform()的参数说明如表 2-10 所示。

表 2-10　getAffineTransform()的参数说明

参数名称	说明
src	接收 array。表示输入图像中 3 个点的坐标。无默认值
dst	接收 array。表示目标图像中 3 个点的坐标。无默认值

在人脸识别过程中，不同人脸的姿态可能不同，在非正脸姿态（如图 2-54 所示）时进行人脸识别，对识别的精度影响非常大。因此在人脸识别之前，同样需要对人脸进行对齐，保证识别时的人脸姿态都是正脸。

首先确定 3 个人脸对齐参考点，这里选择眼睛和嘴巴的位置作为人脸对齐参考点，如图 2-54 中的圆点标记点。如果希望矫正后的人脸方向为正方向，那么变换后的人脸图像中眼睛与嘴巴的位置关系如图 2-55 所示。

图 2-54　人脸图像

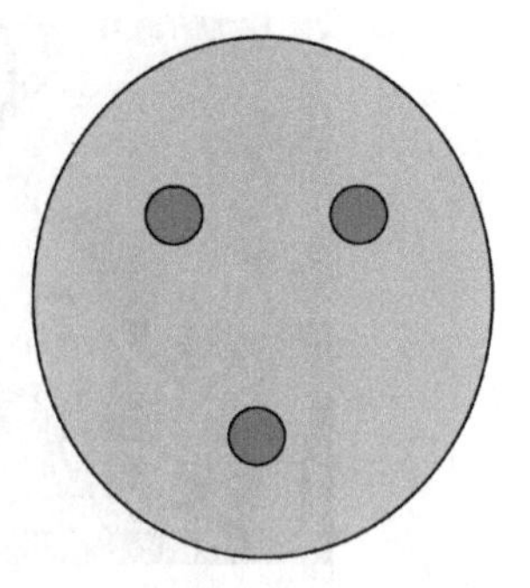

图 2-55　变换后的人脸图像中眼睛与嘴巴的位置关系

使用 getAffineTransform()和 warpAffine()实现图像仿射，如代码 2-16 所示，得到的效果如图 2-56 所示。

代码 2-16　实现图像仿射

```
# 仿射
img = cv2.imread('../data/plate.jpg')
rows, cols, channel = img.shape

# 定义仿射变换前的数据点集合
pts1 = np.float32([[60, 260], [20, 570], [850, 300]])
# 定义变换后的数据点集合
pts2 = np.float32([[100, rows/3], [100, rows * 2/3], [cols - 100, rows * 2/3]])

# 画出仿射变换前的数据点
for point in pts1:
    cv2.circle(img, (int(point[0]), int(point[1])), 10, (0, 0, 255),
            thickness=-1)

M = cv2.getAffineTransform(pts1, pts2)  # 获取仿射变换矩阵M
dst = cv2.warpAffine(img, M, (cols, rows))  # 进行变换得到结果图像

# 画出仿射变换后的数据点
for point in pts2:
    cv2.circle(dst, (int(point[0]), int(point[1])), 20, (0, 255, 0),
            thickness=2)
cv2.imwrite('../tmp/warpAffinePlate.jpg', dst)  # 保存仿射变换后的图像
```

图 2-56　图像仿射效果

2.4.5　翻转

图像翻转（Flip）包括水平翻转、垂直翻转和水平垂直翻转 3 种类型。在图像翻转的过程中，翻转只改变图像的方向，并不改变图像的大小，并且不是任意地改变方向。

在 OpenCV 中，通过 flip()实现图像翻转，其语法格式如下：

```
cv2.flip(src, flipCode[, dst])
```

flip()的参数说明如表 2-11 所示。

表 2-11　flip()的参数说明

参数名称	说明
src	接收 array。表示输入图像。无默认值
flipCode	接收 int。表示翻转类型，当该参数大于等于 1 时，表示水平翻转；当该参数等于 0 时，表示垂直翻转；当该参数小于等于−1 时，表示水平垂直翻转。无默认值
dst	接收 array。表示输出图像。无默认值。

1. 水平翻转

水平翻转是指以图像的垂直中轴线为中心，将图像的左半部分和右半部分进行对换，对换后图像的高度和宽度不变。假设原图像的高度为 h、宽度为 w，图像中的某个像素点 (x_0, y_0) 经过水平翻转后为 (x, y)，那么水平翻转的过程如式（2-8）所示。

$$\begin{cases} x = w - x_0 \\ y = y_0 \end{cases} \tag{2-8}$$

使用 flip()实现图像水平翻转，如代码 2-17 所示，图 2-57（a）为原图、图 2-57（b）为水平翻转后的图像。

代码 2-17　使用 flip()实现图像水平翻转

```
import cv2

image = cv2.imread("../data/lena.jpg") # 读取图像
# 水平翻转
h_flip = cv2.flip(image, 1)
cv2.imwrite('../tmp/h_flip.jpg',h_flip )  # 将图像数据保存到磁盘中
```

（a）原图像

（b）水平翻转后的图像

图 2-57　水平翻转

2. 垂直翻转

垂直翻转是指以图像的水平中轴线为中心，将图像的上半部分和下半部分进行对换，对换后图像的高度和宽度不变。假设原图像的高度为 h、宽度为 w，图像中的某个像素点 (x_0, y_0) 经过水平翻转后为 (x, y)，那么垂直翻转的过程如式（2-9）所示。

$$\begin{cases} x = x_0 \\ y = h - y_0 \end{cases} \tag{2-9}$$

使用 flip()实现图像垂直翻转，如代码 2-18 所示，图 2-58（a）为原图像，图 2-58（b）为垂直翻转后的图像。

代码 2-18　使用 flip()实现图像垂直翻转

```
image = cv2.imread("../data/lena.jpg") # 读取图像
# 垂直翻转
v_flip = cv2.flip(image, 0)
cv2.imwrite('../tmp/v_flip.jpg',v_flip )  # 将图像数据保存到磁盘中
```

（a）原图像

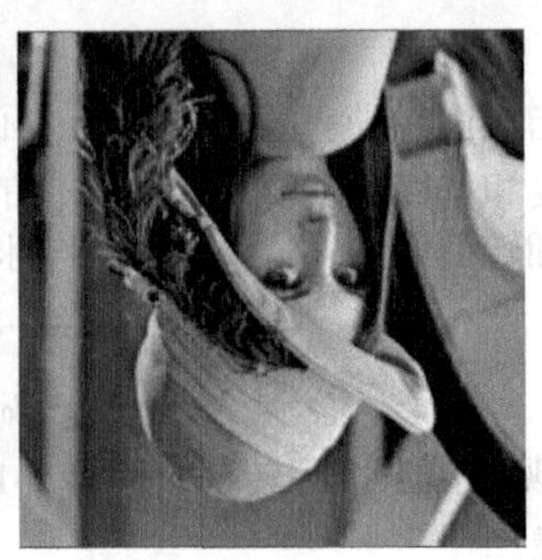

（b）垂直翻转后的图像

图 2-58　垂直翻转

3. 水平垂直翻转

水平垂直翻转是指以图像的水平中轴线和垂直中轴线的交点为中心，将图像进行对换，是水平翻转和垂直翻转先后进行或同时进行的操作。假设原图像的高度为 h、宽度为 w，图像中的某个像素点 (x_0, y_0) 经过水平垂直翻转后的像素点为 (x, y)，那么水平垂直翻转的过程如式（2-10）所示。

$$\begin{cases} x = w - x_0 \\ y = h - y_0 \end{cases} \tag{2-10}$$

使用 flip()实现图像水平垂直翻转，如代码 2-19 所示，图 2-59（a）为原图像，图 2-59（b）为水平垂直翻转后的图像。

代码 2-19　使用 flip()实现图像水平垂直翻转

```
image = cv2.imread("../data/lena.jpg") # 读取图像
# 水平垂直翻转
hv_flip = cv2.flip(image, -1)
cv2.imwrite('../tmp/hv_flip.jpg',hv_flip )  # 将图像数据保存到磁盘中
```

（a）原图像

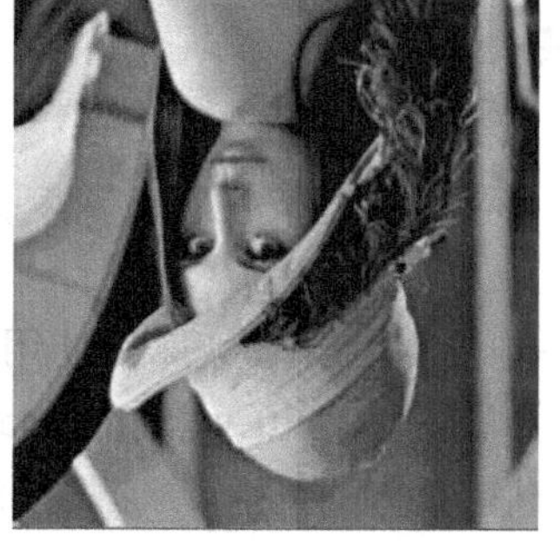

（b）水平垂直翻转后的图像

图 2-59　水平垂直翻转

【任务设计】

将图像进行灰度化和二值化的目的是降低图像维度、突出图像特征，有利于后续的图像处理，是图像处理中的常用操作之一。请基于 OpenCV 库实现对限速牌图像的灰度化和二值化操作，并将二值化后的图像进行翻转。限速牌的原图像如图 2-60（a）所示，灰度化后的图像如图 2-60（b）所示，将灰度化后的图像进行二值化后的图像如图 2-60（c）所示，翻转后的二值化图像图 2-60（d）所示。

（a）原图像

（b）灰度化

（c）二值化

（d）翻转

图 2-60　限速牌图像及相应操作结果

任务的具体步骤如下：

（1）数据准备。导入相关库，读取限速牌图像并显示图像。

（2）灰度化。将读取的彩色图像转为灰度图像，显示和保存灰度化后的图像。

（3）二值化。将灰度化后的灰度图像转为二值化图像，显示和保存二值化的图像。

（4）翻转。将二值化后的图像进行水平翻转，显示和保存翻转后的图像。

任务流程如图 2-61 所示。

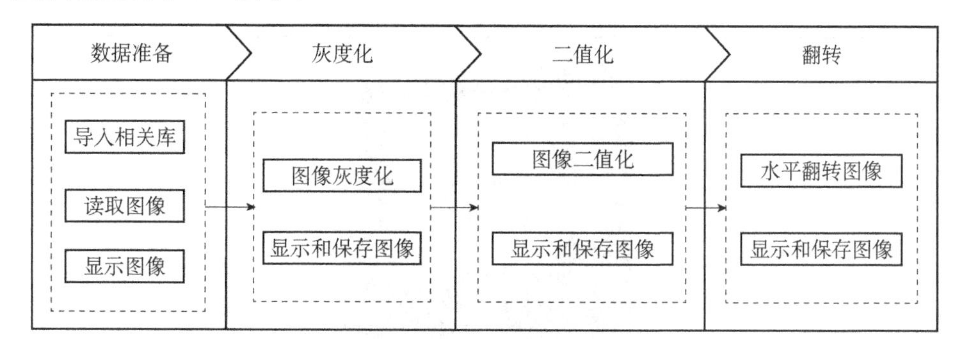

图 2-61　任务流程图

【任务实施】

基于 OpenCV 库实现限速牌图像的灰度化、二值化和翻转，具体的任务实施步骤和结果如下。

（1）数据准备。导入 OpenCV 库，使用 imread()从文件夹中读取限速牌图像，使用 imshow()显示原图像，使用 waitKey()设置 delay 参数为“0”，令程序一直暂停运行并等待用户按键触发，如代码 2-20 所示，限速牌原图像如图 2-62 所示。

代码 2-20　数据准备

```
import cv2
img = cv2.imread('../data/board_40.png')  # 读取图像
cv2.imshow('img', img)  # 显示图像
cv2.waitKey(0)
```

图 2-62　限速牌原图像

（2）灰度化。设置 cvtColor()中的 code 参数为“cv2.COLOR_BGR2GRAY”，实现限速牌图像的灰度化，使用 imshow()显示灰度化后的图像，使用 imwrite()保存灰度化后的图像，如代码 2-21 所示，灰度化后的图像如图 2-63 所示。

代码 2-21　使用 cv2.cvtColor()实现灰度化

```
gray=cv2.cvtColor(img,cv2.COLOR_BGR2GRAY)  # 彩色图像转换为灰度图像
cv2.imshow('gary', gray)  # 显示图像
cv2.waitKey(0)
cv2.imwrite('../tmp/gray_board_40.png', gray)  # 将图像数据保存到 tmp 文件夹中
```

图 2-63　灰度化的图像

（3）二值化。设置 threshold()中的 thresh 参数为“127”、maxval 参数为“255”和 type 参数为“cv2.THRESH_BINARY”，实现将灰度化的限速牌图像转为二值化图像，使用 imshow()显示二值化后的图像，使用 imwrite()保存二值化后的图像，如代码 2-22 所示，得到的结果如图 2-64 所示。

代码 2-22　使用 threshold()实现二值化

```
ret,binary=cv2.threshold(gray,127,255,cv2.THRESH_BINARY)  # 输入灰度图，实现图像二值化
cv2.imshow('binary', binary)  # 显示图像
cv2.waitKey(0)
cv2.imwrite('../tmp/binary_board_40.png', binary)  # 将图像数据保存到 tmp 文件夹中
```

图 2-64　二值化后的图像

（4）翻转。设置 flip()中的 dst 参数为“1”，实现将二值化的限速牌图像进行水平翻转，使用 imshow()显示水平翻转结果，使用 imwrite()保存水平翻转后的图像，如代码 2-23 所示，得到的结果如图 2-65 所示。

代码 2-23　使用 flip()实现水平翻转

```
h_flip = cv2.flip(binary, 1)
cv2.imshow('h_flip', h_flip)  # 显示图像
cv2.waitKey(0)
cv2.imwrite('../tmp/h_flip_40.png', h_flip)  # 将图像数据保存到 tmp 文件夹中
```

图 2-65　水平翻转后的图像

【任务评价】

填写表 2-12 所示任务过程评价表。

表 2-12　任务过程评价表

任务实施人姓名________________　学号________________　时间____________

评价项目及标准		分值	小组评议	教师评议
技术能力	1. 基本概念熟悉程度	10		
	2. 导入相关库、读取数据和显示图像	10		
	3. 使用 cvtColor()实现灰度化代码编写	10		
	4. 使用 threshold()实现图像二值化代码编写	10		
	5. 使用 flip()实现图像翻转代码编写	10		
	6. 显示和保存结果图像	10		
执行能力	1. 出勤情况	5		
	2. 遵守纪律情况	5		
	3. 是否主动参与，有无提问记录	5		
	4. 有无职业意识	5		
社会能力	1. 能否有效沟通	5		
	2. 能否使用基本的文明礼貌用语	5		
	3. 能否与组员主动交流、积极合作	5		
	4. 能否自我学习及自我管理	5		
		100		
评定等级：				
评价意见		学习意见		

评定等级：A：优，得分＞90；B：好，得分＞80；C：一般，得分＞60；D：有待提高，得分＜60。

小结

本任务介绍了机器视觉工具的安装，图像的读取、显示、保存等操作，常用的图像类型和颜色空间，常见的图像变换操作，包括平移、缩放、旋转、仿射、翻转。

任务 2 练习

1. 选择题

（1）下列哪一条命令能够在 Anaconda Prompt 中正确地安装 OpenCV 库？（　　）

A. pip install OpenCV　　　　B. pip install cv2

C. pip install opencv-python　　　　D. pip install opencv

（2）在 OpenCV 中，设置 flip()中的 flipCode 参数为（　　），可实现将图像进行垂直翻转。

A. 1　　　　B. 2　　　　C. 0　　　　D. −1

2. 判断题

（1）在 RGB 颜色空间中，threshold()会返回 thresh、dst 两个对象，分别表示二值化图像、阈值。（　　）

（2）在 OpenCV 中，使用 flip()时，设置 flipCode 的值为“3”，可实现将图像进行水平翻转。（　　）

3. 填空题

（1）在数字图像中，像素点的范围为________。

（2）图像的仿射包括了________、________、________等图像几何变换方法。

4. 简答题

（1）HSV 颜色空间中 H、S、V 三个独立变量分别代表着什么？

（2）在图像缩放中，什么是全比例缩放？如果不对图像进行全比例缩放，可能会对图像产生什么影响？

5. 案例题

1. 在数字图像处理中，正确地对图像进行读取、灰度化、二值化、保存是图像处理的基础操作。基于 OpenCV 库对图像进行读取，对图像进行灰度化、二值化并保存，具体的操作步骤如下。

（1）基于 OpenCV 读取图像。

（2）基于读取的图像对图像进行灰度化。

（3）基于灰度化的图像进行二值化，实现分离目标与背景从而突出图像特征，减小图像存储空间的作用，最后保存图像结果。

2. 图像在采集的过程中，由于人为或自然因素的影响，图像的大小并不是一致的，不利于图像的存储、传输等。基于 OpenCV 将鸢尾花图像缩小为原图像的 $\frac{1}{4}$，具体操作步骤如下。

（1）导入相关库，读取图像。

（2）基于读取的图像获取图像的高和宽。

（3）基于图像的高和宽，使用缩放函数的区域插值法将图像缩小为原图像的 $\frac{1}{4}$，保存结果图像。

任务 3

检测目标图像的边缘

【任务要求】

图像的边缘作为图像的一种基本特征，通常用于较高层次的特征描述、图像识别、图像分割、图像增强等处理技术中，从而可对图像做进一步分析和理解。本任务要求使用边缘检测算法检测出限速牌图像中数字的边缘。

【相关知识】

3.1 边缘检测简介

图像工程技术由基础到高级分为图像处理、图像分析和图像理解三个层次，边缘检测属于图像分析的范畴。边缘主要存在于图像中的目标与目标、目标与背景、区域与区域之间。

在日常的生活中也有不少基于边缘检测的应用，例如，对被拍摄的人物和背景使用边缘检测，得到人物区域的边缘，再经过后续的处理，即可实现背景的切换。

边缘总是以强度突变的形式出现，可以理解为图像局部特征的不连续性，如灰度的突变、纹理结构的突变等。边缘常常意味着一个区域的终结和另一个区域的开始。根据灰度变化的特点，常见的边缘可分为阶跃型和屋顶型。阶跃型和屋顶型边缘及其对应的灰度变化曲线如图 3-1 所示。

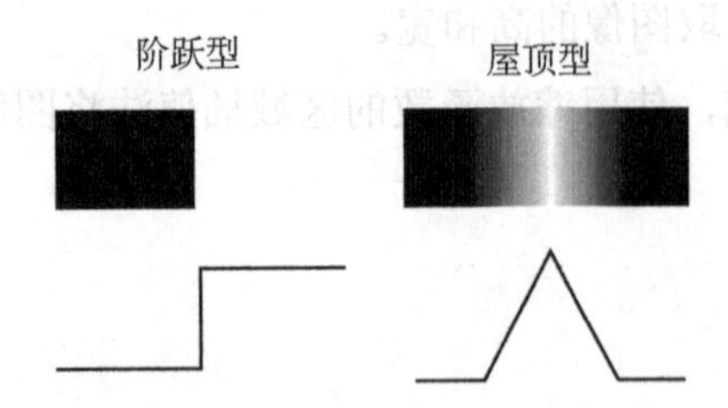

图 3-1 阶跃型和屋顶型边缘及其对应的灰度变化曲线

在图 3-1 中，阶跃型边缘两侧像素的灰度值有着显著的不同，屋顶型边缘位于灰度值从增加到减少的变化转折点。

由于图像中边缘所在区域的灰度会有较大的变化，微分运算自然就成了边缘检测与提取的主要手段。人们最早提出了一阶微分边缘算子，用图像灰度分布的梯度来反映图像灰度的变化。但是，一阶微分边缘算子通常对边缘附近较大范围的区域都会产生响应，检测到的边缘图像常需做细化处理，影响了边缘定位的精度。因而又产生了与边缘方向无关的二阶微分边缘算子。利用二阶导数零交叉所提取的边缘宽度为一个像素，所得的边缘结果无须细化，有利于更准确地定位边缘。

基于微分算子的边缘检测算法，在边缘灰度值过渡比较尖锐且噪声较小等不太复杂的图像中可以取得较好的效果。但是对于边缘复杂的图像效果不太理想，如边缘模糊、边缘丢失和边缘不连续等。因此，在噪声较大的情况下使用边缘检测算子，会先对图像进行适当的平滑，抑制噪声，然后求导数；或者对图像进行局部拟合，再使用拟合光滑函数进行求导，如 Canny 算子等。

图像边缘检测一直是机器视觉领域中的研究热点，通常将常见的边缘检测算法分为以下三类。

（1）基于一阶微分算子的边缘检测算法，如 Roberts 算子、Sobel 算子和 Prewitt 算子等。

（2）基于二阶微分算子的边缘检测算法，如 Laplace 算子、LoG 算子和 DoG 算子等。

（3）以小波变换、形态学、模糊数学和分形理论等近年来发展起来的高新技术为基础的边缘检测算法。

3.2　图像平滑处理

图像平滑是一种区域增强的算法，主要目的是通过减少图像中的高频噪声来改善图像的质量。在边缘检测中，高频噪声与图像背景的像素值存在较大的差异，这种差异极易被基于微分算子的边缘检测算法识别为边缘。下面将对均值滤波、中值滤波和低通滤波进行介绍，并实现对均值滤波、中值滤波和低通滤波的操作。

3.2.1　均值滤波

大部分噪声可以视为随机信号，对图像的影响可以看成是孤立的。如果某一像素点与周围像素点相比有明显的不同，即可认为该点被噪声感染。基于噪声的孤立性，可以用邻域平均的方法判断每一点是否为噪声，并用适当的方法消除发现的噪声。假设原图像为 $f(x,y)$，经过 S 邻域的均值滤波后的图像为 $g(x,y)$，那么均值滤波如式（3-1）所示。

$$g(x,y)=\frac{1}{M}\cdot\sum_{(x,y)\in S}f(x,y) \tag{3-1}$$

在式（3-1）中，M 为 S 邻域中的像素数量，可知均值滤波是以图像的模糊为代价换取噪声的降低的，邻域越大，降噪效果越好，同时图像模糊程度也越大。

在 OpenCV 中，通过 cv2.blur()进行均值滤波，其语法格式如下。

```
cv2.blur(src, ksize[, dst[, anchor[, borderType]]])
```

cv2.blur()的参数说明如表 3-1 所示。

表 3-1　cv2.blur()的参数说明

参数名称	说明
src	接收 array。表示输入的图像。无默认值
ksize	接收 tuple。表示核的大小。无默认值
dst	接收 array。表示输出的图像。无默认值
anchor	接收 tuple。表示锚点位置。默认为(-1,-1)
borderType	接收边界模式。表示推断图像外部像素的方法，默认为 cv2.BORDER_DEFAULT

使用 cv2.blur()实现均值滤波，如代码 3-1 所示，图 3-2（a）为原图像，图 3-2（b）为均值滤波后的图像。

代码 3-1　使用 cv2.blur()实现均值滤波

```
img = cv2.imread('../data/lena_2.jpg')  # 读取图像数据
img_mean = cv2.blur(img, (5, 5))  # 均值滤波
cv2.imwrite('../tmp/meanFiltering.jpg', img_mean)  # 保存图像
```

(a) 原图像

(b) 均值滤波后的图像

图 3-2　均值滤波

3.2.2　中值滤波

由图 3-2 可知，均值滤波虽然能够消除噪声，但是平滑操作也使图像中的边界信息变得模糊。如果希望在滤除噪声的同时还能保留边缘信息，那么均值滤波便难以达到要求，而中值滤波则能够较好地解决该问题。

中值滤波是统计排序滤波器的一种。中值滤波采用像素周围某邻域内像素的中间值进行替换。尽管中值滤波也是对中心像素的邻域进行处理，但并非通过加权平均的方式处理，因此无法通过线性表达式得到处理的结果。由于图像中的噪声几乎都是邻域像素的极值，因此通过中值滤波可以有效地过滤噪声，同时保留图像边缘信息。

在 OpenCV 中，通过 cv2.medianBlur()进行中值滤波，其语法格式如下。

```
cv2.medianBlur(src, ksize[, dst])
```

cv2.medianBlur()的参数说明如表 3-2 所示。

表 3-2　cv2.medianBlur()的参数说明

参数名称	说明
src	接收 array。表示输入的图像。无默认值
ksize	接收 int。表示核的大小。无默认值
dst	接收 array。表示输出的图像。无默认值

使用 cv2.medianBlur()实现中值滤波，如代码 3-2 所示，图 3-3（a）为原图像，图 3-3（b）为中值滤波后的图像。

代码 3-2　使用 cv2.medianBlur()实现中值滤波

```
img_median = cv2.medianBlur(img, 3)  # 中值滤波
cv2.imwrite('../tmp/image.jpg', img_median)  # 保存图像
```

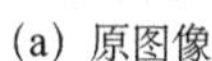

（a）原图像

（b）中值滤波后的图像

图 3-3　中值滤波

3.2.3　低通滤波

从信号频谱角度来看，信号的缓慢变化部分在频率域属于低频部分，而信号的迅速变化部分在频率域是高频部分。通常，图像的边缘及噪声的频率分量处于频率域较高的部分，因此可以采用低通滤波的方法去除噪声。

低通滤波流程如图 3-4 所示，首先对原图像 $f(x,y)$ 进行傅立叶变换（FFT）得到频域信号 $F(u,v)$，然后经过响应函数 $H(u,v)$ 过滤高频信号，得到频域平滑后的 $G(u,v)$，最后经过逆傅立叶变换（IFFT）得到平滑后的图像 $g(x,y)$。

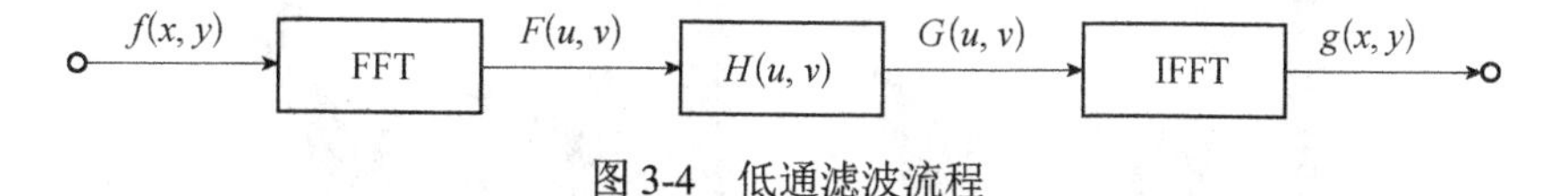

图 3-4　低通滤波流程

一个理想低通滤波器的系统函数如式（3-2）所示。

$$H(u,v)=\begin{cases}1 & F(u,v)\leqslant D_0\\0 & F(u,v)>D_0\end{cases} \tag{3-2}$$

在式（3-2）中，D_0 是理想低通滤波器的截止频率，该式表示大于 D_0 的高频分量将被过滤，而小于等于 D_0 的低频分量将会保留，从而实现低通滤波。

实现低通滤波如代码 3-3 所示，图 3-5（a）为原图像，图 3-5（b）为低通滤波后的图像。

代码 3-3　实现低通滤波

```
MASK_SIZE = 40  # 定义mask大小
img_src = cv2.imread('../data/lena_2.jpg',0)  # 读取图像

shape = img_src.shape
rows, cols = shape[0], shape[1]  # 获取图像行数与列数
cx, cy = int(shape[0]/2), int(shape[1]/2)  # 获取图像中心点坐标
mask = np.zeros((rows, cols, 2), np.uint8)  # 创建mask
# 在mask中心区域的值设置为1
mask[cx - MASK_SIZE : cx + MASK_SIZE, cy - MASK_SIZE : cy + MASK_SIZE] = 1

# 傅立叶变换
img_float = np.float32(img_src)  # 将图像数据转成float型
dft = cv2.dft(img_float, flags=cv2.DFT_COMPLEX_OUTPUT)  # 进行傅立叶变换
dft_shift = np.fft.fftshift(dft)  # 将图像中的低频部分移动到图像的中心

# 掩模处理 频域图获取
mask_shift = dft_shift * mask  # 与mask融合

# 逆傅立叶变换
inverse_shift = np.fft.ifftshift(mask_shift)  # 将图像中的低频部分移动到图像的中心
img_inverse = cv2.idft(inverse_shift)  # 逆傅立叶变换
# 将sqrt(x^2 + y^2)计算矩阵维度的平方根
img_inverse = cv2.magnitude(img_inverse[:,:,0], img_inverse[:,:,1])
plt.subplot(121)
plt.imshow(img_src, cmap='gray')  # 显示滤波后的图像
plt.axis('off')  # 去除坐标轴
plt.subplot(122)
plt.imshow(img_inverse, cmap='gray')  # 显示滤波后的图像
plt.axis('off')  # 去除坐标轴
plt.savefig('../tmp/img_inverse.jpg')  # 保存图像
plt.show()
```

（a）原图像

（b）低通滤波后的图像

图 3-5　低通滤波

3.3　常见的边缘检测算法

在实际的图像分析中，基于微分算子的边缘检测算法会比其他的边缘检测算法更为常用。在基于微分算子的边缘检测算法中，一阶微分算子的使用频率比二阶微分算子的使用频率高。

3.3.1　一阶微分算子边缘检测算法

边缘检测强调的是图像对比度，即灰度上的差别。边缘实际上是图像灰度阶梯变化的位置。可以使用一阶微分算子对边缘的位置进行检测，因为一阶微分算子可以反映信号的变化趋势，而当信号没有变化时，一阶微分不会有响应。常见的一阶微分算子有 Roberts 算子、Sobel 算子、Prewitt 算子和 Canny 算子等。

1. Roberts 算子

Roberts 算子是早期的边缘检测算子之一。Roberts 算子根据互相垂直方向上的差分可用于计算梯度的原理，采用沿对角线方向相邻像素之差的方法进行梯度幅度检测。Roberts 算子检测水平、垂直方向边缘时的性能要好于检测斜线方向边缘时的性能，并且检测定位精度比较高，但对噪声敏感。其左斜方向 w_1 和右斜方向 w_2 上的算子如式（3-3）所示。

$$w_1 = \begin{bmatrix} 1 & 0 \\ 0 & -1 \end{bmatrix}$$
$$w_2 = \begin{bmatrix} 0 & 1 \\ -1 & 0 \end{bmatrix} \tag{3-3}$$

在 OpenCV 中，通过 filter2D()实现卷积运算，其语法格式如下。

```
cv2.filter2D(src, ddepth, kernel[, dst[, anchor[, delta[, borderType]]]])
```

filter2D()的参数说明如表 3-3 所示。

表 3-3　filter2D()的参数说明

参数名称	说明
src	接收 array。表示输入的图像。无默认值
ddepth	接收 int 或图像深度类型。表示目标图像所需的深度，目前该参数有 6 个取值，常用的有：−1，表示与输入的图像相同的深度；cv2.CV_64F，表示输出类型为浮点型 64 位的图像。无默认值
kernel	接收 array。表示相关核的大小。无默认值
dst	接收 array。表示输出的图像。无默认值
anchor	接收 point。表示锚点位置。默认为 Point(−1,−1)
delta	接受 double。表示将计算后的像素在输出图像前添加到像素的值。默认为 0
borderType	接收 int 或边界填充模式。目前该参数有 9 个取值，常用的取值有：cv2.BORDER_CONSTANT，表示用常数进行填充；cv2.BORDER_DEFAULT，表示将最近的像素进行映射。默认为 cv2.BORDER_CONSTANT

经过卷积运算后即可得到两个方向上的边缘特征，但是卷积运算会导致像素值溢出，即像素值大于 255 或小于 0，因此需要将像素值转为 8 位无符号整型（0～255）。

在 OpenCV 中，通过 convertScaleAbs()实现将数值转为 8 位无符号整型，其语法格式如下。

```
cv2.convertScaleAbs(src[, dst[, alpha[, beta]]])
```

convertScaleAbs()的参数说明如表 3-4 所示。

表 3-4 convertScaleAbs()的参数说明

参数名称	说明
src	接收 array。表示输入的图像。无默认值
dst	接受 array。表示输出的图像。无默认值
alpha	接受 double。表示可选比例因子。默认为 1
beta	接受 double。表示添加到缩放值的可选增量。默认为 0

使用 Roberts 算子实现边缘检测如代码 3-4 所示，图 3-6（a）为原图像，图 3-6（b）为边缘检测的结果。

代码 3-4 使用 Roberts 算子实现边缘检测

```
import cv2
import numpy as np

# 读取图像
img = cv2.imread('../data/lena.jpg', cv2.COLOR_BGR2GRAY)
rgb_img = cv2.cvtColor(img, cv2.COLOR_BGR2RGB)

# 灰度化图像
grayImage = cv2.cvtColor(img, cv2.COLOR_BGR2GRAY)

# Roberts 算子
kernelx = np.array([[1, 0], [0, -1]], dtype=int)
kernely = np.array([[0, 1], [-1, 0]], dtype=int)
# 卷积操作
x = cv2.filter2D(grayImage, cv2.CV_16S, kernelx)
y = cv2.filter2D(grayImage, cv2.CV_16S, kernely)
# 转为 8 位无符号整型,图像融合
absX = cv2.convertScaleAbs(x)
absY = cv2.convertScaleAbs(y)
Roberts = cv2.addWeighted(absX, 0.5, absY, 0.5, 0)

cv2.imwrite('../tmp/Rx.jpg', absX)
cv2.imwrite('../tmp/Ry.jpg', absY)
cv2.imwrite('../tmp/Roberts.jpg', Roberts)
```

（a）原图像

（b）边缘检测的结果

图 3-6 Roberts 算子边缘检测

图像锐化处理的目的是加强图像中景物的边缘和轮廓，使模糊图像变得更清晰。将得到的图像边缘与原图像进行融合，即可实现简单的图像锐化操作。在 OpenCV 中，使用 add()实现图像锐化，其语法格式如下。

```
cv2.add(src1, src2[, dst[, mask[, dtype]]])
```

add()的参数说明如表 3-5 所示。

表 3-5　add()的参数说明

参数名称	说明
src1	接收 array。表示第一个输入的图像。无默认值
src2	接收 array。表示第二个输入的图像。无默认值
dst	接受 array。表示输出的图像。无默认值
mask	接收 array。表示可选操作掩码图像，8 位灰度图
dtype	接收 int。表示输出图像的可选深度。默认为-1

使用 add()实现图像锐化如代码 3-5 所示，图 3-7（a）为原图像，图 3-6（b）为锐化后的图像。

代码 3-5　使用 add()实现图像锐化

```
x = cv2.filter2D(img, cv2.CV_16S, kernelx)
y = cv2.filter2D(img, cv2.CV_16S, kernely)
absX = cv2.convertScaleAbs(x)
absY = cv2.convertScaleAbs(y)
Roberts = cv2.addWeighted(absX, 0.5, absY, 0.5, 0)
# 图像锐化
R_rui = cv2.add(img, Roberts)
cv2.imwrite('../tmp/R_rui.jpg', R_rui)
```

（a）原图像

（b）锐化后的图像

图 3-7　图像锐化

2. Sobel 算子

Sobel 算子根据像素点所有上下、左右相邻像素点的灰度加权差，会在边缘处达到极值时检测边缘。Sobel 算子可以产生较好的检测效果，并且对噪声具有平滑作用，得到的边缘信息较为精确。但是，Sobel 算子在抗噪声好的同时增加了计算量。Sobel 算子在垂直方向

w_1和水平方向w_2上的算子如式（3-4）所示。

$$w_1=\begin{bmatrix}-1 & -2 & -1\\ 0 & 0 & 0\\ 1 & 2 & 1\end{bmatrix},\ w_2=\begin{bmatrix}-1 & 0 & 1\\ -2 & 0 & 2\\ -1 & 0 & 1\end{bmatrix} \tag{3-4}$$

在 OpenCV 中，通过 Sobel()实现基于 Sobel 算子的边缘检测，其语法格式如下。

```
cv2.Sobel(src, ddepth, dx, dy[, dst[, ksize[, scale[, delta[, borderType]]]]])
```

Sobel()的参数说明如表 3-6 所示。

表 3-6　Sobel()的参数说明

参数名称	说明
src	接收 array。表示输入的图像。无默认值
ddepth	接收 int 或图像深度类型。表示目标图像所需的深度，目前该参数有 6 个取值，常用的有：−1，表示与输入的图像相同的深度；cv2.CV_64F，表示输出类型为浮点型 64 位的图像。无默认值
dx	接受 int。表示导数 x 的阶数。无默认值
dy	接受 int。表示导数 y 的阶数。无默认值
dst	接受 array。表示输出的图像。无默认值
ksize	接受 int。表示核的大小。默认为 3
scale	接受 double。表示计算导数值的可选比例因子。默认为 1
delta	接受 double。表示将计算后的像素在输出图像前添加到像素的值。默认为 0
borderType	接收 int 或边界填充模式。目前该参数有 9 个取值，常用的取值有：cv2.BORDER_CONSTANT，表示用常数进行填充，可用 0 替代；cv2.BORDER_DEFAULT，表示将最近的像素进行映射。默认为 BORDER_DEFAULT

使用 Sobel()实现基于 Sobel 算子的边缘检测如代码 3-6 所示，图 3-8（a）为使用 x 方向一阶导数得到的边缘图像，图 3-8（b）为使用 y 方向一阶导数得到的边缘图像，图 3-8（c）为融合（a）和（b）得到的边缘图像。

代码 3-6　使用 Sobel()实现基于 Sobel 算子的边缘检测

```
x = cv2.Sobel(grayImage, cv2.CV_16S, 1, 0)
y = cv2.Sobel(grayImage, cv2.CV_16S, 0, 1)

# 转 uint8 ,图像融合
absX = cv2.convertScaleAbs(x)
absY = cv2.convertScaleAbs(y)
Sobel = cv2.addWeighted(absX, 0.5, absY, 0.5, 0)

cv2.imwrite('../tmp/sx.jpg', absX)
cv2.imwrite('../tmp/sy.jpg', absY)
cv2.imwrite('../tmp/Sobel.jpg', Sobel)
```

（a）使用x方向一阶导数得到的边缘图像

（b）使用y方向一阶导数得到的边缘图像

（c）融合（a）和（b）得到的边缘图像

图 3-8　Roberts 算子边缘检测

3. Prewitt 算子

Prewitt 算子系数和为 0 的特性，使得计算得到的边缘点的区域较宽，边缘特征也相对清晰，亮度变化明显的区域得到加强。Prewitt 算子垂直方向 w_1 和水平方向 w_2 上的算子如式（3-5）所示。

$$w_1 = \begin{bmatrix} -1 & -1 & -1 \\ 0 & 0 & 0 \\ 1 & 1 & 1 \end{bmatrix}, \quad w_2 = \begin{bmatrix} -1 & 0 & 1 \\ -1 & 0 & 1 \\ -1 & 0 & 1 \end{bmatrix} \tag{3-5}$$

使用 Prewitt 算子实现边缘检测如代码 3-7 所示，图 3-9（a）为使用 x 方向一阶导数得到的边缘图像，图 3-9（b）为使用 y 方向一阶导数得到的边缘图像，图 3-9（c）为融合（a）和（b）得到的边缘图像。

代码 3-7　使用 Prewitt 算子实现边缘检测

```
kernelx = np.array([[-1,-1,-1],[0,0,0],[1,1,1]],dtype=int)
kernely = np.array([[-1,0,1],[-1,0,1],[-1,0,1]],dtype=int)

x = cv2.filter2D(grayImage, cv2.CV_16S, kernelx)
y = cv2.filter2D(grayImage, cv2.CV_16S, kernely)

absX = cv2.convertScaleAbs(x)
absY = cv2.convertScaleAbs(y)
Prewitt = cv2.addWeighted(absX, 0.5, absY, 0.5, 0)

cv2.imwrite('../tmp/px.jpg', absX)
cv2.imwrite('../tmp/py.jpg', absY)
cv2.imwrite('../tmp/Prewitt.jpg',Prewitt)
```

4. Canny 算子

Canny 算子在 1986 年被提出，是一种比较实用的边缘检测算子，能在噪声抑制和边缘检测之间取得较好的平衡，具有很好的边缘检测性能，该算子设计时需要达到以下 3 个目标。

（1）低错误率。检测到所有边缘，并且减少对噪声的响应。

（2）高的定位性能。检测到的边缘和真实边缘的距离应该较小。

（a）使用x方向一阶导数得到的边缘图像

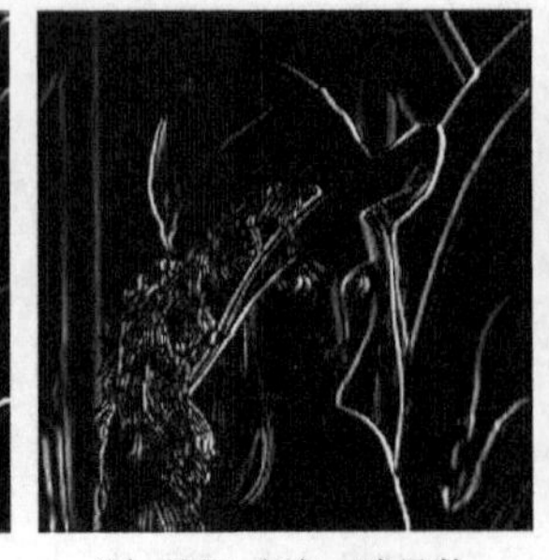

（b）使用y方向一阶导数得到的边缘图像

（c）融合（a）和（b）得到的边缘图像

图 3-9 Prewitt 算子边缘检测

（3）单一的边缘点响应。对单一边缘仅有唯一响应，减少单一边缘的多响应。

第一个目标是减少噪声响应，可以通过高斯滤波来实现；第二、三个目标可以通过非极大值抑制来实现，非极大值抑制返回的只是边缘中顶脊处的点。

使用 Canny 算子进行边缘检测的主要流程如下。

（1）滤波减噪。高斯滤波可以将图像中的噪声部分过滤，避免后续的边缘检测将噪声信息识别为边缘。

（2）差分计算幅值和方向。使用一阶有限差分计算梯度，可以得到图像沿 x 和 y 方向上偏导数的两个矩阵，Canny 算子中使用 Sobel 算子作为梯度算子。

（3）非极大值抑制。对非极大值的数据进行抑制，像素点 3×3 区域内图像梯度幅值矩阵中的元素值越大，图像中该点的梯度值越大，结合检测点的梯度方向，即可定位出大概的边缘信息。

（4）滞后阈值。使用双阈值对二值化图像进行筛选，通过选取合适的大阈值与小阈值可以得出最为接近图像真实边缘的边缘图像。

在 OpenCV 中，使用 GaussianBlur()实现高斯平滑，其语法格式如下。

```
cv2.GaussianBlur(src, ksize, sigmaX[, dst[, sigmaY[, borderType]]])
```

GaussianBlur()的参数说明如表 3-7 所示。

表 3-7 GaussianBlur()的参数说明

参数名称	说明
src	接收 array。表示输入的图像。无默认值
dst	接收 array。表示输出的图像。无默认值
ksize	接收 size 对象。表示核的大小，常用的取值为二维整型元组。无默认值
sigmaX	接收 double。表示 x 方向的高斯核标准差。无默认值
sigmaY	接收 double。表示 y 方向的高斯核标准差。默认为 0
borderType	接收 int 或边界填充模式。目前该参数有 9 个取值，常用的取值有：cv2.BORDER_CONSTANT，表示用常数进行填充，可用 0 替代；cv2.BORDER_DEFAULT，表示将最近的像素进行映射。默认为 BORDER_DEFAULT

在 OpenCV 中，使用 Canny()实现基于 Canny 算子的边缘检测，其语法格式如下。

```
cv2.Canny(image, threshold1, threshold2[, edges[, apertureSize[, L2gradient]]])
```

Canny()的参数说明如表 3-8 所示。

表 3-8　Canny()的参数说明

参数名称	说明
image	接收 array。表示输入的图像。无默认值
threshold1	接收 double。表示滞后过程的第一个阈值。无默认值
threshold2	接收 double。表示滞后过程的第二个阈值。无默认值
edges	接收 array。表示输出的图像。无默认值
apertureSize	接收 int。表示使用算子的孔径大小。默认为 3
L2gradient	接收 bool。表示是否使用 L2 范数。默认为 false

使用 Canny()实现基于 Canny 算子的边缘检测如代码 3-8 所示，图 3-10（a）为原图像，图 3-10（b）为使用 Canny()得到的边缘图像。

代码 3-8　使用 Canny()实现基于 Canny 算子的边缘检测

```
image = cv2.GaussianBlur(grayImage, (5,5), 0)
Canny = cv2.Canny(image, 100, 200)
cv2.imwrite('../tmp/Canny.jpg',Canny)
```

（a）原图像

（b）使用Canny()得到的边缘图像

图 3-10　Canny 算子边缘检测

3.3.2　二阶微分算子边缘检测算法

在一幅图像中，如果图像灰度变化剧烈，进行一阶微分后会形成一个局部的极值，而对图像进行二阶微分则会在边缘所在的位置形成一个零交叉点，因此也可以使用二阶微分算子检测边缘。

1. Laplace 算子

在二阶微分算子中，常采用具有各向同性和旋转对称性的 Laplace 算子。Laplace 算子要求中心像素和邻近像素的系数异号，且所有系数的和为零，从而能够避免产生灰度偏移。两个常用的 Laplace 算子如式（3-6）所示。

$$w_1 = \begin{bmatrix} 0 & -1 & 0 \\ -1 & 4 & -1 \\ 0 & -1 & 0 \end{bmatrix}, \quad w_2 = \begin{bmatrix} -1 & -1 & -1 \\ -1 & 8 & -1 \\ -1 & -1 & -1 \end{bmatrix} \tag{3-6}$$

在 OpenCV 中，使用 Laplacian()实现基于 Laplace 算子的边缘检测，其语法格式如下。

```
cv2. Laplacian(src, ddepth[, dst[, ksize[, scale[, delta[, borderType]]]]])
```

Laplacian()的参数说明如表 3-9 所示。

表 3-9　Laplacian()的参数说明

参数名称	说明
src	接收 array。表示输入的图像。无默认值
ddepth	接收 int 或图像深度类型。表示目标图像所需的深度，目前该参数有 6 个取值，常用的有：-1，表示与输入的图像相同的深度；cv2.CV_64F，表示输出类型为浮点型 64 位的图像。无默认值
dst	接受 array。表示输出的图像。无默认值
ksize	接受 int。表示核的大小。默认为 1
scale	接受 double。表示计算导数值的可选比例因子。默认为 1
delta	接受 double。表示将计算后的像素在输出图像前添加到像素的值。默认为 0
borderType	接收 int 或边界填充模式。目前该参数有 9 个取值，常用的取值有：cv2.BORDER_CONSTANT，表示用常数进行填充，可用 0 替代；cv2.BORDER_DEFAULT，表示将最近的像素进行映射。默认为 BORDER_DEFAULT

使用 Laplace()实现基于 Laplace 算子的边缘检测如代码 3-9 所示，图 3-11（a）为原图像，图 3-11（b）为使用 Laplace()得到的边缘图像。

代码 3-9　使用 Laplace()实现基于 Laplace 算子的边缘检测

```
dst = cv2.Laplacian(grayImage, cv2.CV_16S, ksize = 3)
Laplacian = cv2.convertScaleAbs(dst)
cv2.imwrite('../tmp/Laplacian.jpg',Laplacian)
```

（a）原图像

（b）使用Laplace算子得到的边缘图像

图 3-11　Laplace 算子边缘检测

2. LoG 算子

Laplace 算子不包含平滑处理，并且属于高阶微分，所以对噪声的响应比一阶算子快。因此很少只使用 Laplace 算子进行边缘检测。结合高斯平滑和 Laplace 算子即可得到 LoG（Laplace of Gaussian）算子。

使用 LoG 算子实现边缘检测如代码 3-10 所示，图 3-12（a）为原图像，图 3-12（b）

为使用 LoG 算子得到的边缘图像。

代码 3-10　使用 LoG 算子实现边缘检测

```
# 先通过高斯滤波降噪
gaussian = cv2.GaussianBlur(grayImage, (3, 3), 0)
# 再通过拉普拉斯算子进行边缘检测
dst = cv2.Laplacian(gaussian, cv2.CV_16S, ksize=3)
LOG = cv2.convertScaleAbs(dst)
cv2.imwrite('../tmp/LOG.jpg',LOG)
```

(a) 原图像　　(b) 使用LoG算子得到的边缘图像

图 3-12　LoG 算子边缘检测

3. DoG 算子

DoG（Difference of Gaussian）算子是对 LoG 算子的近似。LoG 算子在构造过程中需要对二维高斯函数进行拉普拉斯变换，计算量相对较大。DoG 算子近似 LoG 算子，使用该算子在减小计算量的同时能够保持较好的边缘响应。

使用 DoG 算子实现边缘检测如代码 3-11 所示，图 3-13（a）为原图像，图 3-13（b）为使用 DoG 算子得到的边缘图像。

代码 3-11　使用 DoG 算子实现边缘检测

```
# 高斯滤波
gaussian1 = cv2.GaussianBlur(grayImage, (3, 3), 0)
gaussian2 = cv2.GaussianBlur(gaussian1, (3, 3), 0)
# 做差
img_DoG = gaussian1 - gaussian2
cv2.imwrite('../tmp/DOG.jpg',img_DoG)
```

3.3.3　其他边缘检测算法

随着各种新技术的出现和发展，不断地有新方法和新概念引入边缘检测领域，这也是目前边缘检测研究的一个热点，如基于形态学的边缘检测。形态学是生物学的一个分支，主要研究动植物的形态和结构。数学形态学可从图像中提取、表达和描绘目标区域中的边界、骨架和凸壳等，腐蚀运算和膨胀运算是形态学处理的基础。

(a) 原图像

(b) 使用DoG算子得到的边缘图像

图 3-13 DoG 算子边缘检测

1. 图像腐蚀

腐蚀是一种收缩或细化目标集合的运算。假设在 Z^2 二维空间中有 A 和 B 两个集合，集合 B 腐蚀集合 A，则由结构元和前景像素集合组成的腐蚀运算的定义如式（3-7）所示。

$$A \ominus B = \{z \mid (B)_z \subseteq A\} \tag{3-7}$$

式（3-7）中，A 是前景像素的一个集合，B 为结构元，z 是前景像素值，$(B)_z$ 是 B 中坐标已被 $(x+z_1, y+z_2)$ 代替的点集。结构元 B 对集合 A 进行腐蚀运算的过程如图 3-14 所示，其中图 3-14（a）所示图像的前景像素为集合 A，图 3-14（b）为结构元 B，图 3-14（c）所示图像的前景像素为腐蚀后的集合 A。

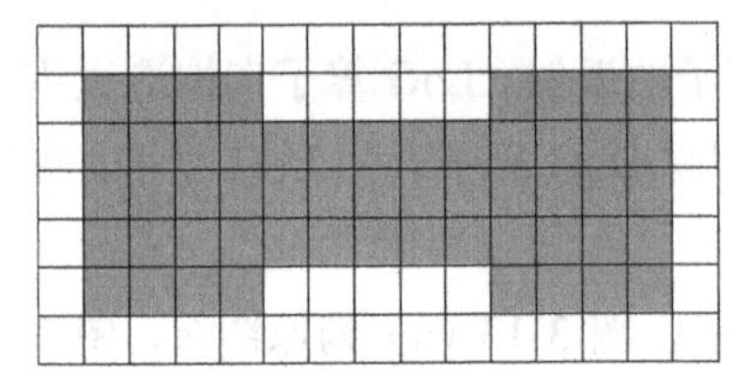

(a) 前景像素

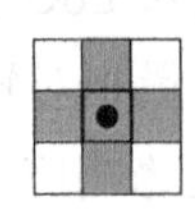

(b) 结构元B

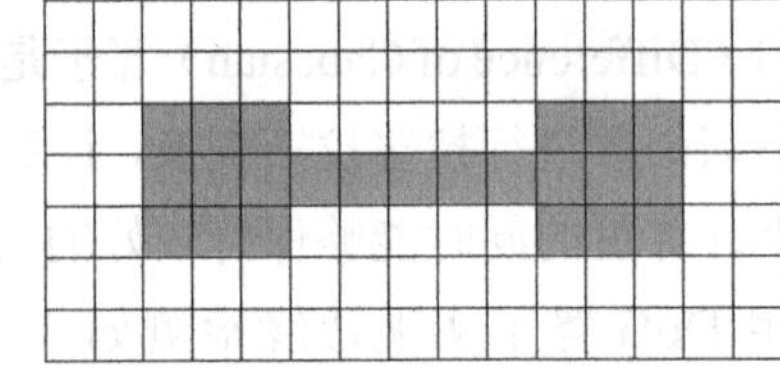

(c) 腐蚀后的集合A

图 3-14 腐蚀运算过程

在 OpenCV 中，使用 cv2.erode()腐蚀图像，其语法格式如下。

```
cv2.erode(src, kernel[, dst[, anchor[, iterations[, borderType[, borderValue]]]]])
```

cv2.erode()的参数说明如表 3-10 所示。

表 3-10 cv2.erode()的参数说明

参数名称	说明
src	接收 array 类型。表示输入图像。无默认值
kernel	接收 array 类型。表示进行运算的内核。无默认值
dst	接收 array 类型。表示输出与输入大小和类型相同的图像。无默认值
anchor	接收 point 类型。表示锚位于单位的中心。默认为 Point（−1，−1）
iterations	接收 int 类型。表示迭代使用函数的迭代次数。默认为 1

续表

参数名称	说明
borderType	接收 int 类型。表示用于推断图像外部像素的某种边界模式。默认为 BORDER_DEFAULT
borderValue	接收 const Scalar 类型。表示当边界为常数时的边界值。默认为 morphologyDefaultBorderValue()

使用 cv2.erode()实现图像腐蚀如代码 3-12 所示，腐蚀后的图像如图 3-15 所示。

代码 3-12　通过 cv2.erode()实现图像腐蚀

```
import cv2
import numpy as np

#腐蚀
img = cv2.imread('../data/j.jpg')#读取数据
#定义一个卷积核
kernel = np.ones((7,7),np.uint8)
erosion = cv2.erode(img,kernel,iterations = 1)  # 对图像进行腐蚀
cv2.imwrite('../tmp/erosion_j.jpg', erosion)
```

(a) 原图像　　(b) 腐蚀后的图像

图 3-15　腐蚀图像对比

2. 图像膨胀

膨胀是与腐蚀相对的一种图像处理方法，膨胀会扩展或粗化二值图像中的目标。粗化的方式和宽度同腐蚀一样，受所使用的结构元的大小和形状控制。

假设 A 和 B 是 z2 的两个集合，B 对 A 的膨胀如式（3-8）所示。

$$A \oplus B = \{z \mid (\hat{B})_z \cap A \neq \varnothing\} \tag{3-8}$$

在式（3-8）中，A 是前景像素的一个集合，B 为结构元，z 是前景像素值，$(\hat{B})_z$ 是结构元 B 中坐标已被 $(x+z_1, y+z_2)$ 代替的点集，$\hat{B}$ 是结构元 B 相对于其原点的反射，$\varnothing$ 是空集。结构元 B 对集合 A 进行膨胀运算的过程如图 3-14 所示，其中图 3-14（a）所示图像的前景像素为集合 A，图 3-14（b）为结构元 B，图 3-14（c）所示图像的前景像素为膨胀后的集合 A。

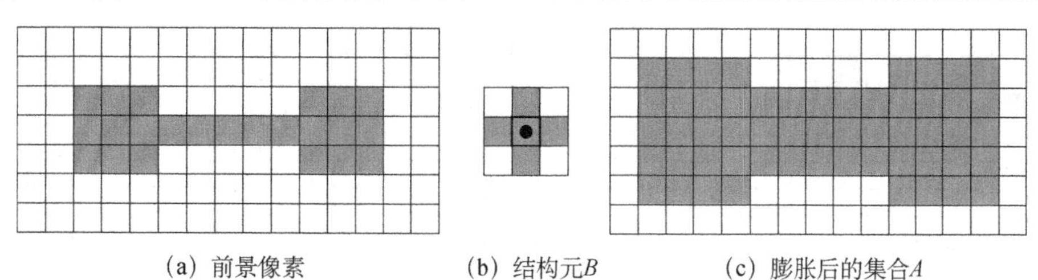

(a) 前景像素　　(b) 结构元 B　　(c) 膨胀后的集合 A

图 3-16　膨胀运算的过程

在 OpenCV 中，使用 cv2.dilate()实现图像膨胀，其语法格式如下。

```
cv2.dilate(src, kernel[, dst[, anchor[, iterations[, borderType[, borderValue]]]]])
```

cv2.dilate()的参数说明如表 3-11 所示。

表 3-11　cv2.dilate()参数及其说明

参数名称	说明
src	接收 array 类型。表示输入图像。无默认值
kernel	接收 array 类型。表示进行运算的内核。无默认值
anchor	接收 point 类型。表示锚位于单位的中心。默认为 Point(−1,−1)
iterations	接收 int 类型。表示迭代使用函数的迭代次数。默认为 1
borderType	接收 int 类型。表示用于推断图像外部像素的某种边界模式。默认为 BORDER_DEFAULT
borderValue	接收 Scalar 类型。表示当边界为常数时的边界值。默认为 morphologyDefaultBorderValue()

使用 cv2.dilate()实现图像膨胀如代码 3-13 所示，膨胀后的图像如图 3-17 所示。

代码 3-13　使用 cv2.dilate()实现图像膨胀

```
#膨胀
img = cv2.imread('../data/j.jpg')
#定义一个卷积核
kernel = np.ones((7,7),np.uint8)
dst = cv2.dilate(img,kernel)
cv2.imwrite('../tmp/dst_j.jpg', dst)
```

(a) 原图像

(b) 膨胀后的图像

图 3-17　膨胀图像对比

随着形态学理论的不断发展与完善，形态学在图像边缘检测中得到了广泛的研究与应用。膨胀操作提取的是图像外边缘，腐蚀操作提取的是图像的内边缘，使用形态学方法进行边缘检测的原理如图 3-18 所示。使用形态学方法进行图像边缘检测，算法简单同时能较好地保持图像的细节特征。

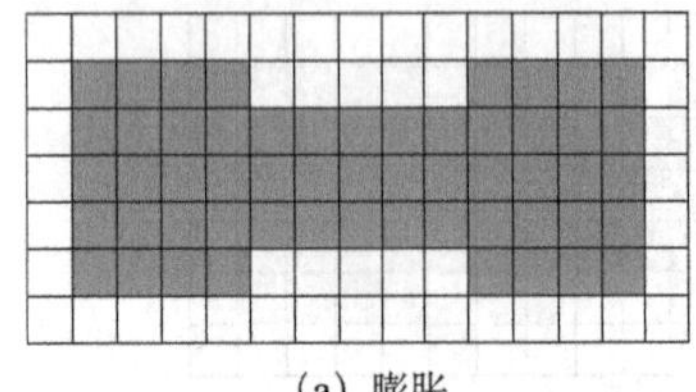

(a) 膨胀

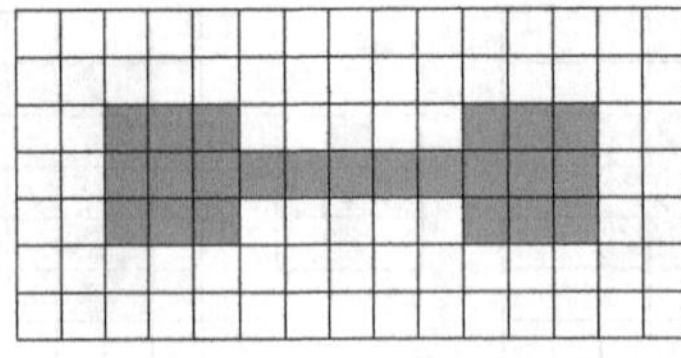

(b) 腐蚀

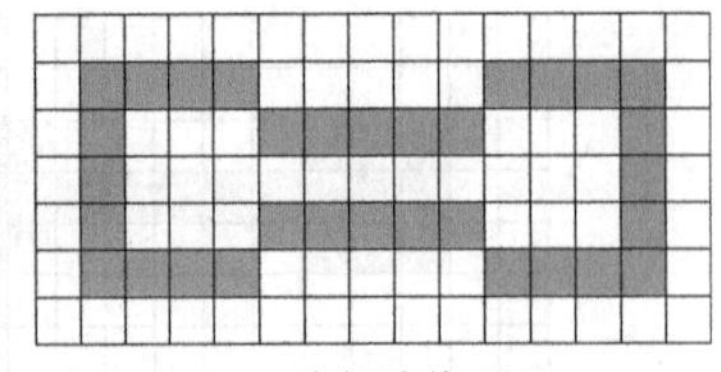

(c) 边缘

图 3-18　使用形态学方法进行边缘检测的原理

使用形态学变换实现边缘检测如代码 3-14 所示，图 3-19（a）为原图像，图 3-19（b）为使用形态学变换得到的边缘图像。

代码 3-14　使用形态学变换实现边缘检测

```
# 核
kernel = np.ones((4,4),np.uint8)
# 膨胀
grad1 = cv2.erode(grayImage,kernel,iterations = 1)
# 腐蚀
grad2 = cv2.dilate(grayImage,kernel)
res = grad2 - grad1
cv2.imwrite('../tmp/res.jpg',res)
```

（a）原图像　　（b）使用形态学变换得到的边缘图像

图 3-19　形态学变换边缘检测

【任务设计】

对图像进行边缘检测的目的是为后续进行图像分析提供轮廓特征。请基于 Canny 算子实现限速牌图像的数字边缘检测。限速牌的原图像如图 3-20（a）所示，检测到的数字边缘图像如图 3-20（b）所示。

（a）原图像　　（b）检测到的数字边缘图像

图 3-20　限速牌的原图像与检测到的数字边缘图像

任务的具体步骤如下。

（1）数据准备。导入图像处理相关库，将读取的限速牌图像灰度化。

（2）图像降噪。使用高斯平滑消除限速牌图像中的噪声。

（3）边缘检测。使用 Canny 算子实现限速牌图像中数字的边缘检测。

任务流程如图 3-21 所示。

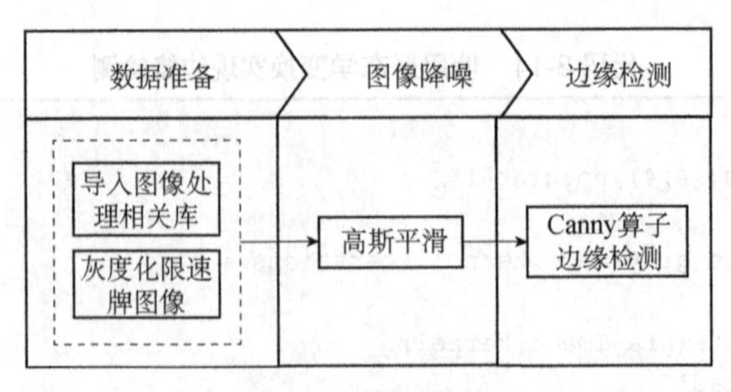

图 3-21 任务流程图

【任务实施】

基于 Canny 算子实现限速牌图像中数字的边缘检测，任务实施具体步骤和结果如下。

（1）数据准备。导入 OpenCV 库，使用 imread()读取限速牌图像，使用 cvtColor()实现限速牌图像的灰度变换，如代码 3-15 所示。

代码 3-15 数据准备

```
import cv2
import numpy as np

# 读取图像
img = cv2.imread('../data/15_noise.png', cv2.COLOR_BGR2GRAY)
rgb_img = cv2.cvtColor(img, cv2.COLOR_BGR2RGB)
# 灰度化图像
gr_15 = cv2.cvtColor(rgb_img, cv2.COLOR_BGR2GRAY)
```

（2）图像降噪。使用 9×9 的卷积核对图像噪声进行高斯平滑如代码 3-16 所示，得到的图像如图 3-22 所示。

代码 3-16 图像降噪

```
ga_15 = cv2.GaussianBlur(gr_15, (9,9), 0)
cv2.imwrite('../tmp/ga_15.png',ga_15)
```

图 3-22 高斯平滑图像

（3）边缘检测。使用 Canny()实现数字边缘检测，并设置最大阈值和最小阈值分别为 200 和 100，如代码 3-17 所示，得到的图像如图 3-23 所示。

代码 3-17　边缘检测

```
Canny_15 = cv2.Canny(ga_15, 100, 200)
cv2.imwrite('../tmp/Canny_15.png', Canny_15)
```

图 3-23　检测到的数字边缘

【任务评价】

填写表 3-11 所示任务过程评价表。

表 3-11　任务过程评价表

任务实施人姓名_______________　　学号_______________　　时间___________

评价项目及标准		分值	小组评议	教师评议
技术能力	1. 基本概念熟悉程度	10		
	2. 导入图像处理相关库、灰度化限速牌图像	10		
	3. 限速牌图像降噪	20		
	4. 使用 Canny()检测数字边缘	20		
执行能力	1. 出勤情况	5		
	2. 遵守纪律情况	5		
	3. 是否主动参与，有无提问记录	5		
	4. 有无职业意识	5		
社会能力	1. 能否有效沟通	5		
	2. 能否使用基本的文明礼貌用语	5		
	3. 能否与组员主动交流、积极合作	5		
	4. 能否自我学习及自我管理	5		
		100		
评定等级：				
评价意见		学习意见		

评定等级：A：优，得分＞90；B：好，得分＞80；C：一般，得分＞60；D：有待提高，得分＜60。

小结

本任务首先简要介绍了边缘检测的基础知识，包括不同的边缘类型和不同的边缘检测算法；其次介绍了图像平滑处理，用于减少图像中的噪声；最后介绍了常见的边缘检测算法，包括基于一阶微分算子、二阶微分算子、形态学的边缘检测算法。

任务3练习

1. 选择题

（1）图像工程技术由基础到高级的是（　　）。

A. 图像处理、图像分析、图像理解　　B. 图像理解、图像处理、图像分析

C. 图像处理、图像理解、图像分析　　D. 图像分析、图像处理、图像理解

（2）下列算子中不属于一阶微分算子的是（　　）。

A. Roberts　　B. Sobel　　C. Prewitt　　D. Laplace

2. 判断题

（1）边缘所在区域的灰度会有较大的变化。（　　）

（2）使用零交叉检测边缘的是一阶微分算子。（　　）

3. 填空题

（1）高斯滤波可以避免在后续的边缘检测中将_________识别为边缘。

（2）如果图像灰度变化剧烈，进行一阶微分后会形成一个__________。

4. 简答题

（1）为什么可以使用微分算子检测边缘？

（2）边缘检测的作用是什么？

5. 案例题

在很多领域中，边缘检测都有极大的应用价值。树叶的纤维结构为材料结构设计提供了启发，请使用边缘检测的方法获取树叶的脉络，具体实现步骤如下。

（1）读取树叶图像，并对其进行灰度化。

（2）使用 Canny 算子进行边缘检测。

任务 4

分割目标画像

【任务要求】

作为图像分析的步骤之一，图像分割的作用毋庸置疑。图像分割可以将目标区域从背景中分割出来，从而减小背景对目标图像的干扰。本任务要求使用图像分割算法对限速牌图像中的数字进行分割。

【相关知识】

4.1 图像分割简介

图像分割是机器视觉研究中的一个经典课题，也是图像处理到图像分析的关键步骤。例如，在电子元件的自动检测中，如果没有将电子元件从传送带中准确分割出来，那么后续的异常电子元件分析将难以进行。自 1970 年以来，图像分割就吸引了众多研究人员的热情并为之付出了巨大努力。时至今日，图像分割还是图像理解领域关注的一个热点，并且随着机器视觉的深入研究愈发受到关注。

图像分割把图像分成若干互不相交的连通区域，每个区域内部满足灰度、纹理、颜色等特征之一或特征组上的某种相似性准则，而不同区域之间的差异尽可能大，使用图像分割算法分割出的区域可以作为后续特征提取和目标检测的对象。图像分割算法可以基于像素取值的不连续性或相似性分为如下两类。

（1）基于边缘的图像分割算法。基于像素取值的不连续性，根据图像中不同区域的边界处像素取值的突变对图像进行分割，如基于边缘检测的图像分割算法。

（2）基于区域的图像分割算法。基于像素在某些特征上的相似性，根据图像中同一区域内相似的像素将图像划分为更小的区域，如基于区域生长的图像分割算法和基于阈值的图像分割算法。

图像分割至今尚无通用的理论，随着理论和算法的推陈出新，出现了一些基于特定理论的图像分割算法，如简单线性迭代聚类（Simple Linear Iterative Clustering，SLIC）。

图像分割的过程中主要存在如下两个难点。

（1）目标对象本身过于复杂，其各个部分本身的差异较大或与图像背景部分相似，难以通过单一的分割处理得到完整的对象。

（2）原始图像中存在干扰因素，如不均匀的环境照明或较大差异的物体表面反射率所引起的图像亮度变化，使得没有适用于整个图像的统一的分割标准。

目前还没有一个统一的客观评判标准用于判别图像分割结果的好坏，因此图像分割算法分割质量的评价也是一项颇具研究意义的课题。常见的图像分析算法的评价方法是将计算机的分割结果与实际分割结果相比较，但多数图像的实际分割结果往往是未知的，因此将人工分割的结果作为实际分割结果与计算机的分割结果进行比较。

4.2 常见的图像分割算法

因为不同的图像间会存在一定的差异，所以单一的图像分割算法无法实现对所有图像的分割，因此选择合适的算法尤为重要。常见的图像分割算法包括基于边缘检测的图像分割算法、基于阈值的图像分割算法、基于区域生长的图像分割算法和基于特定理论的图像分割算法等。

4.2.1 基于边缘检测的图像分割算法

基于边缘检测的图像分割算法的基本思路是，先确定图像中的边缘像素，然后由连续的像素进行连接即可构成所需的区域边界。基于边缘检测的图像分割算法可以应用于边缘轮廓相对突出的图像。例如，在智能汽车的自动驾驶中，通过对道路边缘的检测得到汽车可行驶的区域。边缘检测已在任务 3 的 3.1 中进行了介绍，此处不再赘述。

一张以草地、群山和天空为背景的道路图像如图 4-1 所示。对图 4-1 进行分析可以发现，草地背景与待分割的道路的灰度值差异较小，天空背景与待分割的道路的灰度值差异较大，若使用阈值进行分割则容易将草地和道路分为同一类别。同时道路的边缘基本呈直线形态，能够较为完整地将道路与背景分隔开，因此可以通过检测道路的边缘从而得到道路所在的区域。

图 4-1 以草地、群山和天空为背景的道路图像

使用 Canny 算子检测道路边缘如代码 4-1 所示，得到的结果如图 4-2 所示。

代码 4-1　使用 Canny 算子检测道路边缘

```
import cv2
import numpy as np
from matplotlib import pyplot as plt

img = cv2.imread('../data/6.png')#读取图像
img1 = img.copy()
img2 = img.copy()
img = cv2.GaussianBlur(img, (3, 3), 0) #高斯滤波处理图像
gray = cv2.cvtColor(img, cv2.COLOR_BGR2GRAY)
edges = cv2.Canny(gray, 50, 150, apertureSize=3)
```

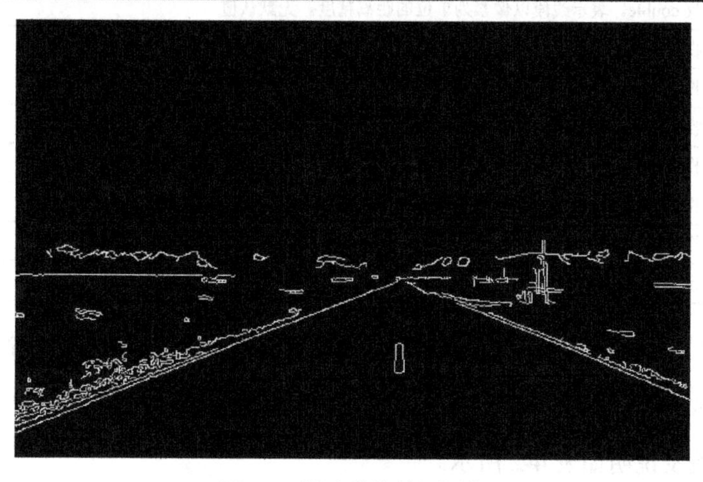

图 4-2　道路边缘检测图像

由图 4-2 可知，在经过边缘检测后的图像中，仍保留了大量的无关背景的边缘。因此，需要检测出道路边缘所在的直线，从而得到完整的道路区域。

霍夫变换（Hough Fransform，HT）在 1962 年由霍夫提出。霍夫变换是一种在图像中定位形状的技术，常用于提取直线、圆和椭圆等。笛卡儿坐标系中的直线变换到霍夫空间的原理如图 4-3 所示。假设有 $A(x_1, y_1)$和 $B(x_2, y_2)$两点像素点，将 A、B 两点带入直线 $y = kx + b$ 中，写成关于(k,b)的函数表达式，得到霍夫变换的式子如式（4-1）所示。

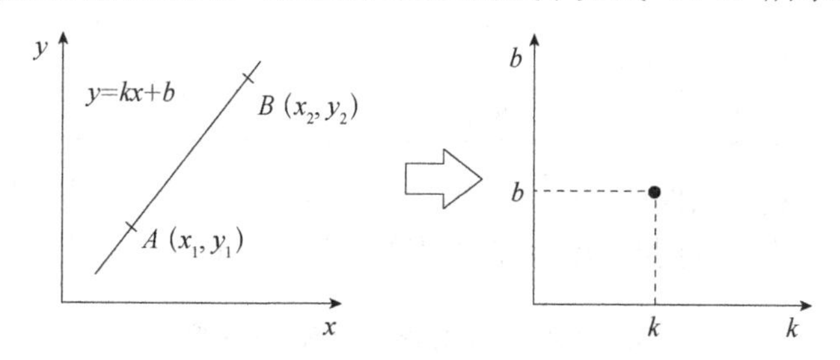

图 4-3　笛卡儿坐标系中直线变换到霍夫空间的原理

$$\begin{matrix} y_1 = kx_1 + b \\ y_2 = kx_2 + b \end{matrix} \Rightarrow \begin{matrix} b = -kx_1 + y_1 \\ b = -kx_2 + y_2 \end{matrix} \quad (4\text{-}1)$$

在笛卡儿坐标系中的一条直线对应霍夫空间的一个点。反过来同样成立，霍夫空间的

一条直线对应笛卡儿坐标系的一个点，如果笛卡儿坐标系中的多个点共线，那么霍夫空间中就有多条线共同通过同一个点。

在 OpenCV 中，使用 HoughLinesP()实现图像直线检测，其语法格式如下。

```
cv.HoughLinesP(image, rho, theta, threshold[, lines[, srn[, stn[, min_theta[, max_theta]]]]])
```

HoughLinesP()的参数及说明如表 4-1 所示。

表 4-1　HoughLinesP()的参数及说明

参数名称	说明
image	接收 array。表示输入的二值化图像。无默认值
rho	接收 double。表示线段以像素为单位的距离精度。无默认值
theta	接收 double。表示线段以弧度为单位的角度精度。无默认值
threshold	接收 int。表示判断直线点数的阈值。无默认值
lines	接收 array。表示直线的输出向量。无默认值
srn	接收 double。表示距离分辨率的除数。默认为 0
stn	接收 double。表示角度分辨率的除数。默认为 0
min_theta	接收 double。表示检查线的最小角度。默认为 0
max_theta	接收 double。表示检查线的最大角度。无默认值

在 OpenCV 中，使用 line()实现在图像上绘制检测到的直线，其语法格式如下。

```
cv2.line(img, pt1, pt2, color[, thickness[, lineType[, shift]]])
```

line()的参数及说明如表 4-2 所示。

表 4-2　line()的参数及说明

参数名称	说明
image	接收 array。表示输入的图像。无默认值
pt1	接收 point。表示线段的第一个点。无默认值
pt2	接收 point。表示线段的第二个点。无默认值
color	接收常量或标量。表示线的颜色。无默认值
thickness	接收 int。表示线条的粗细程度。默认为 1
lineType	接收 int。表示线条的类型，目前该参数有 4 个取值，常用的取值有：LINE_8，表示 8 连接线型；LINE_AA，表示抗锯齿线；默认为 LINE_8
shift	接收 int。表示点坐标中的小数位数。默认为 0

直线检测并分割道路图像如代码 4-2 所示，图 4-2（a）为直线检测后的道路图像，其中①和②指示的直线为检测到的边缘所在的直线，图 4-2（b）为分割后的道路图像。

代码 4-2　直线检测并分割道路图像

```
lines = cv2.HoughLinesP(edges, 1, np.pi/180, 130) #直线检测
img1 = img.copy()
# 将直线绘制在图像中
for line in lines:
    rho = line[0][0]
```

```
        theta = line[0][1]
        a = np.cos(theta)
        b = np.sin(theta)
        x0 = a*rho
        y0 = b*rho
        x1 = int(x0 + 1000*(-b))
        y1 = int(y0 + 1000*(a))
        x2 = int(x0 - 1000*(-b))
        y2 = int(y0 - 1000*(a))
        img_line = cv2.line(img1, (x1, y1), (x2, y2), (0, 0, 255), 2)
    cv2.imwrite('../tmp/lines3.png', img_line)
    # 获取直线所在像素点的最大索引值
    index = img_line[:,:,2]==255
    max_list =[ np.where(index[:,i]==True)[0].max() for i in range(591)]
    # 将背景的颜色设置为黑色
    for i in range(591):
        for j in range(372):
            if j<max_list[i]:
                img2[j,i,0]=0
                img2[j,i,1]=0
                img2[j,i,2]=0
    cv2.imwrite('../tmp/lines2.png', img2)
```

（a）直线检测后的道路图像　　（b）分割后的道路图像

图 4-4　直线检测并分割道路图像

4.2.2　基于阈值的图像分割法

阈值分割基于图像中像素在某个特征如灰度上的不连续性来分割图像，适用于目标和背景分别占据不同灰度级范围的图像。在阈值分割中，输入的是灰度图像，输出的则是根据像素灰度值和阈值进行比较而得到的包含逻辑值“真”和“假”的二值图像，所以图像阈值分割也称作对图像二值化。在工程实践中根据具体需求，会在显示结果时使用黑和白两种颜色表示分割出的目标和背景。

假设图像中的像素点 (x,y) 的灰度值为 $f(x,y)$，该图像由一个高亮目标和一个暗淡背景组成，其灰度直方图如图 4-5 所示。在灰度直方图中，用横坐标表示灰度值，纵坐标表示各个灰度值出现的像素数。通过灰度直方图可以反映图像灰度的统计特性，以及图像中不同灰度值的面积或像素数在整幅图像中所占的比例。

分离目标和背景的一个直观想法是，选取介于目标平均灰度和背景平均灰度之间的合适的阈值 T，若像素点的灰度值 $f(x,y)<T$，则将像素点划分为目标点，否则被划分为背景

点。在图 4-5 中，高亮目标的灰度值集中在 0～25 之间，黯淡背景的灰度值集中在 80～150 之间，因此可以在 25～80 的区间内选取较小值 40 作为阈值。如果图像中存在不同灰度级的多个目标，可以通过推广阈值分割到多级阈值分割，从而获取处于不同灰度水平的多个目标。

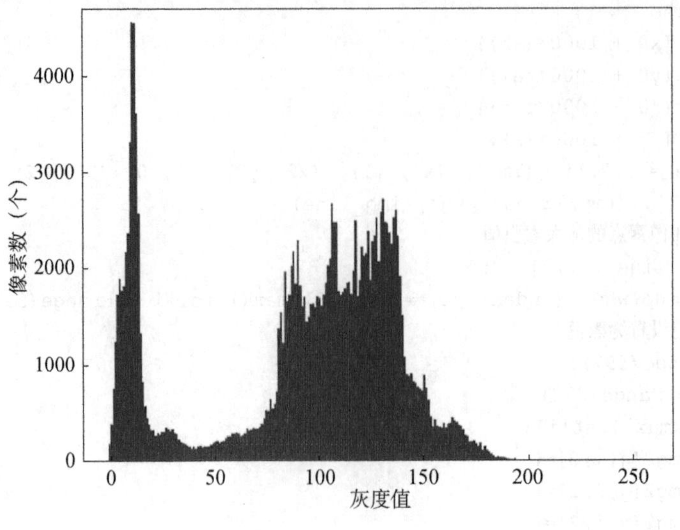

图 4-5　灰度直方图

使用一个固定的阈值 T 对图像中的所有像素进行划分的方法称为全局阈值分割法。有时因为光照不均匀，图像中目标不同局部区域和背景的灰度值大小不一致，无法找到适合图像中所有像素的区分目标和背景的统一阈值。灰度差异较大的灰度直方图如图 4-6 所示。

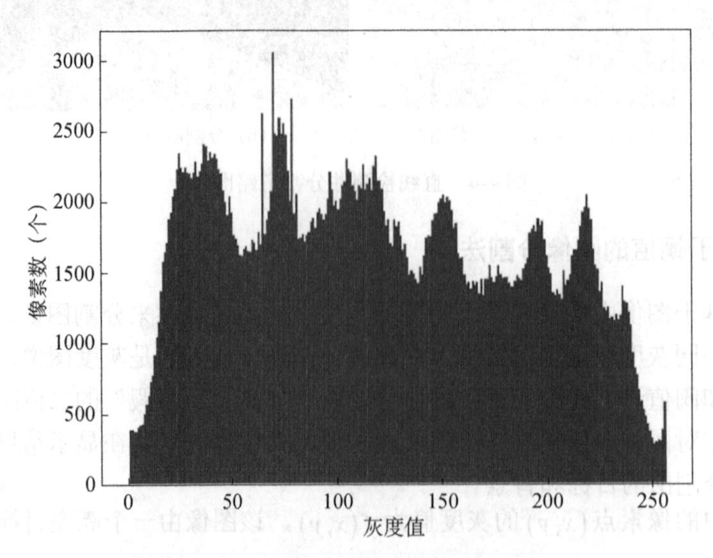

图 4-6　灰度差异较大的灰度直方图

处理无统一阈值问题的方法有两种，一是先对图像进行相应的处理，消除不均匀光照的影响，再应用全局阈值分割法进行处理；二是根据图像局部灰度的分布特征，计算得到依赖于具体位置的阈值 $T(x,y)$，这类方法称为局部阈值分割法。

1. 全局阈值分割法

最大类间方差法，也称作大津法或 Otsu 法，是一种常用的全局阈值分割法。对一幅灰度图像，用 T 表示分割明亮目标和暗淡背景的阈值，如果像素灰度大于 T，那么该像素标记为 0，即为背景点；如果像素灰度小于 T，那么该像素标记为 1，即为目标点。如此可以将所有像素分为 0 和 1 两类。大津法分割图像的步骤如图 4-7 所示。

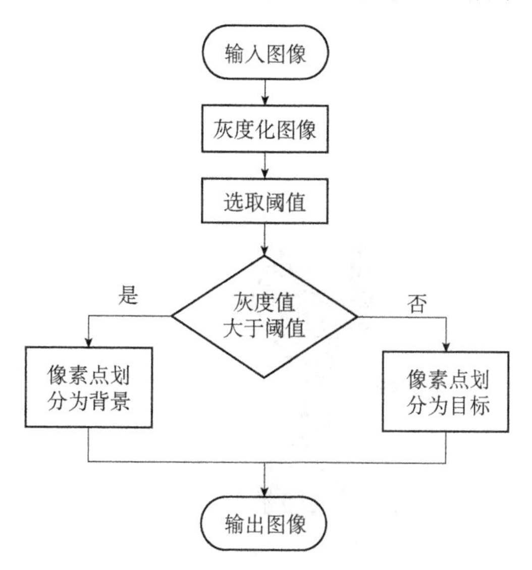

图 4-7　大津法分割图像的步骤

最大类间方差的计算公式如式（4-2）所示。

$$S_b^2 = W_0 \cdot W_1 \cdot (M_0 - M_1)^2 \tag{4-2}$$

在式（4-2）中，W_0 和 W_1 为被阈值 T 分开的两个类中的像素数占总像素数的比率，M_0 和 M_1 是这两个类的像素灰度值的平均值。最大类间方差法即设定阈值使得类间方差 $S_b{}^2$ 取最大值 T 的方法。通过最大类间方差法，可以使得分离的两类像素在灰度分布上有最大的差异，从而实现图像分割。

在 OpenCV 中，可以使用 threshold()实现大津法分割图像，如代码 4-3 所示，图 4-8（a）为原图像，图 4-8（b）为使用大津法分割后的图像。由于 threshold()接收的是灰度化的图像，所以在对图像进行阈值分割前，需要调用 cvt.Color()将彩色图像转换为灰度图像。

代码 4-3　使用 threshold()实现大津法分割图像

```
img = cv2.imread('../data/1.png')
img = cv2.cvtColor(img,cv2.COLOR_BGR2GRAY)  #首先要进行灰度化
# plt.hist(img.ravel(), 256, [0, 256])  #灰度直方图
thresh,img1 = cv2.threshold(img,128,255,cv2.THRESH_OTSU)
#第 2 个参数 128 指定了阈值的估计值，算法会进行迭代得到最优值
#第 3 个参数 255 指定填充色，也就是在结果中满足阈值要求的像素的灰度值
# cv2.threshold 的返回数有两个，第一个为最终阈值，第二个为图像矩阵
cv2.imwrite('../tmp/img_global1.png', img1)#将图像导出
```

2. 局部阈值分割法

在背景和目标面积比例适当、光照均匀时，使用全局阈值分割法能很好地实现图像的分割。而当目标和背景大小比例悬殊、光照不均匀或灰度差异较大时，分割效果不理想，因此提出了局部阈值分割法。局部阈值分割法分割图像的步骤如图 4-9 所示。

(a) 原图像

(b) 使用大津法分割后的图像

图 4-8 大津法分割图像

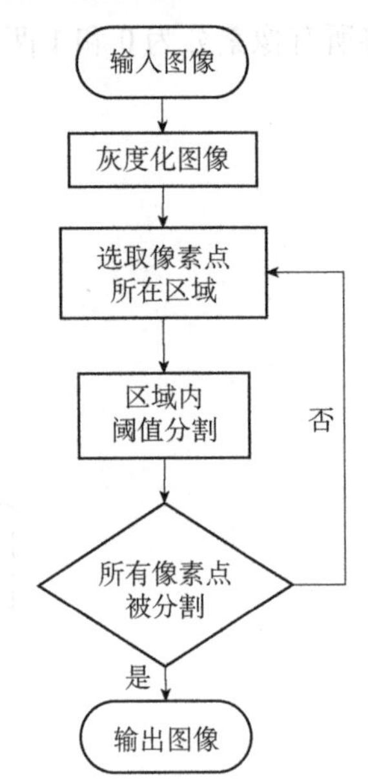

图 4-9 局部阈值分割法分割图像的步骤

局部阈值分割法根据当前像素的某个邻域中像素的灰度信息来确定一个局部阈值。例如，根据某个像素 3×3 邻域中 9 个像素的灰度值来计算针对中心像素的阈值。常用的局部阈值法有基于局部邻域块的均值法和基于局部邻域块的高斯加权法。

在 OpenCV 中，使用 adaptiveThreshold()实现图像的局部阈值分割，其语法格式如下。

```
cv2.adaptiveThreshold(src,maxValue,adaptivemethod,thresholdType,blockSize,C)
```

adaptiveThreshold()的参数及说明如表 4-3 所示。

表 4-3 adaptiveThreshold()的参数及说明

参数名称	说明
src	接收 array。表示输入的图像。无默认值
maxValue	接收 double。表示用于填充满足阈值条件的像素的非零值。无默认值
adaptivemethod	接收 int 或自适应的方法。表示自动调整处理方法，其值为 cv.ADAPTIVE_THRESH_MEAN_C 时，表示均值的自适应方法，可用 0 替代；值为 cv.ADAPTIVE_THRESH_GAUSSIAN_C，表示高斯加权求和的自适应方法，可用 1 替代。无默认值
thresholdType	接收 int。表示阈值处理方式，该参数有 8 个取值，常用的取值有：cv.THRESH_BINARY，表示二值化阈值分割，可用 0 替代；cv2.THRESH_OTSU，表示大津法分割，可用 8 替代。无默认值
blockSize	接收 int。表示计算局部阈值时邻域矩形的边长。无默认值
C	接收 double。表示阈值的惩罚项，区域的最终阈值为区域计算出的阈值与惩罚项的差。无默认值

使用 adaptiveThreshold()实现局部阈值分割如代码 4-4 所示，图 4-10（a）为原图像，图

4-10（b）为全局阈值分割后的图像，图 4-10（c）为局部阈值分割后的图像。对比局部阈值分割和全局阈值分割的结果可以发现，局部阈值分割的图像保留了原图中的更多纹理，而全局阈值分割得到的图像在亮度差异较大的区域丢失了较多的纹理。

代码 4-4　使用 adaptiveThreshold()实现局部阈值分割

```
img = cv2.imread('../data/lena.jpg')
img_gray = cv2.cvtColor(img,cv2.COLOR_BGR2GRAY)#灰度化
thresh, img_global2 = cv2.threshold(img_gray, 128, 255, cv2.THRESH_OTSU) # 全局分割
#使用高斯加权求和
img_partial=cv2.adaptiveThreshold(img_gray,255,
             cv2.ADAPTIVE_THRESH_GAUSSIAN_C,cv2.THRESH_BINARY,5,3)
cv2.imwrite('../tmp/img_global2.jpg', img_global2)
cv2.imwrite('../tmp/img_partial.jpg', img_partial)
```

（a）原图像

（b）全局阀值分割后的图像

（c）局部阀值分割后的图像

图 4-10　阈值分割

4.2.3　基于区域生长的图像分割法

区域生长法是根据一组预先定义好的准则，将像素或子区域扩展为更大的区域。通常从一个选取好的种子点集合开始，将种子点 8 连通邻域内的在灰度、纹理或颜色等属性上满足一定条件的像素点添加到区域中，直到区域无法再生长为止。在道路裂缝的检测中，通过预设的种子点和准则使用区域生长法，可以得到完整的裂缝区域。道路的裂缝如图 4-11 所示。

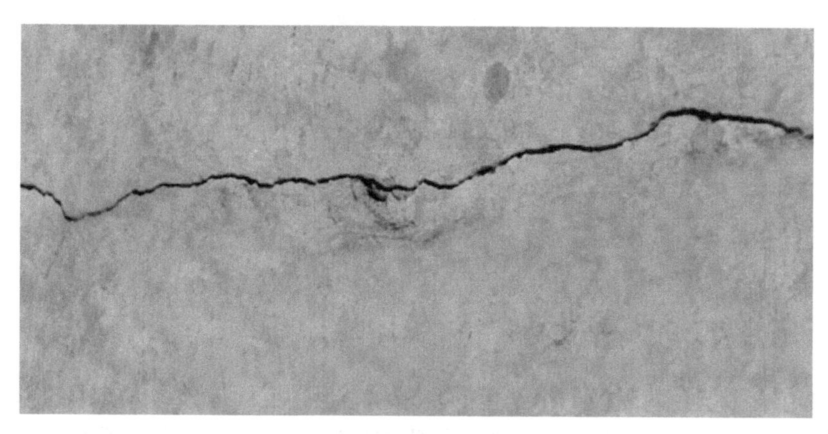

图 4-11　道路的裂缝

4 连通邻域是指对应像素位置的上、下、左、右紧邻的位置，共 4 个方向。8 连通邻域指对应像素位置的上、下、左、右、左上、右上、左下、右下紧邻的位置，共 8 个方向。4 连通邻域和 8 连通邻域如图 4-12 所示。

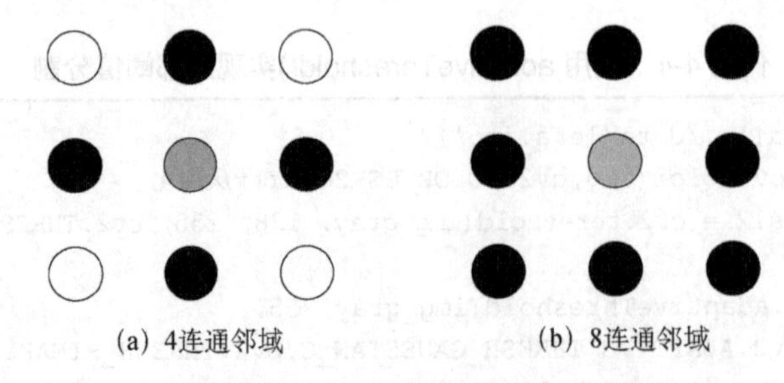

图 4-12　4 连通邻域和 8 连通邻域

在图 4-12 中，灰色的点为给定的像素点，黑色的点为与给定像素点连通的像素点，白色的点为与给定像素点无联系的点。

应用相似性准则时，既要考虑所要解决的具体问题，又要考虑图像所含有的信息。例如，遥感卫星搭载的多光谱成像设备，可以获取地表包括非可见光在内的多个光谱频段的影像。不同类型的地面物体在不同的光谱频段中有其独特的吸收和反射特性。如果遥感图像中没有可反映目标地面物体的可用信息，目标的分割和识别将非常困难。对于单色图像，通常使用一组基于灰度级和空间性质的描述子对区域进行分析，常用的描述子有矩和纹理。

基于 8 连通邻域的区域生长算法流程如下。

（1）对给定的输入图像，选取初始种子点，记种子点构成的连通区域为 S。

（2）遍历不在连通域 S 内的 8 连通邻域中的所有像素点，判断像素点是否满足相似性准则，将符合条件的点添加到连通区域 S。

（3）重复步骤（2），直到连通区域 S 不再增长为止。

区域生长法通常应用于可以根据先验信息找到图像中可用的判断准则的情况。例如，待分割心形图案的图像如图 4-13 所示，可以先通过人工找到属于心形的种子，继而使用区域生长法分割出完整的心形图案。

图 4-13　待分割心形图案的图像

图 4-13 包含了蓝色背景及一个红色的月牙和心形，目标是分割出其中的爱心图形。对图像进行分析可以发现，心形内部的像素颜色差异较小，而且与背景颜色相差较大，月牙的颜色与爱心的颜色较为接近，但是相互不连通。由于月牙和心形拥有相近的颜色和灰度，

若使用阈值分割，将同时从背景中分割出月牙和心形。因此，选择心形中的像素点作为区域生长的初始种子点。因为心形与背景的颜色差异较大，所以可以用灰度绝对差作为判断准则。

在读入图像后，首先将图像从 RGB 空间转换到灰度空间，然后将图像中央的像素点作为区域的初始种子点进行区域生长。与种子点连通并且绝对灰度差小于一定阈值的像素点将加入区域中，直到不再有新的像素点符合加入条件时结束算法，即可分割出图像中的心形区域。使用区域生长分割出心形如代码 4-5 所示，得到的结果如图 4-14 所示。

代码 4-5　使用区域生长分割出心形

```
def regionGrow(img, seeds, avg_seed, thresh):
    ''' 进行区域生长'''
    m, n = img.shape
    result_img = np.zeros_like(img) #定义保存结果图像的变量
    connection =[(-1,-1),(-1,0),(-1,1),(0,1),(0,-1),(1,-1),(1,0),(1,1)] #定义种子
点的邻域
    while(len(seeds)!=0):#只要种子向量不为空，就一直在生长
        pt = seeds.pop()
        result_img[pt[0],pt[1]]=255
        for i in range(8):#迭代 8 连通邻域的所有像素
            x = pt[0]+connection[i][0]
            y = pt[1]+connection[i][1]
            if x<0 or y<0 or x>=m or y>=n:#判断是否超出了图像边界
                continue
            #判断是否满足相似性准则
            if(abs(int(img[x, y])-int(avg_seed))<thresh and result_img[x,y]==0):
                result_img[x,y]=255#标记满足要求的像素点
                seeds.add((x,y))#将像素点加到种子向量中
    result_img = result_img.astype('uint8')
    return result_img

img = cv2.imread('../data/3.png')
gray_img = cv2.cvtColor(img,cv2.COLOR_BGR2GRAY)
# 获得灰度的长宽
m, n = gray_img.shape
# 设置种子
seed_set = set()
seed_set.add((m//2,n//2))
sum_seed = 0
# 获取种子的灰度
for item in seed_set:
   sum_seed += gray_img[item[0], item[1]]
avg_seed = round(sum_seed/len(seed_set))
# 区域生长
result_img = regionGrow(gray_img, seed_set, avg_seed, 10)
# 分割
index = (result_img==0)
img[index]=0
cv2.imwrite('../tmp/love_result.png', img)
cv2.imshow(" ",img)
```

图 4-14　使用区域生长法分割出的心形

区域生长的过程是通过在区域边界上不断加入相邻的相似像素来实现的，所以最终得到的分割结果能够保持和初始种子区域的连通关系，而使用阈值法可能会得到数量众多但不连通的分割结果。

4.2.4　基于特定理论的图像分割法

全局阈值分割法中的大津法，可以理解为基于灰度直方图的聚类。因为大津法寻找阈值使得两类像素的类间方差最大的思想，与聚类法使得类内尽可能相似、类和类之间尽可能差别大的思想在一定程度上是类似的。但是基于阈值的图像分割法还存在一定的局限性，即图像的灰度直方图只保留了像素的灰度信息而完全丢失了像素的空间位置信息，所以基于阈值的图像分割的结果中可能会包含大量的连通区域，需要进行处理才能将目标完整地分割。因此，对于单一方式难以完整分割图像的问题提出了一种改进思路，在对图像中的像素进行划分时不仅会将图像的色彩如灰度、RGB 和 HSV 等属性作为依据，同时也会使用像素在图像中的空间位置作为参考。这种改进思想产生了许多基于特定理论的图像分割法，如 SLIC 算法。

SLIC 算法的本质是在像素的 3 维色彩分量 L、a、b 和 2 维的空间位置分量 x、y，共 5 个维度上对图像进行聚类。SLIC 法的优点是算法简单、运行效率高。由于 SLIC 法在聚类过程使用了像素的空间位置，因此该算法会产生“过分割”的效果，即图像被分割为形状大小相等均一、内部像素较为相似的众多小区域。

SLIC 算法也是数字图像处理中一种常用的生成超像素（Super Pixel）的方法。超像素的思想是，根据像素的空间位置和色彩信息，将像素组合成比单个像素更有感知意义和描述能力的连通区域。在后续的图像分析中不再基于数量庞大的像素，而是基于数量更少、粒度更大、更具描述性的超像素。将图像的基本元素从像素转换为超像素后，一方面减少了图像分析的运算开销，另一方面也方便后续在更高层次的特征描述下对图像进行进一步的处理。

SLIC 算法通常采用 Lab 色彩空间，Lab 色彩空间在度量颜色差异方面相比 RGB 色彩空间具有更好的一致性。假设输入图像 $f(x,y)$ 是一幅 Lab 彩色图像，像素点的 3 个颜色分量和 2 个空间坐标组成一个五维向量 z，z 的定义如式（4-3）所示。

$$z=\begin{bmatrix}L\\a\\b\\x\\y\end{bmatrix} \tag{4-3}$$

在式（4-3）中，(L,a,b) 是像素的三个颜色分量，(x,y) 是像素的空间坐标。

SLIC 算法的流程如下。

（1）初始化。以规则网格步长 s 计算初始的超像素中心 m_i。为了防止超像素中心位于图像的边缘，将聚类中心移至 3×3 邻域内梯度最小的位置。对于图像中的每一个位置 p，初始化聚类标签 $L(p)=-1$ 和距离 $d(p)=\infty$。

$$m_i=[L_i,a_i,b_i,x_i,y_i,],i=1,2,\text{L}\ \ ,n_s \tag{4-4}$$

（2）像素点划分。对于每个聚类中心 m_i，计算 m_i 邻域中每一个像素点到聚类中心的距离 $D_i(p)$，若 $D_i(p)<d(p)$，则更新该像素点的标签 $L(p)=i$ 和距离 $d(p)=D_i(p)$。

（3）更新聚类中心。计算 $L(p)=i$ 超像素中所有像素点的平均向量值，得到新的聚类中心 m_i。

（4）检验收敛性。计算当前聚类中心与前一聚类中心坐标差的欧几里得范数。计算残差 E，如果 E 小于一个事先给定的非负阈值 T，那么进入第（5）步；否则继续从第（2）步执行。

（5）处理超像素区域。将每聚类中心 m_i 中所有像素点的 Lab 值替换为像素点的平均值，然后将属于同一类别的像素点组合起来得到连通区域，该连通区域即超像素。

在 OpenCV 中，使用 createSuperpixelSLIC()实现 SLIC 算法，其基本语法如下。

```
cv2.ximgproc.createSuperpixelSLIC(image[, algorithm[, region_size[, ruler]]])
```

createSuperpixelSLIC()的参数说明如表 4-4 所示。

表 4-4　createSuperpixelSLIC()的参数说明

参数名称	说明
image	接收 array。表示输入的图像。无默认值
algorithm	接收 SLIC、SLICO、MSLIC。表示选择要使用的算法变体，其中 SLIC 表示不使用变体，可用 100 替代；SLICO 表示使用自适应紧凑性因子进行优化，可用 101 替代；MSLIC 表示使用流行方法进行优化，可用 102 替代。默认为 SLICO
region_size	接收 int。表示平均像素大小。默认为 10
ruler	接收 float。表示超像素平滑度。默认为 10

使用 createSuperpixelSLIC()实现 SLIC 算法分割如代码 4-6 所示，图 4-15（a）为原图像，图 4-15（b）为使用 SLIC 算法分割后的图像。

代码 4-6　使用 createSuperpixelSLIC()实现 SLIC 算法分割

```
img = cv2.imread('../data/cat.png')
lsc = cv2.ximgproc.createSuperpixelLSC(img,region_size=15)
# 迭代次数
```

```
    lsc.iterate(10)
    # 获取掩膜 Mask
    mask_lsc = lsc.getLabelContourMask()
    # label_lsc = lsc.getLabels() # 超像素标签
    # number_lsc = lsc.getNumberOfSuperpixels()  # 像素数目
    # 绘制超像素边界
    mask_inv_lsc = cv2.bitwise_not(mask_lsc)
    img_lsc = cv2.bitwise_and(img,img,mask = mask_inv_lsc)
    cv2.imwrite('../tmp/img_lsc.png', img_lsc)
```

(a) 原图像

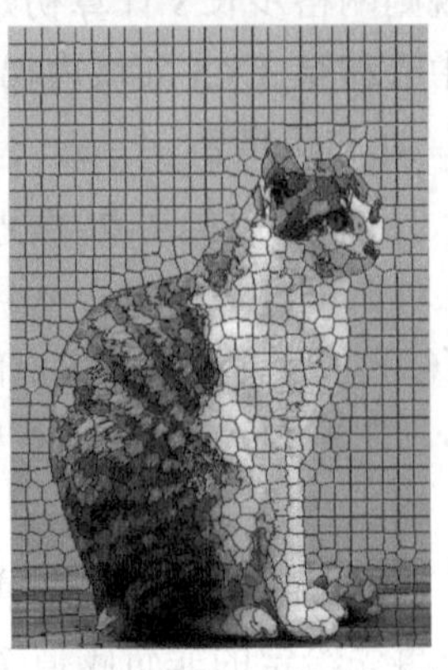

(b) 使用SLIC算法分割后的图像

图 4-15　SLIC 算法分割

【任务设计】

对图像进行分割的目的是减少噪声和背景对目标图像的干扰，同时也有利于后续的图像分析。本任务要求基于阈值的图像分割法实现对限速牌图像的数字分割。限速牌的原图像如图 4-16（a）所示，分割后得到的数字图像如图 4-16（b）所示。

(a) 原图像

(b) 分割后得到的数字图像

图 4-16　限速牌的原图像与分割后得到的数字图像

任务的具体步骤如下。

（1）数据准备。导入图像处理相关库，将读取的限速牌图像灰度化。

（2）选取阈值。导入绘图相关库和函数，创建画布并绘制灰度化后的限速牌图像的灰度值图像。

（3）分割数字。设置选取的分割阈值对限速牌图像中数字图像进行分割，并将背景设置为黑色。

任务流程如图 4-17 所示。

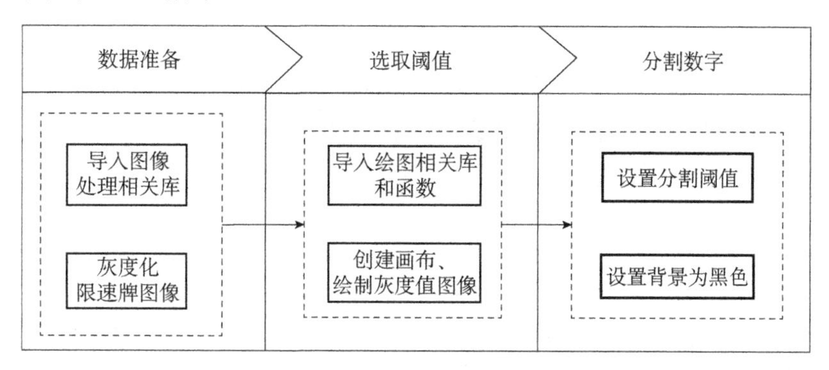

图 4-17　任务流程图

【任务实施】

使用基于阈值的图像分割法实现对限速牌图像的数字分割，具体的任务实施步骤和结果如下。

（1）数据准备。导入 OpenCV 库，使用 imread()读取限速牌图像，使用 cvtColor()实现限速牌图像的灰度变换，如代码 4-7 所示。

代码 4-7　数据准备

```
import cv2
img = cv2.imread('../data/15.jpg') #读取图像
img = cv2.cvtColor(img,cv2.COLOR_BGR2GRAY)  #首先进行灰度化
```

（2）选取阈值。导入绘图相关的库和函数，使用 figure()创建画布，根据图像的大小生成 x 轴和 y 轴的值并网格化，使用 plot_surface()绘制 3D 的灰度值图像，如代码 4-8 所示，得到的结果如图 4-18 所示。由图 4-18 可知限速牌中数字部分的灰度值均低于 50，因此选取阈值为 50。

代码 4-8　选取阈值

```
from matplotlib import pyplot as plt
import numpy as np
from mpl_toolkits.mplot3d import Axes3D
figure = plt.figure() #创建画布
ax = Axes3D(figure)
X = np.arange(106)# 根据图像的大小生成 x 轴和 y 轴的值
Y = np.arange(106)
X,Y = np.meshgrid(X,Y) #网格化 x 和 y
Z = img
# 绘制 3D 图
ax.plot_surface(X,Y,Z,rstride=1,cstride=1,cmap='rainbow')
plt.show()
```

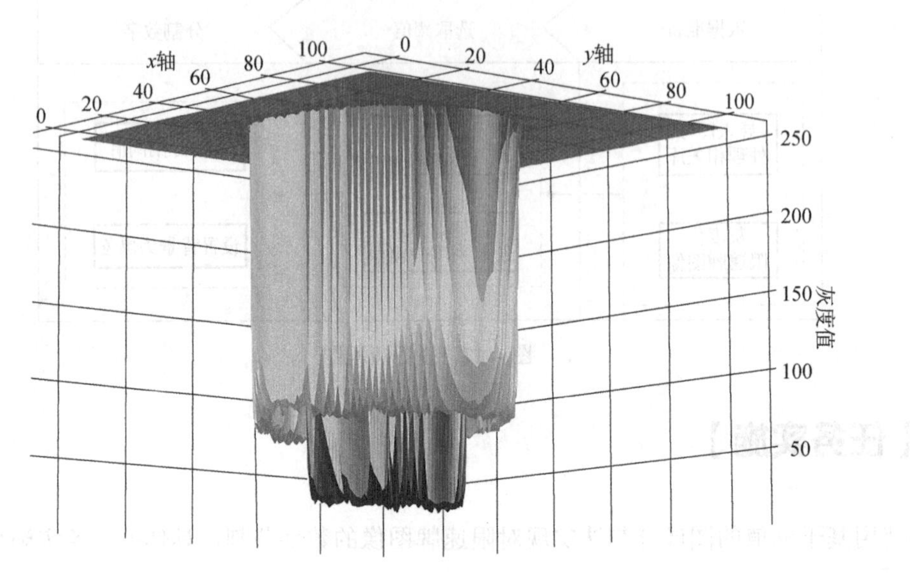

图 4-18　3D 的灰度值图像

（3）分割数字。设置分割的阈值为 50，并设置阈值类型为 cv2.THRESH_BINARY_INV，即背景显示为黑色，如代码 4-9 所示，分割得到的数字图像如图 4-19 所示。

代码 4-9　分割数字

```
#分割的阈值为 50
#设置背景为黑色
ret,thresh1 = cv2.threshold(img,50,255,cv2.THRESH_BINARY_INV)
cv2.imwrite('../tmp/math.png', thresh1)
```

图 4-19　分割得到的数字图像

【任务评价】

填写表 4-5 所示任务过程评价表。

表 4-5　任务过程评价表

任务实施人姓名＿＿＿＿＿＿＿＿　　学号＿＿＿＿＿＿＿＿　　时间＿＿＿＿＿＿

评价项目及标准		分值	小组评议	教师评议
技术能力	1. 基本概念熟悉程度	10		
	2. 灰度化限速牌图像	10		
	3. 导入图像处理相关库	10		
	4. 创建画布，绘制灰度值图像	10		
	5. 设置分割阈值	10		
	6. 设置背景为黑色	10		
执行能力	1. 出勤情况	5		
	2. 遵守纪律情况	5		
	3. 是否主动参与，有无提问记录	5		
	4. 有无职业意识	5		
社会能力	1. 能否有效沟通	5		
	2. 能否使用基本的文明礼貌用语情况	5		
	3. 能否与组员主动交流、积极合作	5		
	4. 能否自我学习及自我管理	5		
		100		
评定等级：				
评价意见		学习意见		

评定等级：A：优，得分＞90；B：好，得分＞80；C：一般，得分＞60；D：有待提高，得分＜60。

小结

本任务主要介绍了从图像中分割目标图像的方法，并对图像分割进行了简要的介绍，包括图像分割算法的分类和分割中的难点，以及常见的图像分割算法（包括基于边缘检测、阈值、区域生长、特定理论的图像分割算法）。

任务 4 练习

1. 选择题

（1）对图像分割下列哪个描述是错误的？（　　）

A. 图像分割愈发受到关注

B. 图像分割至今尚无通用的理论

C. 分割得到的区域内部满足特征组上的某种相似性准则

D. 分割后不同区域之间的差异尽可能小

（2）分割目标和背景分别占据不同灰度级范围的图像时适合使用哪种算法？（　　）

A. 基于阈值的图像分割算法　　B. 基于边缘检测的图像分割算法

C. 基于区域生长的图像分割算法　　D. 基于特定理论的图像分割算法

（3）SLIC 算法通常采用什么色彩空间？（　　）

A. RGB　　B. CMYK　　C. HSV　　D. Lab

2. 判断题

（1）基于像素取值的不连续性得到基于区域的图像分割算法。（　　）

（2）使用基于阈值的图像分割算法可以完美地分割任何图像。（　　）

（3）局部阈值分割是解决无统一阈值问题的唯一方法。（　　）

3. 填空题

（1）图像分割把图像分成若干________的连通区域。

（2）图像分割算法可以基于像素取值的________或______分为两类方法。

（3）使用一个固定的阈值 T 来对图像中的所有像素进行划分的方法称为___________。

（4）图像的灰度变换分为________、________两种方式。

4. 简答题

（1）全局阈值分割与局部阈值分割的区别是什么？

（2）基于区域生长的图像分割算法的过程是什么？

（3）在 OpenCV 中，对彩色图像进行直方图处理主要用到的函数有哪些？它们的作用是什么？

（4）简要说明什么是霍夫变换。

5. 案例题

（1）一张存在裂缝的道路如图 4-20 所示。在道路的维护中，如果裂缝的面积与裂缝所在区域的面积的比值大于某个阈值时，为保证汽车行驶安全，需要道路维护人员及时对其进行修补。请使用图像分割算法得到裂缝所在的区域，一般后续计算裂缝面积，具体步骤如下。

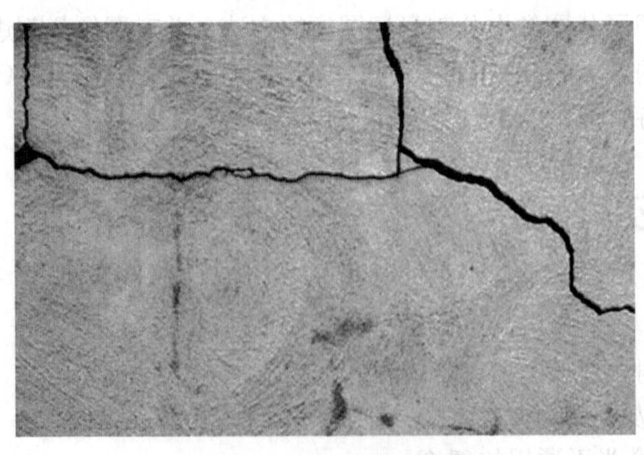

图 4-20　存在裂缝的道路

① 定义 8 连通邻域的区域生长函数。

② 使用全局阈值分割算法将图像转为二值图像，从而增强裂缝与路面的像素差。

③ 调用区域生长函数获取完整的道路裂缝。

（2）在拍摄照片时，由于环境和人为影响，导致拍摄时的图像偏暗，图像的对比度过差。基于上述情况，使用 OpenCV 对彩色图像进行直方图均衡化，具体操作步骤如下。

① 导入相关库，读取图像。

② 基于读取的彩色图像，将图像的三种颜色通道拆分。

③ 对拆分好的三种颜色通道进行直方图均衡化处理。

④ 最后将直方图均衡化后的三个通道合并，转为彩色图像。

任务5

拼接两张图像

【任务要求】

图像拼接可以方便地解决传统成像设备分辨率与场景规模之间无法兼顾的问题，在民用领域、军事领域、科研领域都有很广阔的应用前景。本任务要求使用图像拼接技术将两幅清明上河图拼接为一幅图像。

【相关知识】

5.1 图像拼接简介

图像拼接是数字图像处理领域发展较快的分支之一，解决了因为硬件条件限制而无法兼顾大场景和高分辨率的矛盾，其输出结果为包含拼接场景信息的宽视角、高分辨率的图像。图像的拼接主要包含特征提取、图像配准和图像融合3个步骤。

（1）特征提取。对具有重叠部分的待拼接图像提取特征描述子。

（2）图像配准。对提取的特征描述子进行匹配，并筛选出表现较好的匹配点，最后根据匹配点对图像进行变换，完成图像的配准。

（3）图像融合。为了使拼接的图像在重叠区无明显的拼接痕迹，对重叠的区域进行处理使其过渡相对平滑。

目前，图像拼接技术广泛应用于航天及卫星遥感领域、医学图像分析领域、汽车辅助驾驶领域等。

在航天及卫星遥感领域，由于拍摄条件和硬件限制，很难将很大的场景幅面用一幅图像囊括。通过图像拼接技术，将拍摄得到的小视角遥感图像序列拼接，即可得到一幅大视角遥感图像，如图5-1所示。

在医学图像分析领域，当难以通过一幅目标狭小的显微镜或超声波得到的图像进行诊断时，需要移动扫描机器（如图5-2所示），扫描得到全身的图像。通过使用图像拼接技术，可以将机器扫描拍到的众多小区域图像进行拼接而得到完整的人体图像，为医学诊断及病灶分析提供充分的信息。

图 5-1　大视角遥感图像

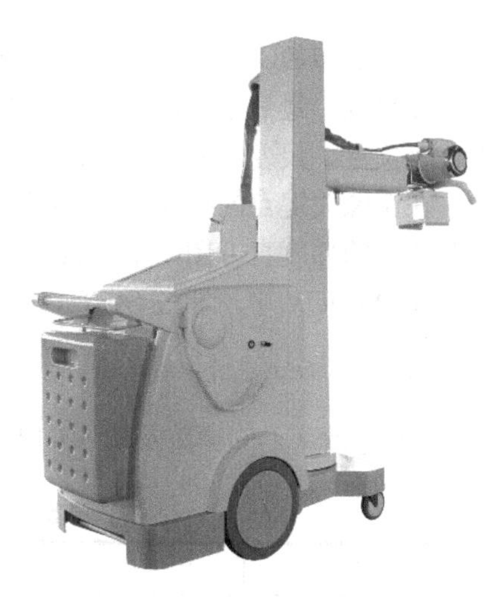

图 5-2　扫描机器

在汽车辅助驾驶领域，由于驾驶员在倒车和会车时存在视野盲区，可能会出现剐蹭等情况。首先通过在车辆外设置广角、高清摄像头进行取景；然后使用图像拼接技术将取景拼接成实时的车辆周边影像；最后将汽车 360° 的全景影像显示在车载显示屏幕中。从而辅助驾驶员了解车辆周边视线盲区，直观地呈现出车辆所处的位置和周边情况，如图 5-3 所示。

图 5-3　汽车 360° 全景影像

5.2　特征提取

图像的特征提取广泛应用于图像处理和计算机视觉领域，常用于解决目标识别、图像匹配、视觉跟踪和三维重建等任务。图像特征提取常用的算法有 SIFT 算法、ORB 算法。

5.2.1　SIFT 算法

尺度不变特征转换（Scale-invariant feature transform，SIFT）算法由 David Lowe 在 1999 年发表并于 2004 年完善，常用于侦测和描述影像中的局部特征，主要应用于物体识别、机器人地图感知与导航、影像追踪等。

SIFT 算法包括四个步骤，分别是尺度空间极值检测、关键点定位、确定关键点主方向和关键点描述。

在图像特征提取中，SIFT 算法通过在尺度空间上（建立高斯金字塔、生成 DOG 高斯差分金字塔和DOG局部极值点）检测到的极值点，再使用拟合函数来精确地确定关键点的位置和尺度，最后基于图像局部的梯度方向分配给关键点位置一个或者多个方向，从而得出含有位置、尺度和方向的关键点。

在图像关键点的描述中，SIFT算法通过检测得到的关键点，对关键点周围区域分块，计算块内的梯度直方图，生成具有独特性的向量用于描述关键点。

在OpenCV中，通过SIFT_create()创建特征检测对象，其基本语法如下。

```
cv2.SIFT_create([, nfeatures[, nOctaveLayers[, contrastThreshold[, edgeThreshold[, sigma]]]]])
```

SIFT_create()的参数及说明如表5-1所示。

表5-1 SIFT_create()的参数及说明

参数名称	说明
nfeatures	接收int。表示保留最佳特征的数量。默认为0
nOctaveLayers	接收int。表示高斯金字塔最小层级数。默认为3
contrastThreshold	接收double。表示对比度阈值用于过滤区域中的弱特征。默认为0.04
edgeThreshold	接收double。表示用于过滤类似边缘特征的阈值。默认为10
sigma	接收double。表示高斯输入层级。默认为1.6

在OpenCV中，通过detectAndCompute()实现关键点定位和特征描述，其基本语法如下。

```
cv2.detectAndCompute(image, mask[, descriptors[, useProvidedKeypoints]])
```

detectAndCompute()会返回kp和des两个对象，kp表示检测到的关键点，des表示计算的描述符，detectAndCompute()的参数及说明如表5-2所示。

表5-2 detectAndCompute()的参数及说明

参数名称	说明
image	接收array。表示输入的图像。无默认值
mask	接收array。表示输入的掩膜。无默认值
descriptors	接收array。表示计算描述符。无默认值
useProvidedKeypoints	接收bool。表示使用提供的关键点。默认为false

在OpenCV中，通过drawKeypoints()实现在图像上绘制检测到的关键点，其基本语法如下。

```
cv2.drawKeypoints(image, keypoints, outImage[, color[, flags]])
```

drawKeypoints()的参数及说明如表5-3所示。

表5-3 drawKeypoints()的参数及说明

参数名称	说明
image	接收array。表示原始的图像。无默认值
keypoints	接收常量或标量的关键点。表示从原图检测到的关键点。无默认值
outImage	接收array。表示输出的图像。无默认值

续表

参数名称	说明
color	接收常量或标量。表示绘制点的颜色。默认为 all(−1)
flags	接收标识方法。表示绘图功能的标识设置，目前该参数有 4 个取值，常用的取值有：DEFAULT，表示创建输出图像矩阵，使用现存的输出图像绘制匹配对和关键点，对每一个关键点只绘制中间点；DRAW_OVER_OUTIMG，表示不创建输出图像矩阵，而是在输出图像上绘制匹配对；NOT_DRAW_SINGLE_POINTS，表示对每一个关键点绘制带大小和方向的关键点图形；DRAW_RICH_KEYPOINTS，表示单点的关键点不被绘制。默认为 DEFAULT

使用 SIFT_create()实现图像关键点检测操作，如代码 5-1 所示，得到的结果如图 5-4 所示。

代码 5-1　使用 SIFT_create()实现图像关键点检测操作

```
import numpy as np
import cv2
# 使用 SIFT_create()检测关键点
img = cv2.imread('../data/GW1.jpg')
sift =  cv2.SIFT_create()
# 找出关键点
kp,des = sift.detectAndCompute(img, None)
# 对关键点进行绘图
ret = cv2.drawKeypoints(img, kp, img)
cv2.imwrite('../tmp/GW1_SITF.jpg', ret)  # 保存图像
```

(a) 原图像

(b) 关键点检测后得到的图像

图 5-4　SIF 算法检测图像关键点

5.2.2　ORB 算法

2011 年由 Ethan Rublee 等人提出了 ORB 算法，该算法是一种二进制局部特征描述方法。ORB 算法分别结合了计算速度快的 FAST 关键点和 BRIEF 描述符并进行了相应的优化，解决了 FAST 角点缺少方向信息的缺点，并克服了 BRIEF 描述符对旋转、尺度变化不具有鲁棒性的缺点，是一种更为快速、稳定的特征检测算法。

ORB 算法是使用 FAST 角点检测算法确定关键点的位置后，再使用灰度质心算法确定角点主方向得到关键点。

ORB 特征描述符是在检测到的关键点 p 的邻域内随机选取满足高斯分布的 n 个点对，即 $2n$ 个点 (x_i, y_i)，构建二维矩阵 S，利用角点的主方向 θ 定义旋转矩阵 R_θ 和旋转 θ 角度，得到 $S_\theta = R_\theta S$，加上特征点的方向信息（包括关键点的位置、所在尺度和方向）后的特征描

述符可以表示为如式（5-1）所示。

$$g_n(p,\theta)=f_n(p)|(x_i,y_i)\in S_\theta \tag{5-1}$$

在式（5-1）中，$i=1,2,3,\cdots,2n$，$g_n(p,\theta)$ 表示计算得到的特征描述符，$f_n(p)$ 表示关键点。

在 OpenCV 中，通过 ORB_create()实现图像关键点检测，其基本语法如下。

```
cv2.ORB_create([, nfeatures[, scaleFactor[, nlevels[, edgeThreshold[, firstLevel[, WTA_K[, scoreType[, patchSize[, fastThreshold]]]]]]]]])
```

ORB_create()的参数及说明如表 5-4 所示。

表 5-4　ORB_create()的参数及说明

参数名称	说明
nfeatures	接收 int。表示保留的功能的最大数量。默认为 500
scaleFactor	接收 float。表示金字塔抽取比，大于 1。默认为 1.2f
nlevels	接收 int。表示金字塔层次的数量。默认为 8
edgeThreshold	接收 int。表示特征未被检测到的边界的大小。默认为 31
firstLevel	接收 int。表示原图像所处的金字塔层次。默认为 0
WTA_K	接收 int。表示生成面向 BRIEF 描述符中每个元素的点的个数。默认为 2
scoreType	接收评分方法。表示使用算法对特征进行排名，目前该参数有两个取值。默认为 HARRIS_SCORE，表示使用 Harris 算法对特征进行排名；FAST_SCORE，表示使用 FAST 算法对特征进行排名
patchSize	接收 int。表示面向 BRIEF 描述符使用的补丁的大小。默认为 31
fastThreshold	接收 int。表示快速阈值。默认为 20

使用 ORB_create()实现图像关键点检测操作，如代码 5-2 所示，得到的结果如图 5-5 所示。

代码 5-2　使用 ORB_create()实现图像关键点检测操作

```
import cv2
img = cv2.imread('../data/GW1.jpg')  # 以彩色图模式读取图像
# ORB 关键点检测
orb = cv2.ORB_create()  # ORB 特征提取器
# 利用 detectAndCompute()找到关键点，计算描述符
kp, des = orb.detectAndCompute(img,None)
# 绘制检测到的关键点
ORB_img = cv2.drawKeypoints(img,kp,img,(0,0,255),3)
cv2.imwrite('../tmp/GW1_ORB.jpg', ORB_img)  # 保存图像
```

(a) 原图像

(b) 检测后得到的图像

图 5-5　ORB 算法检测图像关键点

5.3　图像配准

图像配准可以认为是在不同时间或不同视角的情况下，对同一场景拍摄的两幅或多幅图像进行匹配的过程，主要包括图像匹配和图像映射，其中图像映射是使用透视变换将两幅图像映射到同一平面。

在理想情况下两幅图像的重叠部分完全相同，那么图像配准将能够较为轻松地完成。然而在实际的图像配准过程中两幅图像往往是在不同条件下获取的，如不同时间、不同的成像位置、不同的光源或是不同的传感器等。不同条件下获取的两幅图像的重叠区域难以完全相同，所以说图像配准实际上是一个相当复杂的过程。

5.3.1　图像匹配

图像匹配是图像配准中的关键步骤，因为后续的透视变换和融合都是基于匹配的结果而进行的，匹配的效果会直接影响图像拼接的效果。在图像匹配领域，国内外很多学者和研究人员提出了非常多的优秀算法，其中较为准确和稳定的是基于图像关键点的图像匹配。基于图像关键点的图像匹配算法包括暴力匹配、K-最近邻匹配和 FLANN 匹配等。

1. 暴力匹配

暴力匹配算法会先在第一幅图像选取一个关键点，然后依次与第二个图像中的关键点进行距离测试，并返回距离最近的关键点，直至第一幅图像的所有关键点均完成匹配时算法停止。

在 OpenCV 中，通过 BFMatcher()创建匹配对象，其基本语法如下。

```
cv2.BFMatcher([, normType[, crossCheck]])
```

BFMatcher()的参数及说明如表 5-5 所示。

表 5-5　BFMatcher()的参数及说明

参数名称	说明
normType	接收 int 或规范类型。表示创建对象时使用的规范化类型，该参数有 9 个取值，常用的取值是 NORM_L1，表示 L1 规范化，可用 2 替代。无默认值
crossCheck	接收 bool。表示是否使用交叉检验。默认为 False

在 OpenCV 中，通过 match()进行暴力匹配，其基本语法如下。

```
cv.DescriptorMatcher.match(queryDescriptors, trainDescriptors[, mask])
```

match()的参数及说明如表 5-6 所示。

表 5-6　match()的参数及说明

参数名称	说明
queryDescriptors	接收描述子集。表示用于查询的描述子集。无默认值
trainDescriptors	接收描述子集。表示用于训练的描述子集。无默认值
mask	接收 int。表示指定输入查询和描述符训练矩阵之间允许匹配的掩码。无默认值

实现暴力匹配如代码 5-3 所示，得到的结果如图 5-6 所示。

代码 5-3 实现暴力匹配

```
import cv2
import numpy as np
from matplotlib import pyplot as plt

img1 = cv2.imread('../data/GW1.jpg')
img2 = cv2.imread('../data/GW4.jpg')

sift = cv2.xfeatures2d.SIFT_create()
#利用 sift.detectAndCompute()找到关键点，计算描述符；
kp1, des1 = sift.detectAndCompute(img1,None)
kp2, des2 = sift.detectAndCompute(img2,None)

#创建匹配对象
bf = cv2.BFMatcher()
# 暴力匹配
matches = bf.match(des1,des2)
# 排序
matches = sorted(matches, key=lambda x:x.distance)
# 绘制匹配图像
img3 = cv2.drawMatches(img1,kp1,img2,kp2,matches[:50],None,flags=2)
cv2.imwrite('../tmp/BF.jpg', img3)
```

图 5-6 暴力匹配

2. K-最近邻匹配

K-最近邻算法是机器学习中使用较多、原理较为简单的算法之一。与暴力匹配算法相比，相同的是需要计算第一幅图像的关键点到第二幅图像每个关键点的距离，不同的是 K-最近邻匹配算法返回的是 *K* 个最佳的匹配项，然后在获得的 *K* 个最佳匹配项中取出第一个和第二个匹配项进行比值，若比值小于 0.4，则保留第一个匹配项。

在 OpenCV 中，通过 knnMatch()实现 K-最近邻匹配，其基本语法如下。

```
knnMatch(queryDescriptors, trainDescriptors, k[, mask[, compactResult]])
```

knnMatch()的参数及说明如表 5-7 所示。

表 5-7　knnMatch()的参数及说明

参数名称	说明
queryDescriptors	接收描述子集。表示用于查询的描述子集。无默认值
trainDescriptors	接收描述子集。表示用于训练的描述子集。无默认值
k	接收 int，表示返回最佳匹配项的个数。无默认值
mask	接收 int。表示指定输入查询和描述符训练矩阵之间允许匹配的掩码。无默认值
compactResult	接收 bool。表示匹配向量是否包含全部的查询描述子集，当取值为 False 时，匹配向量的大小与查询描述子集的大小相同。默认为 False

实现 K-最近邻匹配如代码 5-4 所示，得到的结果如图 5-7 所示。

代码 5-4　实现 K-最近邻匹配

```
#使用 Matcher.knnMatch()获得两幅图像的 K 个最佳匹配项
matches = bf.knnMatch(des1,des2, k=2)

good = []
for m,n in matches:
    #在获得的 K 个最佳匹配项中取出第一个和第二个匹配项进行比值，比值小于 0.4，则为好的匹配点
    if m.distance < 0.4*n.distance:
        good.append([m])

img3 = cv2.drawMatchesKnn(img1,kp1,img2,kp2,good,img3,flags=2) #采用 cv2.drawMat
chesKnn()，在最佳匹配的点之间绘制直线
cv2.imwrite('../tmp/K_match.jpg', img3)
```

图 5-7　K-最近邻匹配

3. FLANN 匹配

快速最近邻搜索匹配（Fast Library for Approximate Nearest Neighbors，FLANN）在 2009 年被提出。FLANN 匹配基于 K 均值树或 KD 树搜索操作实现。KD 树是一种对 *K* 维空间中的实例点进行存储以便对实例点进行快速检索的二叉树结构。

在图像匹配中，FLANN 匹配通过 KD 树的结构存储所有关键点（实例点）的欧氏距离，通过由上而下进行递归，更加有效地查找关键点的最邻近点。

在 OpenCV 中，通过 FlannBasedMatcher()实现 FLANN 匹配，其基本语法如下。

```
cv.FlannBasedMatcher( [, indexParams[, searchParams]] )
```

FlannBasedMatcherr()的参数及说明如表 5-8 所示。

表 5-8　FlannBasedMatcher()的参数及说明

参数名称	说明
indexParams	接收 dict。表示搜索模式。无默认值
searchParams	接收 dict。表示搜索的参数，如递归次数。无默认值

实现 FLANN 匹配如代码 5-5 所示，得到的结果如图 5-8 所示。

代码 5-5　实现 FLANN 匹配

```
FLANN_INDEX_KDTREE = 1
# 指定树的数量
index_params = dict(algorithm = FLANN_INDEX_KDTREE, trees = 5)
search_params = dict(checks=50)  # 递归次数
#创建匹配对象
flann = cv2.FlannBasedMatcher(index_params,search_params)
matches = flann.knnMatch(des1,des2,k=2)
# 创建空匹配列表
matchesMask = [[0,0] for i in range(len(matches))]
good_keypoints=[]
for i,(m,n) in enumerate(matches):
    #保留好的匹配点
    if m.distance < 0.5*n.distance:
        good_keypoints.append(m)
        matchesMask[i]=[1,0]
# 设置绘制参数
draw_params = dict(matchColor = (0,255,0),
                   singlePointColor = (255,0,0),
                   matchesMask = matchesMask,
                   flags = 0)
# 绘图
img3 = cv2.drawMatchesKnn(img1,kp1,img2,kp2,matches,None,**draw_params)
cv2.imwrite('../tmp/FLANN.jpg', img3)
```

图 5-8　FLANN 匹配

5.3.2　透视变换

由图像的关键点匹配结果可知，关键点间的连线存在一定的倾斜角度，并非处于水平状态，这表明第二幅图像的拍摄角度可能与第一幅的拍摄角度不同。不同角度拍摄的图像的示意图如图 5-9 所示。

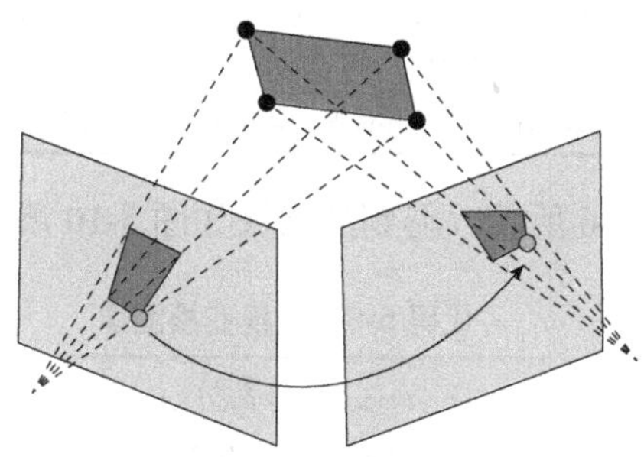

图 5-9　不同角度拍摄的图像的示意图

根据多视几何相关理论，待拼接图像所在成像平面的坐标关系，可以通过一个透视变换矩阵描述，也称之为单应性矩阵。通过透视变换矩阵，可以把不同成像平面、不同坐标系下的图像通过坐标运算，变换到统一的参考坐标系中，使待拼接图像处于同一个参考平面上。

在 OpenCV 中，通过 findHomography()计算单应性矩阵，其基本语法如下。

```
cv.findHomography(srcPoints, dstPoints[, method[, ransacReprojThreshold[, mask[, maxIters[, confidence]]]]])
```

findHomography()的参数及说明如表 5-9 所示。

表 5-9　findHomography()的参数及说明

参数名称	说明
srcPoints	接收 array。表示原平面中的坐标。无默认值
dstPoints	接收 array。表示目标平面中的坐标。无默认值
method	接收 int 和计算方式。表示计算单应性矩阵的方式，该参数共有 4 种取值，即 0、RANSAC、LMEDS、RHO，其中 0 为最小二乘法。默认为 0
ransacReprojThreshold	接收 double。表示允许出现的最大误差。默认为 3.0
mask	接收 array。表示 method 取值为 RANSAC 和 LMEDS 时设置的可选输出掩码。无默认值
maxIters	接收 int。表示 method 取值为 RANSAC 时的迭代次数。默认为 2000
confidence	接收 double。表示置性水平，其值为 0～1。默认为 0.995

在 OpenCV 中，通过 warpPerspective()实现透视变换，其基本语法如下。

```
cv.warpPerspective(src, M, dsize[, dst[, flags[, borderMode[, borderValue]]]])
```

warpPerspective()的参数及说明如表 5-10 所示。

表 5-10　warpPerspective()的参数及说明

参数名称	说明
src	接收 array。表示输入的图像。无默认值
M	接收 array。表示单应性矩阵。无默认值

续表

参数名称	说明
dsize	接收 tuple。表示输出图像的大小。无默认值
dst	接受 array。表示输出的图像。无默认认值
borderMode	接收 cv.BORDER_CONSTANT 或 cv.BORDER_REPLICATE。表示像素外推方式。默认为 cv.BORDER_CONSTANT
borderValue	接收 const。表示在恒定边界情况下使用的值。默认为 0

透视变换图像如代码 5-6 所示，得到的结果如图 5-10 所示。

代码 5-6　透视变换图像

```
left_points=np.zeros(shape=(len(good_keypoints),2),dtype=np.float32)
right_points=np.zeros(shape=(len(good_keypoints),2),dtype=np.float32)
# 获取坐标
for i in range(len(good_keypoints)):
    # 查询点的索引
    left_points[i][0]=kp1[good_keypoints[i].queryIdx].pt[0]
    left_points[i][1]=kp1[good_keypoints[i].queryIdx].pt[1]
    # 被查询点的索引
    right_points[i][0]=kp2[good_keypoints[i].trainIdx].pt[0]
    right_points[i][1]=kp2[good_keypoints[i].trainIdx].pt[1]

# 计算单应性矩阵
H,_=cv2.findHomography(right_points,left_points)
# 对图像进行透视变换
imagewarp=cv2.warpPerspective(img2,H,(img1.shape[1]+img2.shape[1],img1.shape[0]
))
cv2.imwrite('../tmp/imagewarp.jpg', imagewarp)
```

图 5-10　透视变换

将透视变换后的第二幅图像与第一幅图像进行特征匹配，如图 5-11 所示。关键点的连线几乎相互平行且处于水平状态，可以进行下一步的图像融合。

图 5-11　透视后的特征匹配

5.4　图像融合

待拼接的图像之间往往存在着曝光差异、亮度差异等问题。如果直接对图像进行对齐，那么会出现明显的拼接痕迹，如图 5-12 所示。为了减少拼接痕迹，一般要对重叠区域进行图像融合。目前，在图像拼接中经常使用的比较简单的像素级图像融合算法有直接平均算法、加权平均算法、渐出渐入融合算法等。

图 5-12　简单拼接

1. 直接平均算法

直接平均算法取重叠区域的像素值的均值作为新的像素值，如式（5-2）所示。

$$P(x,y)=\frac{P_1(x_1,y_1)+P_2(x_2,y_2)}{2} \tag{5-2}$$

在式(5-2)中，$P(x,y)$ 为拼接后图像在重叠区域 (x,y) 处的像素值，$P_1(x_1,y_1)$ 和 $P_2(x_2,y_2)$ 分别为第一幅和第二幅图像在重叠区域 (x,y) 处的像素值。

2. 加权平均算法

加权平均算法计算两幅图像重叠区域中对应的每个像素的加权平均值，如式（5-3）所示。

$$P(x,y)=\alpha P_1(x_1,y_1)+\beta P_2(x_2,y_2) \tag{5-3}$$

在式（5-3）中，α 为第一幅图像的权重，β 为第二幅图像的权重，且 $\alpha+\beta=1$。

3. 渐出渐入融合算法

对加权平均算法进行扩展得到渐出渐入融合算法，该算法以一幅图像作为参考图像，距离的变化作为加权的权重值，如式（5-4）所示。

$$P(x,y)=dP_1(x_1,y_1)+(1-d)P_2(x_2,y_2) \tag{5-4}$$

在式（5-3）中，d 为第一幅图像的权重，$1-d$ 为第二幅图像的权重。

使用渐出渐入融合算法融合图像如代码 5-6 所示，得到的结果如图 5-13 所示。

代码 5-7　使用渐出渐入融合算法融合图像

```
import copy
# 获取透视后图像
pano = copy.deepcopy(imagewarp)
pano[0:left.shape[0], 0:left.shape[1]] = left
# 融合区域左右边界
x_right = left.shape[1]
x_left = int(583)
rows = pano.shape[0]
# 计算权重
alphas = np.array([x_right - np.arange(x_left, x_right)] * rows) / (x_right - x_left)
# 创建全 1 的 3 维矩阵
alpha_matrix = np.ones((alphas.shape[0], alphas.shape[1], 3))
alpha_matrix[:, :, 0] = alphas
alpha_matrix[:, :, 1] = alphas
alpha_matrix[:, :, 2] = alphas
# 图像融合
pano[0:rows, x_left:x_right] = left[0:rows, x_left:x_right] * alpha_matrix \
                    + imagewarp[0:rows, x_left:x_right] * (1 - alpha_matrix)
cv2.imwrite('../tmp/pano.jpg',pano)
```

图 5-13　渐出渐入融合算法融合图像

【任务设计】

对图像进行拼接的目的是得到宽视角、高分辨率的图像，以便同时获取更多的信息。

请将两张清明上河图的图像拼接为一张图像。待拼接的图像如图 5-14（a）、图 5-14（b）所示，拼接后得到的图像如图 5-14（c）所示。

（a）待拼接的图像1

（b）待拼接的图像2

（c）拼接后得到的图像

图 5-14　待拼接的图像与拼接后得到的图像

任务的具体步骤如下。

（1）特征提取。读取待拼接的两张图像，并提取待拼接图像的关键点。

（2）图像匹配。根据关键点进行特征匹配，保留其中效果较好的匹配点，从而计算单应性矩阵并实现图像的透视变换。

（3）图像融合。计算融合区域的边界和权重，使用渐出渐入算法融合图像。

任务流程图如图 5-15 所示。

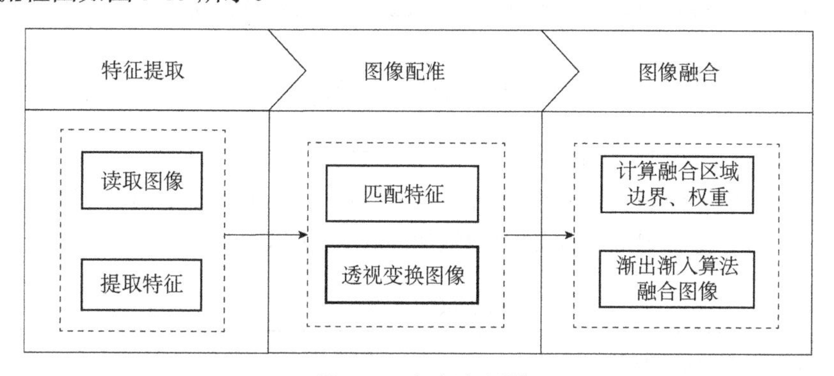

图 5-15　任务流程图

【任务实施】

实现将两张图像拼接为一张图像，具体的实施步骤和结果如下。

（1）特征提取。首先读取待拼接图像，然后使用 SIFT_create()创建匹配对象，最后使用 detectAndCompute()提取图像的关键点，如代码 5-8 所示。特征提取后的图像 5-16 所示。

代码 5-8　特征提取

```
import cv2
import numpy as np
import copy

left=cv2.imread('../data/qm1.jpg')
right=cv2.imread('../data/qm2.jpg')
left_gray=cv2.cvtColor(left,cv2.COLOR_BGR2GRAY)
right_gray=cv2.cvtColor(right,cv2.COLOR_BGR2GRAY)

# 创建匹配对象
detector=cv2.xfeatures2d.SIFT_create()
#提取左右图像关键点
left_kps,left_dess=detector.detectAndCompute(left_gray,None)
right_kps,right_dess=detector.detectAndCompute(right_gray,None)

left_img = cv2.drawKeypoints(left,left_kps,left,color=(255,0,0), flags=0)
right_img = cv2.drawKeypoints(right,right_kps,right,color=(255,0,0), flags=0)

cv2.imwrite('../tmp/left_img.png', left_img)
cv2.imwrite('../tmp/right_img.png', right_img)
```

(a)

(b)

图 5-16　特征提取后的图像

（2）图像配准。使用 FLANN 算法进行关键点的匹配，以 0.5 为阈值保留比值小于阈值的描述点。使用 findHomography()计算单应性矩阵，并使用 warpPerspective()进行透视变换。图像配准如代码 5-9 所示，特征配准后的图像如图 5-17 所示。

代码 5-9　图像配准

```
#对左右图像的关键点进行匹配
matcher=cv2.FlannBasedMatcher_create()
knn_matchers=matcher.knnMatch(left_dess,right_dess,2)
matchesMask = [[0,0] for i in range(len(knn_matchers))]
#挑出好的匹配点
good_keypoints=[]
# 保留描述子之间的距离之比小于阈值的描述点
for i,(m,n) in enumerate(knn_matchers):
    #保留好的匹配点
    if m.distance < 0.5*n.distance:
```

```
            good_keypoints.append(m)
            matchesMask[i]=[1,0]

    draw_params = dict(matchColor = (0,255,0),
                      singlePointColor = (255,0,0),
                      matchesMask = matchesMask,
                      flags = 0)
    # 绘图
    img3                                                                      =
cv2.drawMatchesKnn(left,left_kps,right,right_kps,knn_matchers,None,**draw_params)
    cv2.imshow('', img3)

    # 创建空的左右图像描述点坐标
    left_points=np.zeros(shape=(len(good_keypoints),2),dtype=np.float32)
    right_points=np.zeros(shape=(len(good_keypoints),2),dtype=np.float32)
    # 获取坐标
    for i in range(len(good_keypoints)):
        # 查询点的索引
        left_points[i][0]=left_kps[good_keypoints[i].queryIdx].pt[0]
        left_points[i][1]=left_kps[good_keypoints[i].queryIdx].pt[1]
        # 被查询点的索引
        right_points[i][0]=right_kps[good_keypoints[i].trainIdx].pt[0]
        right_points[i][1]=right_kps[good_keypoints[i].trainIdx].pt[1]

    # 计算单应性矩阵
    H,_=cv2.findHomography(right_points,left_points)
    # 对图像进行透视变换
    imagewarp=cv2.warpPerspective(right,H,(left.shape[1]+right.shape[1],left.shape[
0]))
```

图 5-17　特征配准后的图像

（3）图像融合。复制透视后的图像，通过透视图计算融合区域的左边界，通过待拼接的原图像计算融合区域的右边界，并根据边界计算图像融合所使用的权重，最后融合图像。图像融合如代码 5-10 所示，融合后的图像如图 5-18 所示。

代码 5-10　图像融合

```
    pano = copy.deepcopy(imagewarp)
    pano[0:left.shape[0], 0:left.shape[1]] = left
    # 融合区域左右边界
```

```
    x_right = left.shape[1]
    x_left = int(list(imagewarp[:,:,0][0,:]==0).index(False))
    rows = pano.shape[0]
    # 计算权重
    alphas = np.array([x_right - np.arange(x_left, x_right)] * rows) / (x_right -
x_left)
    # 创建全 1 的 3 维矩阵
    alpha_matrix = np.ones((alphas.shape[0], alphas.shape[1], 3))
    alpha_matrix[:, :, 0] = alphas
    alpha_matrix[:, :, 1] = alphas
    alpha_matrix[:, :, 2] = alphas
    # 图像融合
    pano[0:rows, x_left:x_right] = left[0:rows, x_left:x_right] * alpha_matrix \
                            + imagewarp[0:rows, x_left:x_right] * (1 - alpha_matrix)
    a = int(list(pano[:,:,0][0,:]!=0).index(False))
    cv2.imshow('../tmp/single',pano[:,:a])
```

图 5-18 融合后的图像

【任务评价】

填写表 5-11 所示任务过程评价表。

表 5-11 任务过程评价表

任务实施人姓名______________ 学号________________ 时间____________

评价项目及标准		分值	小组评议	教师评议
技术能力	1. 基本概念熟悉程度	10		
	2. 关键点特征	10		
	3. 根据关键点进行图像匹配	10		
	4. 透视变换图像	10		
	5. 计算融合区域左右边界和权值	10		
	6. 渐出渐入算法融合图像	10		
执行能力	1. 出勤情况	5		
	2. 遵守纪律情况	5		
	3. 是否主动参与，有无提问记录	5		
	4. 有无职业意识	5		

续表

评价项目及标准		分值	小组评议	教师评议
社会能力	1. 能否有效沟通	5		
	2. 能否使用基本的文明礼貌用语情况	5		
	3. 能否与组员主动交流、积极合作	5		
	4. 能否自我学习及自我管理	5		
		100		
评定等级：				
评价意见		学习意见		

评定等级：A：优，得分＞90；B：好，得分＞80；C：一般，得分＞60；D：有待提高，得分＜60。

小结

本任务首先对图像拼接进行了简单的介绍，讲解了图像拼接中包含的主要步骤及图像拼接技术的应用场景；然后介绍检测图像关键点的方法；接着根据检测到的关键点对图像进行匹配和透视变换；最后通过像素级的图像融合算法将图像无缝拼接。

任务 5 练习

1. 选择题

（1）图像拼接主要流程不包括（　　）。

A. 特征提取　　B. 图像平滑

C. 图像配准　　D. 图像融合

（2）图像匹配算法中会返回多个最佳匹配结果的算法不包括（　　）。

A. 暴力匹配　　B. K-最近邻匹配

C. FLANN 匹配　　D. FLANN 单应性匹配

（3）可以使待拼接图像处于在一个参考平面上的变换是（　　）。

A. 仿射　　B. 翻转　　C. 透视　　D. 缩放

（4）在下列选项中，不属于图像的局部特征的是（　　）。

A. 点特征　　B. 线特征

C. 纹理特征　　D. 边缘特征

（5）在下列选项中，属于图像点特征中的特征检测算法的有（　　）。

A. SIFT　　B. SURF

C. Harris　　D. 以上都是

（6）在下列选项中，关于图像特征检测的说法不正确的是（　　）。

A. SIFT 算法是由 David Lowe 在 1999 年发表并完善的

B. ORB 算法解决了 FAST 角点缺少方向信息的缺点，并克服了 BRIEF 描述符对旋转、尺度变化不具有鲁棒性的缺点

C. ORB 算法是一种二进制局部特征描述方法

D. SIFT 算法包括四个步骤，分别是尺度空间极值检测、特征点定位、确定特征主点方向和特征点描述

2. 判断题

（1）为了减少拼接痕迹，一般要对重叠区域进行图像融合。（　　）

（2）FLANN 匹配基于 K 均值树或 KD 树搜索操作实现。（　　）

（3）K-最近邻算法返回的匹配项可以进行筛选得到表现更好的匹配项。（　　）

（4）图像的点特征只是指角点和轮廓插值点。（　　）

（5）图像特征处理包括图像特征检测和图像特征描述。（　　）

（6）ORB 算法只是结合了 FAST 检测算法和 BRIEF 描述符。（　　）

3. 填空题

（1）ORB 算法是一种______局部特征描述方法。

（2）SIFT 算法包括四个步骤，分别是______________、__________、________________和__________。

（3）图像拼接解决了因为硬件条件限制而无法兼顾______和________的矛盾。

（4）在笛卡儿坐标系中的________对应霍夫空间中的________，反之也成立。

4. 简答题

（1）为什么要对图像进行透视变换？

（2）图像融合的意义是什么？

（3）请简要说明 SIFT 算法的特征检测和特征描述过程。

5. 案例题

（1）在实际的应用中，通过人工观察两幅图像能不能匹配会消耗大量的时间。即便是已经确定可以匹配，使用正文中的代码进行图像拼接，会因为输入图像的顺序不对造成无法拼接。请对正文中的代码进行改进，实现当输入图像不能拼接时输出“图像不能匹配”，并使输入图像的顺序不影响拼接效果，具体步骤如下。

① 定义图像匹配函数，返回透视变换的右图，如不能匹配则返回 0。

② 定义图像融合函数，通过透视获取拼接的右边界，当右边界不为 0 则进行拼接。

③ 定义主函数调用图像匹配函数和融合函数。

（2）图像的点特征是图像重要的特征之一，对图像进行点特征提取可以达到减少特征的目的。基于 ORB 算法实现图像点特征的提取，具体的操作步骤如下。

① 导入相关库和读取图像。

② 创建 ORB 特征提取器，用于提取图像特征。

③ 通过函数找到特征点并计算描述符。

④ 将检测到的特征点绘制到原图像上，保存结果图像。

第2篇　机器视觉常见应用

任务6

使用 OCR 识别文字

【任务要求】

光学字符识别技术现已经运用到车牌识别、身份证识别、银行卡识别等方面。通过光学字符识别技术，可自动提取纸质文本中的文字，减少人工提取的工作量，提高了工作效率。本任务要求根据提供的文本图像，实现对文本图像中文字的识别和提取。

【相关知识】

6.1　OCR 技术简介

光学字符识别（Optical Character Recognition，OCR）技术，是利用光学技术和计算机技术，通过暗、亮模式检测每个字符，确定其形状特征，然后使用字符识别算法将形状翻译成计算机文字的过程。即，利用 OCR 技术对文本资料进行扫描，然后对图像文件进行分析处理，获取文字及版面信息的过程。OCR 技术是模式识别的一个重要分支。OCR 技术的发展经历了 3 个阶段，第一阶段是识别印刷体的数字、英文和部分符号，并且必须是指定字体的字符；第二阶段是对手写体字符的识别；第三阶段是对质量差的文档和大字符集的识别，如汉字的识别。

如今，OCR 技术主要分为基于传统算法的 OCR 技术和基于深度学习的 OCR 技术两种。基于传统算法的 OCR 技术是基于数字图像处理和传统机器学习等算法从图像中提取文本信息，主要包括连通区域分析、二值化、文字矫正、噪声去除、逻辑回归和 AdaBoost 等；基于深度学习的 OCR 技术主要是将图像预处理后通过训练深度学习模型进行文字识别。

在日常生活中，OCR 技术已应用到各个领域，如常见的验证码识别、车牌识别、身份证识别、银行卡识别和发票识别等。比较著名的 OCR 工具有谷歌（Google）赞助的 Tesseract-OCR 引擎、百度的开源模型 PaddleOCR、腾讯的优图 OCR 和阿里巴巴的阿里云 OCR。

6.2 OCR原理介绍

OCR 的原理是通过计算机对图像进行版面分析处理和模式识别。图像版面分析处理是指通过对文字图像的预处理，对文字图像进行分割和坐标定位；文字模式识别是通过检测暗、亮的模式，放大图像确定文字的形状特征并进行提取和判断，最终通过将黑白点图像转为二进制的编码并与字符编码进行匹配，根据最相近的匹配度将文字图像特征进行文字转换。

标准的 OCR 工具软件主要包括图像处理模块、版面分析模块、文字识别模块、文字校对模块和输出模块。

1. 图像处理模块

OCR 工具软件的图像处理主要是通过扫描设备对期刊、论文、书籍和报纸等纸质文本进行扫描，一般建议扫描成二值图像（灰度图或彩色图识别率低）。如图 6-1 所示，二值图像是 tif 格式的图像，图像分辨率为 300dpi，同时要进行去污点、去黑边、图像居中和图像纠偏等工作，最好不要有底纹。总之保持图像为白底黑字，图像页面整洁（提高文字识别率）。

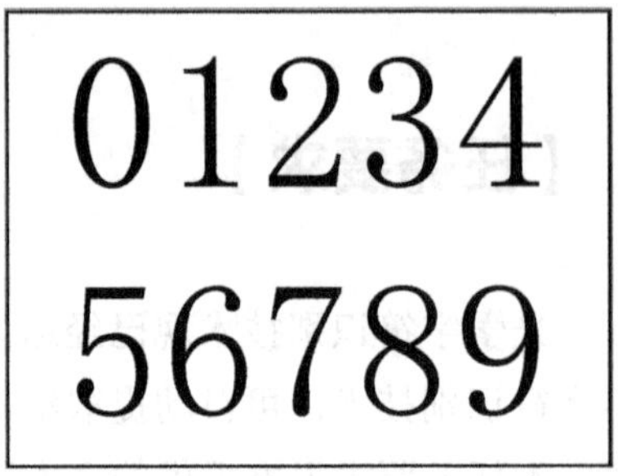

01234
56789

图 6-1　二值图像

2. 版面分析模块

版面分析可以分为自动和手工两种方式，自动版面分析主要是指使用黑白二值算法，逐页对所有文字图像区域进行画框定位并存储相应的区域块坐标；手工版面分析是指人工通过鼠标在文字图像区域进行画框，选择特定区域进行文字识别，这种方式主要应用于需要从图像中提取特定区域的文字的情形，有针对性地识别文字。另外，还可以设置文字图像的横竖排版方式及中外文字体信息等，以提高文字识别率。原文字图像和版面分析的结果如图 6-2 所示，图 6-2（a）为原文字图像，图 6-2（b）为版面分析的结果。

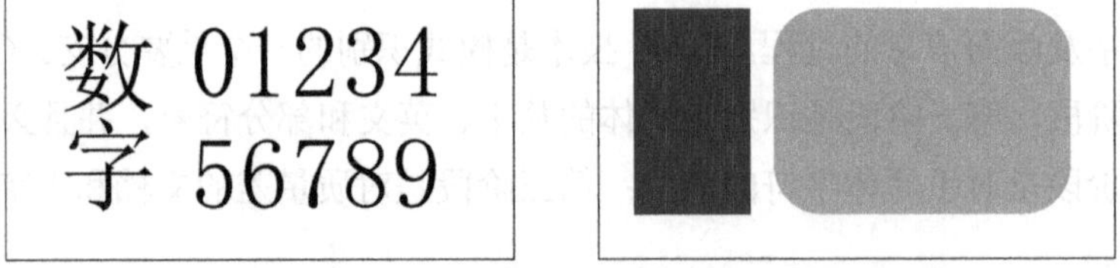

数 01234
字 56789

(a) 原文字图像

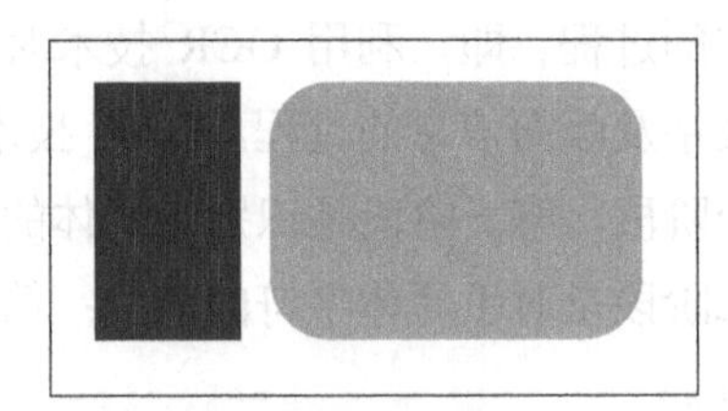

(b) 版面分析的结果

图 6-2　原文字图像和版面分析的结果

版面分析模块主要包括版面划分、更改划分，即对版面的理解、字切分和归一化等，可分为自动或手动两种版面划分方式。版面划分的目的是告诉 OCR 工具软件将同一版面的中英文字体、图像、表格、横版竖版方式等分开，以便于分别处理，并按照一定的顺序进行识别。

3. 文字识别模块

文字识别模块是 OCR 工具软件的核心部分，文字识别主要使用了黑白二值算法。以单个汉字"一"为例，将文字颜色取反，也就是白变成黑，黑变成白，将单字图像区域分为上下两部分。这种方式可把每个字都划分为不同区域，再将不同区域的反选区域用二进制的方式进行转换，这样就可以将每个文字区域划分生成一个二进制编码。

我们预先将每个标准的文字都进行二进制编码，然后存放到数据库中，接着将 OCR 的结果与标准数据库中的二进制编码进行比对，在数据库中选择与识别文字编码最接近的二进制编码文字为识别结果，如图 6-3 所示。如果在数据库中没有找到与识别对象相似度高的编码，则后续需要进行人工修改。

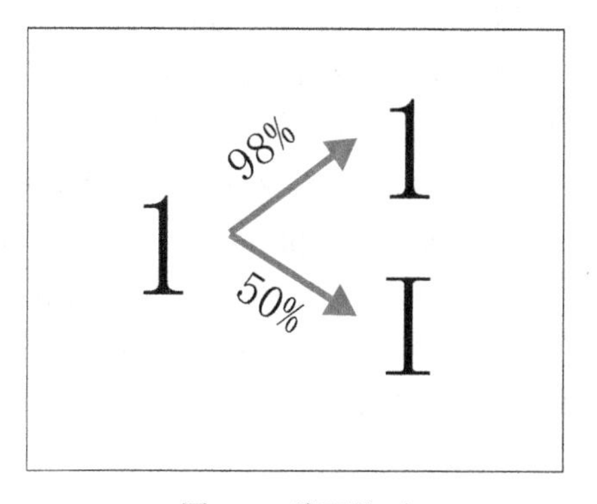

图 6-3 编码比对

文字识别模块主要是对单个文字进行识别，所以必须对文字图像进行逐行切割，对每行汉字通常也是逐字进行识别。

4. 文字校对模块

文字校对主要分纵向校对和横向校对两种，纵向校对是指按照从上往下、从左往右的顺序把文字识别结果进行排列，调用并显示识别结果中所有相同的文字，调用识别结果的同时调出对应原图像进行人工比对；横向校对是指按照人们的阅读习惯逐行进行校对，显示一行识别结果和对应的原图像进行校对。如图 6-4 所示，图 6-4（a）为纵向校对，图 6-4（b）为横向校对。

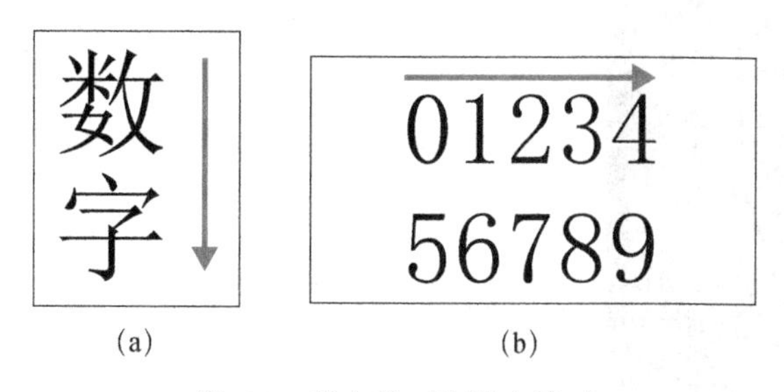

图 6-4 纵向校对和横向校对

在文字校对时，发现错字需进行人工修改，对识别结果经常出错的文字，需要重新进行标准文字编码库改写，以达到文字精准识别。

5. 输出模块

输出模块主要是将校对无误的文字输出为 txt 或 doc 等格式文件，输出的文本文字完全可以编辑，同时也可将原图像输出为 PDF 文档以用于浏览原图像。

6.3 OCR 工具软件安装与环境配置

Tesseract-OCR 最初是由惠普（HP）实验室于 1985 年开始研发的一款 OCR 引擎，到 1995 年成为最准确的 3 款 OCR 识别引擎之一，但不久后，惠普放弃了 Tesseract-OCR 的研发与维护，将其贡献出而作为开源软件。在 2005 年，美国内华达州信息技术研究所与谷歌合作对 Tesseract-OCR 进行改进和优化。

原生的 Tesseract-OCR 是采用 C 语言编写的，Pytesseract 库是 Tesseract-OCR 的 Python API 封装。通过下载安装 Pytesseract 库并调用相关函数，可以实现在 Python 环境中使用 Tesseract-OCR 进行文字识别。Pytesseract 库的安装与 OpenCV 库的安装基本一致，可直接在 Anaconda Prompt 中输入“pip install pytesseract”命令进行安装。

Tesseract-OCR 的安装步骤如下。

（1）Tesseract-OCR 的安装包可在官网或其他开源项目中获取，选择与计算机相匹配的版本进行下载，如图 6-5 所示。

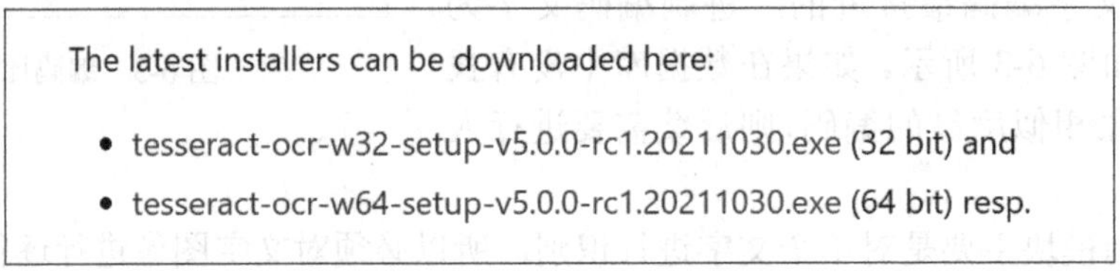

The latest installers can be downloaded here:

- tesseract-ocr-w32-setup-v5.0.0-rc1.20211030.exe (32 bit) and
- tesseract-ocr-w64-setup-v5.0.0-rc1.20211030.exe (64 bit) resp.

图 6-5　Tesseract-OCR 安装包

（2）双击打开下载好的 Tesseract-OCR 安装包，进入安装操作对话框，单击“Next”按钮进行下一步操作，如图 6-6 所示。

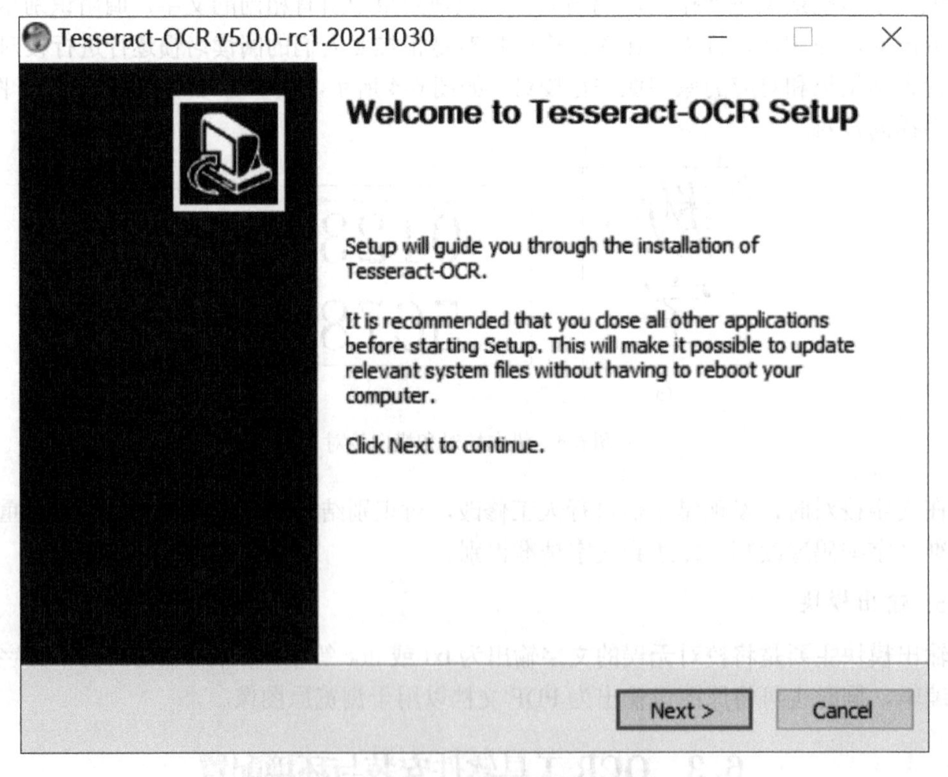

图 6-6　Tesseract-OCR 安装操作对话框

（3）在“License Agreement”（许可协议）对话框中，单击“I Agree”按钮进行下一步操作，如图 6-7 所示。

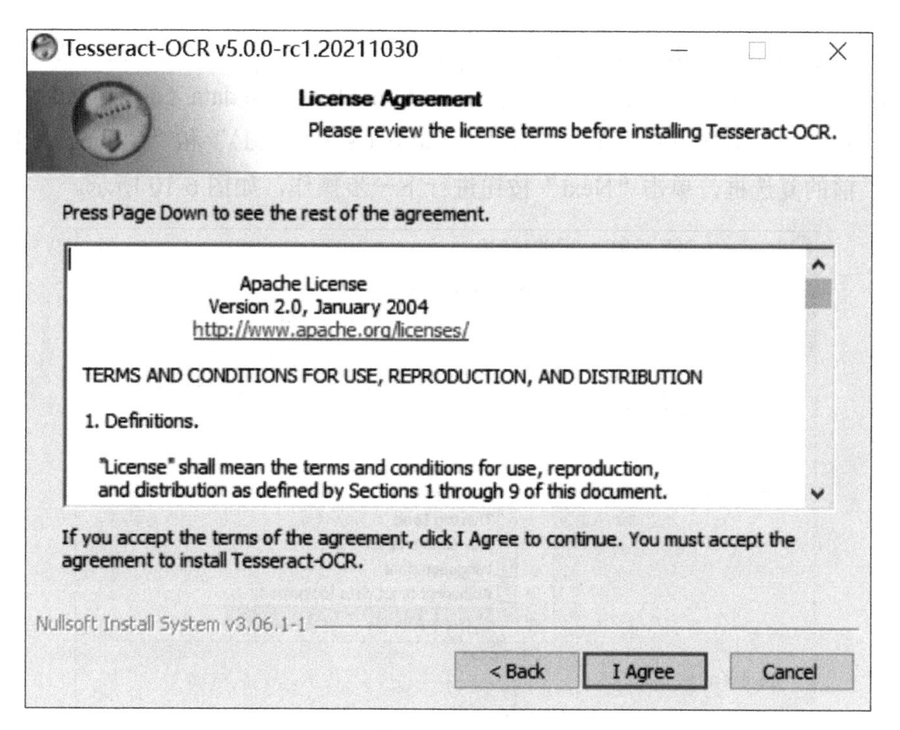

图 6-7　许可协议

（4）选择安装类型为“Install just for me”（只为我安装），单击“Next”按钮进行下一步操作，如图 6-8 所示。

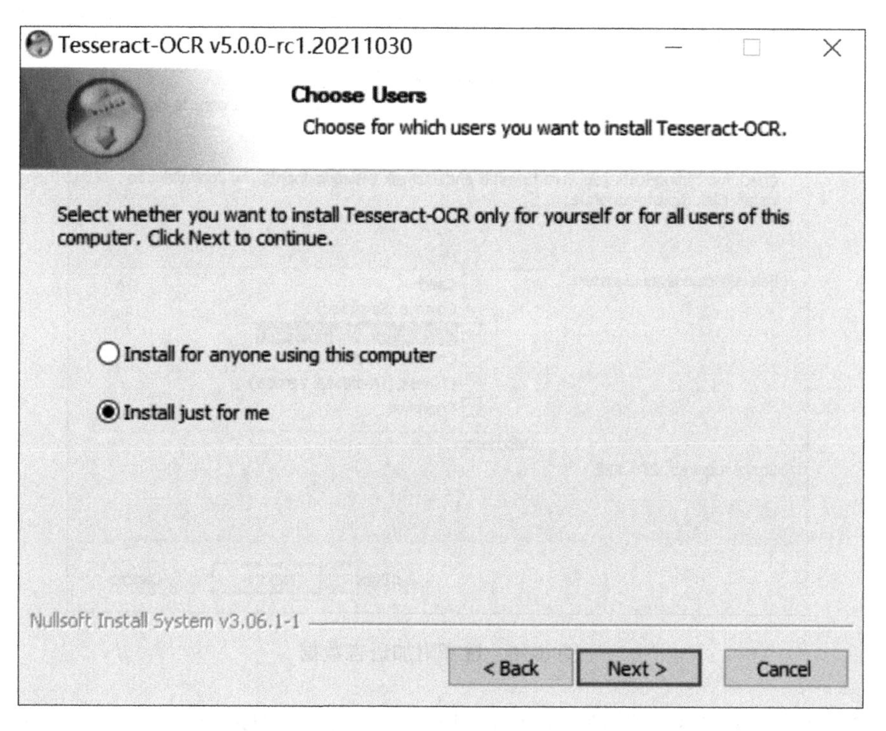

图 6-8　选择安装类型

（5）在 Tesseract-OCR 中默认的识别语言是英文，如果需要识别中文，可在“Choose Components”（选择组件）对话框中找到“Additional language data（download）”［附加语言数据（下载）］，如图 6-9 所示；勾选“Chinese（Simplified）”和“Chinese（Simplified vertical）”前的复选框，单击“Next”按钮进行下一步操作，如图 6-10 所示。

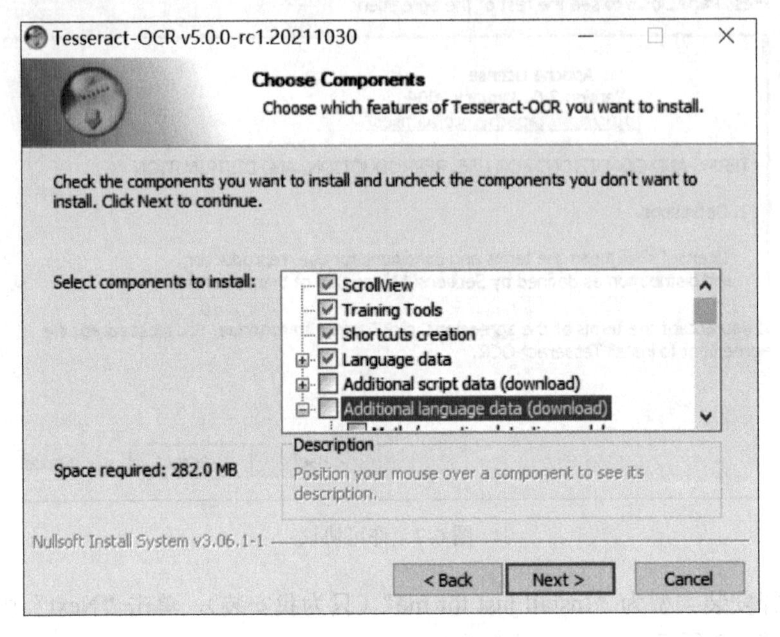

图 6-9　安装组件选项

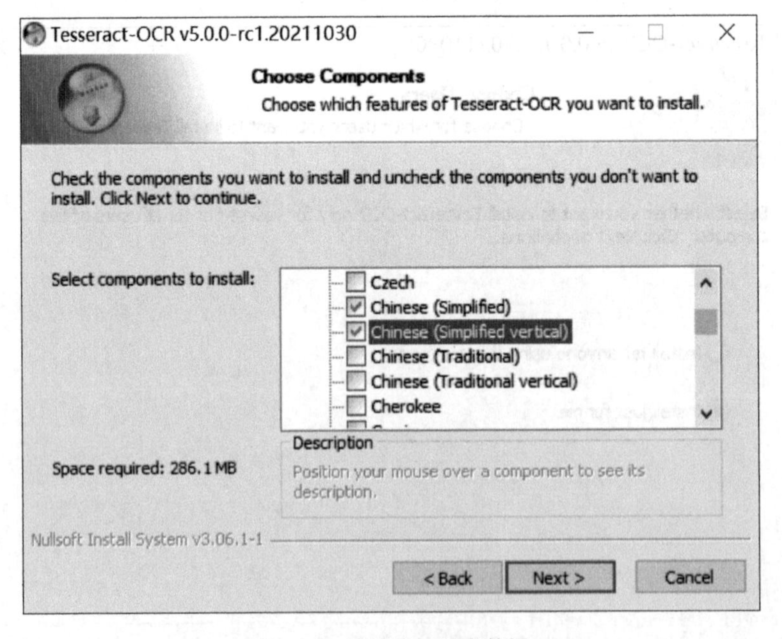

图 6-10　选择附加语言数据

（6）Tesseract-OCR 的安装位置可保持默认，也可单击“Browse…”按钮自定义安装位置。在后续的环境配置操作中会用到该路径，需记住 Tesseract-OCR 的安装位置。单击“Next”

按钮进行下一步操作，如图 6-11 所示。

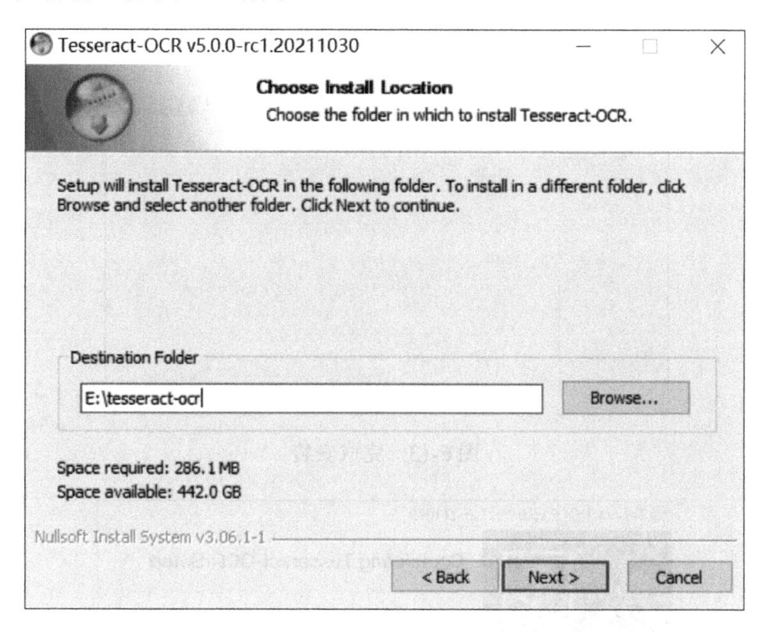

图 6-11　设置安装位置

（7）在“Choose Start Menu Folder”（选择开始菜单文件夹）对话框中，保持默认设置，单击“Install”按钮进行安装，如图 6-12 所示。

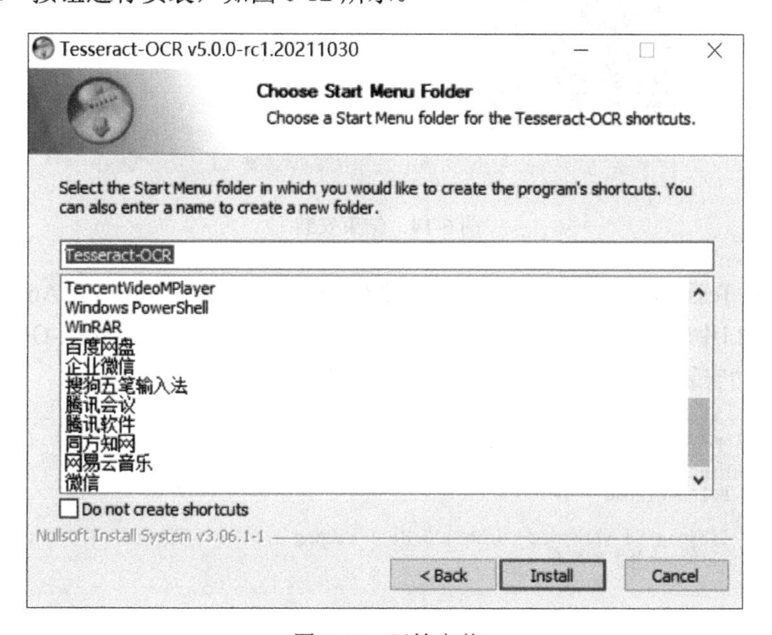

图 6-12　开始安装

（8）等待 Tesseract-OCR 安装完成后单击“Next”按钮进行下一步操作，如图 6-13 所示；最后单击“Finish”按钮结束安装，如图 6-14 所示。

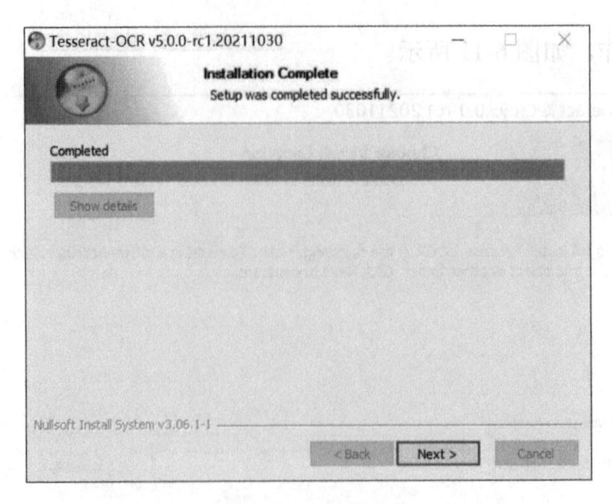

图 6-13　完成安装

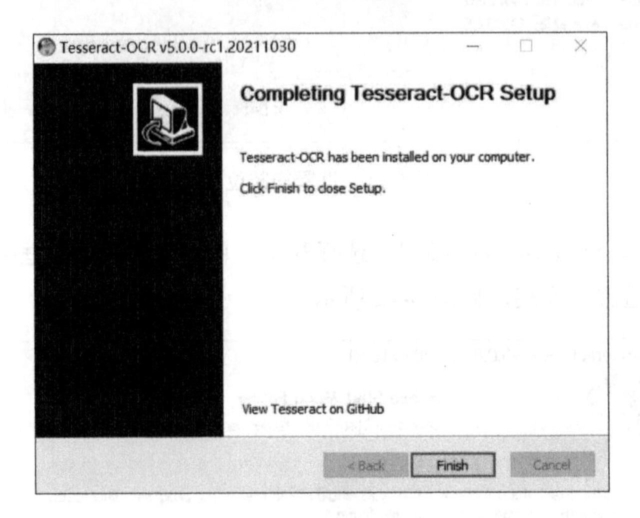

图 6-14　结束安装

（9）结束 Tesseract-OCR 安装后，需要检查是否安装成功。在 Anaconda Prompt（anaconda）窗口中输入命令“tesseract -v”，检查是否成功安装 Tesseract-OCR。如图 6-15 所示，表示成功安装 tesseract v5.0.0-rc1.20211030 版本。

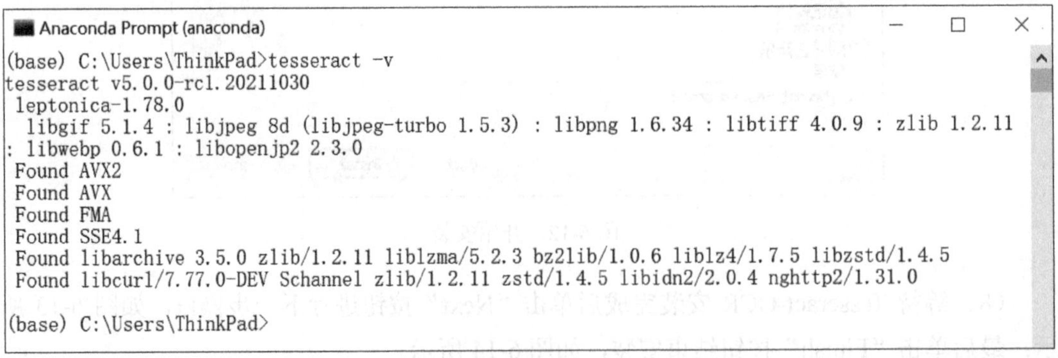

```
Anaconda Prompt (anaconda)
(base) C:\Users\ThinkPad>tesseract -v
tesseract v5.0.0-rc1.20211030
 leptonica-1.78.0
  libgif 5.1.4 : libjpeg 8d (libjpeg-turbo 1.5.3) : libpng 1.6.34 : libtiff 4.0.9 : zlib 1.2.11
: libwebp 0.6.1 : libopenjp2 2.3.0
 Found AVX2
 Found AVX
 Found FMA
 Found SSE4.1
 Found libarchive 3.5.0 zlib/1.2.11 liblzma/5.2.3 bz2lib/1.0.6 liblz4/1.7.5 libzstd/1.4.5
 Found libcurl/7.77.0-DEV Schannel zlib/1.2.11 zstd/1.4.5 libidn2/2.0.4 nghttp2/1.31.0

(base) C:\Users\ThinkPad>
```

图 6-15　检查是否安装成功

Tesseract-OCR 环境配置的具体步骤如下。

（1）Tesseract-OCR 安装完成后需要配置环境。找到“此电脑”，右键单击并在弹出的快捷菜单中选择“属性”命令，打开属性设置对话框，如图 6-16 所示，单击“高级系统设置”进行下一步操作。

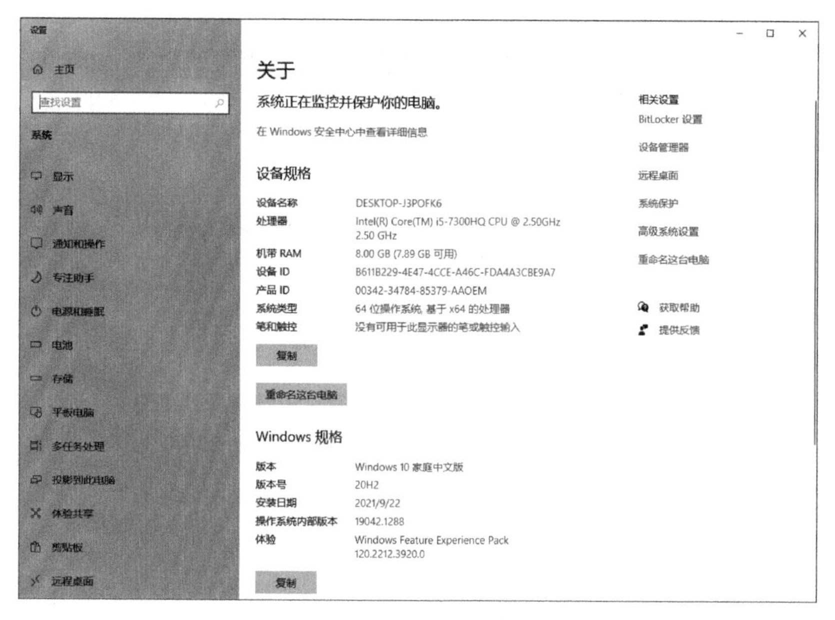

图 6-16　单击“高级系统设置”

（2）在弹出的“系统属性”对话框中，打开“高级”选项卡，单击“环境变量...”按钮进行下一步操作，如图 6-17 所示。

图 6-17　“系统属性”对话框

（3）系统弹出如图 6-18 所示“环境变量”对话框，“系统变量（S）”中找到变量“Path”，双击打开。

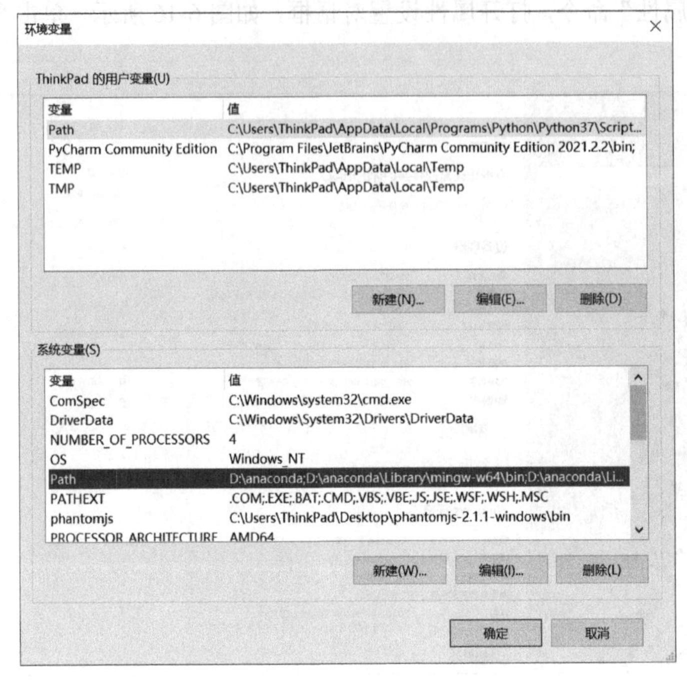

图 6-18　“环境变量”对话框

（4）系统弹出如图 6-19 所示“编辑环境变量”对话框，单击“新建（N）”按钮，将 Tesseract-OCR 的安装路径复制到新建的环境变量中，然后单击“确定”按钮进行下一步操作。

图 6-19　“编辑环境变量”对话框

（5）在“编辑环境变量”对话框中单击“新建（N）”按钮，系统弹出“新建系统变量”对话框，新建一个系统变量，设置变量名为“tesseract-OCR”，变量值设置为 Tesseract-OCR 的安装位置下的 tessdata 文件夹，然后单击“确定”按钮，如图 6-20 所示。

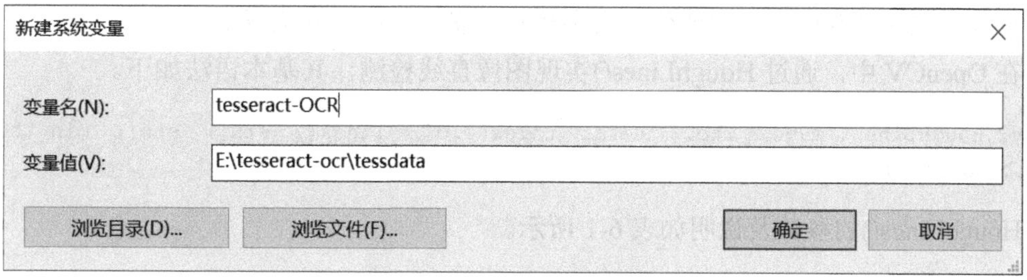

新建系统变量
变量名(N): tesseract-OCR
变量值(V): E:\tesseract-ocr\tessdata
浏览目录(D)... 浏览文件(F)... 确定 取消

图 6-20　新建系统变量

（6）系统变量设置完成的结果如图 6-21 所示，最后依次单击“确定”按钮完成 Tesseract-OCR 的环境配置。

图 6-21　系统变量设置完成的结果

6.4　OCR 实现

在实际生活中，纸质的文本资料由于纸张的厚薄程度、光洁程度和印刷质量，以及在运输、保存过程中受人为或自然因素影响，容易造成文字畸变、黏连和污点等，并且在使用电子设备将纸质的文本转为图像时，也会造成图像文字倾斜、产生噪声和光照不均等情况，容易导致文字识别准确率降低。

在文字识别之前，通常都需要对图像进行预处理，以提高文本图像的质量。一般常用的预处理方法包括灰度化、二值化、文字矫正、腐蚀、膨胀和去噪等。

在 OpenCV 中，通过 HoughLines()实现图像直线检测，其基本语法如下。

```
cv2.HoughLines(image, rho, theta, threshold[, lines[, srn[, stn[, min_theta[, max_theta]]]]])
```

HoughLines()的参数及说明如表 6-1 所示。

表 6-1 HoughLines()的参数及说明

参数名称	说明
image	接收 array。表示输入的二值化图像。无默认值
rho	接收 double。表示线段以像素为单位的距离精度。无默认值
theta	接收 double。表示线段以弧度为单位的角度精度。无默认值
threshold	接收 int。表示判断直线点数的阈值。无默认值
lines	接收 array。表示检测到的线条的输出矢量。无默认值
srn	接收 double。表示进步尺寸（rho/srn）rho 的除数距离。默认为 0
stn	接收 double。表示进步尺寸（theta/srn）rho 的除数距离。默认为 0
min_theta	接收 double。表示最小角度检查线条。默认为 0
max_theta	接收 double。表示最大角度检查线条。默认为 CV_PI

可通过 pytesseract 库的 image_to_string()实现文字识别，其基本语法如下。

```
pytesseract.image_to_data(image, lang=None, config=' ')
```

image_to_string()的参数及说明如表 6-2 所示。

表 6-2 image_to_string()的参数及说明

参数名称	说明
image	接收对象或字符串。表示输入的图像或图像位置。无默认值
lang	接收 str。表示识别语言类型的字符串。目前该参数有多个取值，常用的取值有：eng，表示用于识别英文字体；chi_sim，表示用于识别中文简体字体。默认为 eng
config	接收 str。表示自定义其他配置的标志。目前该参数有多个取值，常用的取值有：-psm 6，表示定向脚本监测（OSD）；-psm 6，表示假设一个统一的文本块；-psm 10，表示将图像视为单个字符；-psm 3，表示全自动分页，但是没有使用 OSD。默认为-psm 3

使用 image_to_string()实现文字矫正前的文字识别如代码 6-1 所示，图 6-22（a）为原图像，图 6-22（b）为文字矫正前的二值化图像，运行代码输出文字识别结果如图 6-23 所示。

代码 6-1　使用 image_to_string()实现文字矫正前的文字识别

```
import pytesseract
import cv2
import time
import numpy as np

image = cv2.imread('../data/yd.png')  # 读取图像
gray=cv2.cvtColor(image,cv2.COLOR_BGR2GRAY)  # 灰度化
ret,dst=cv2.threshold(gray, 150, 255, cv2.THRESH_BINARY)  # 二值化
cv2.imwrite('../tmp/binary.jpg',dst)  # 保存二值化图像
stime = time.time()  # 文字识别开始时间
# 使用 Tesseract-OCR 引擎识别文字
text = pytesseract.image_to_string(dst, lang='chi_sim')
etime = time.time()  # 文字识别结束时间
print('本次图片识别总共耗时%ss' % (etime - stime))  # 计算文字识别时长
text  # 输出识别结果
```

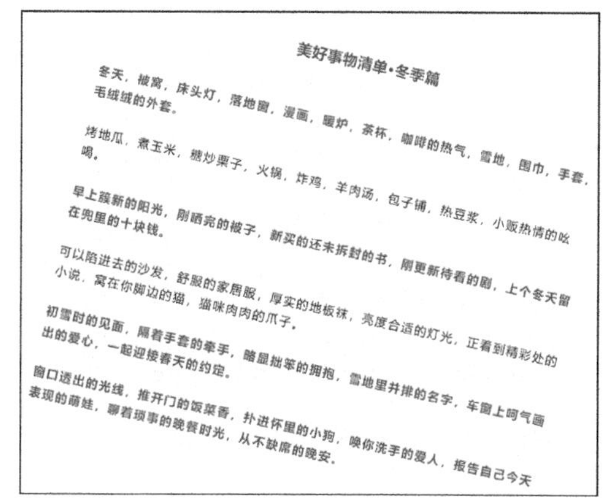

(a) 原图像

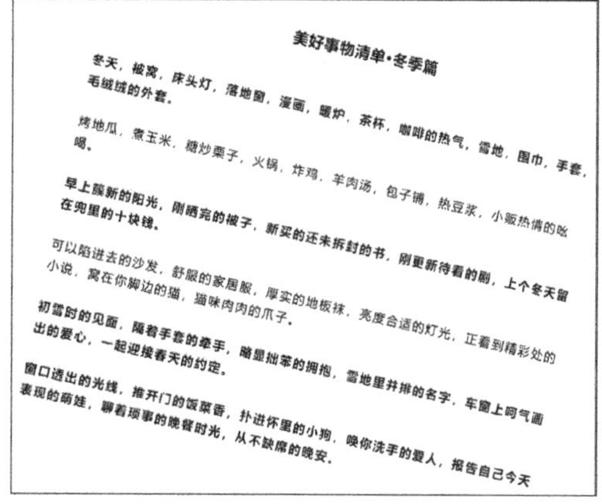

(b) 文字矫正前的二值化图像

图 6-22　原图像和文字矫正前的二值化图像

```
In [2]: import pytesseract
   ...: import cv2
   ...: import time
   ...: import numpy as np
   ...:
   ...: image = cv2.imread('../data/yd.png')  # 读取图像
   ...: gray=cv2.cvtColor(image,cv2.COLOR_BGR2GRAY)  # 灰度化
   ...: ret,dst=cv2.threshold(gray, 150, 255, cv2.THRESH_BINARY)  # 二值化
   ...: cv2.imwrite('../tmp/binary.jpg',dst)  # 保存二值化图像
   ...: stime = time.time()  # 文字识别开始时间
   ...: # 使用Tesseract-OCR引擎识别文字
   ...: text = pytesseract.image_to_string(dst, lang='chi_sim')
   ...: etime = time.time()  # 文字识别结束时间
   ...: print('本次图片识别总共耗时%ss' % (etime - stime))  # 计算文字识别时长
   ...: text  # 输出识别结果
本次图片识别总共耗时2.4007835388183594s
Out[2]: '\x0c'

In [3]:
```

图 6-23　文字矫正前的文字识别结果

使用 image_to_string()实现文字矫正后的文字识别如代码 6-2 所示，图 6-24（a）为原图像，图 6-24（b）为文字矫正后的二值化图像，图 6-25 所示为文字矫正后的文字识别结果。

代码 6-2　使用 image_to_string()实现文字矫正后的文字识别

```
import pytesseract
import cv2
import time
import numpy as np

image = cv2.imread('../data/yd.png')  # 读取图像
gray=cv2.cvtColor(image,cv2.COLOR_BGR2GRAY)  # 灰度化
# 对灰度图像进行边缘检测，用于直线检测矫正文字
edges = cv2.Canny(gray, 50, 150, apertureSize=3)
lines = cv2.HoughLines(edges,1,np.pi/180,220)  # 直线检测
sum = 0.0

for line in lines:
    rho = line[0][0]
    theta = line[0][1]
    a = np.cos(theta)
    b = np.sin(theta)
    x0 = a*rho
    y0 = b*rho
    x1 = int(x0 + 1000*(-b))
    y1 = int(y0 + 1000*(a))
    x2 = int(x0 - 1000*(-b))
    y2 = int(y0 - 1000*(a))
    sum += theta
# 计算旋转角度
avg = (sum/len(lines))/np.pi * 180
angle = avg - 90
# 旋转矫正二值化图像
ret,dst=cv2.threshold(gray, 150, 255, cv2.THRESH_BINARY)  # 二值化
# 旋转二值化图像
matRotate  = cv2.getRotationMatrix2D((dst.shape[0]/2,dst.shape[1]/2),angle,1)
result = cv2.warpAffine(dst,matRotate,(dst.shape[1],dst.shape[0]))
cv2.imwrite('../tmp/pre_yd.jpg',result)  # 保存矫正后的图像
# 文字识别
stime = time.time()  # 文字识别开始时间
# 使用 Tesseract-OCR 引擎识别文字
text = pytesseract.image_to_string(result, lang='chi_sim')
etime = time.time()  # 文字识别结束时间
print('本次图片识别总共耗时%ss' % (etime - stime))  # 计算文字识别时长
```

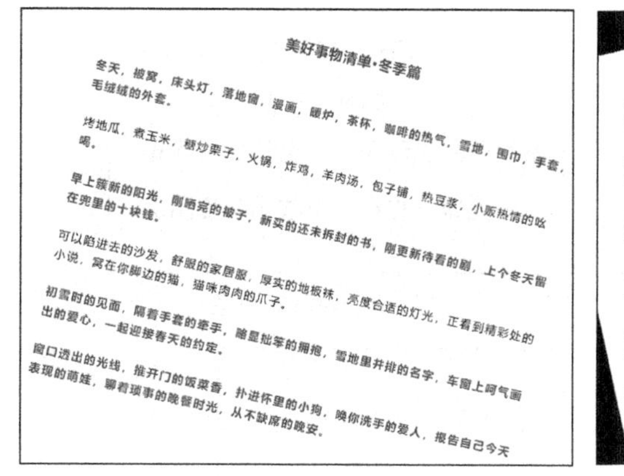
美好事物清单·冬季篇

冬天，被窝，床头灯，落地窗，漫画，暖炉，茶杯，咖啡的热气，雪地，围巾，手套，毛绒绒的外套。

烤地瓜，煮玉米，糖炒栗子，火锅，炸鸡，羊肉汤，包子铺，热豆浆，小贩热情的吆喝。

早上簇新的阳光，刚晒完的被子，新买的还未拆封的书，刚更新待看的剧，上个冬天留在兜里的十块钱。

可以陷进去的沙发，舒服的家居服，厚实的地板袜，亮度合适的灯光，正看到精彩处的小说，窝在你脚边的猫，猫咪肉肉的爪子。

初雪时的见面，隔着手套的牵手，略显拙笨的拥抱，雪地里并排的名字，车窗上呵气画出的爱心，一起迎接春天的约定。

窗口透出的光线，推开门的饭菜香，扑进怀里的小狗，唤你洗手的爱人，报告自己今天表现的萌娃，聊着琐事的晚餐时光，从不缺席的晚安。

（a）原图像

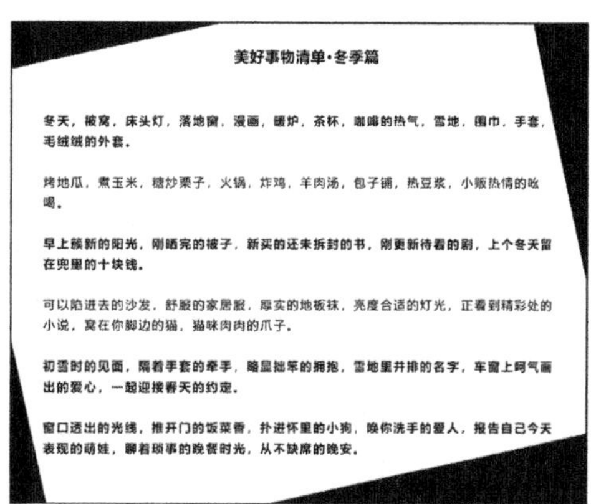
美好事物清单·冬季篇

冬天，被窝，床头灯，落地窗，漫画，暖炉，茶杯，咖啡的热气，雪地，围巾，手套，毛绒绒的外套。

烤地瓜，煮玉米，糖炒栗子，火锅，炸鸡，羊肉汤，包子铺，热豆浆，小贩热情的吆喝。

早上簇新的阳光，刚晒完的被子，新买的还未拆封的书，刚更新待看的剧，上个冬天留在兜里的十块钱。

可以陷进去的沙发，舒服的家居服，厚实的地板袜，亮度合适的灯光，正看到精彩处的小说，窝在你脚边的猫，猫咪肉肉的爪子。

初雪时的见面，隔着手套的牵手，略显拙笨的拥抱，雪地里并排的名字，车窗上呵气画出的爱心，一起迎接春天的约定。

窗口透出的光线，推开门的饭菜香，扑进怀里的小狗，唤你洗手的爱人，报告自己今天表现的萌娃，聊着琐事的晚餐时光，从不缺席的晚安。

（b）文字矫正后的二值化图像

图 6-24　原图像和文字矫正后的二值化图像

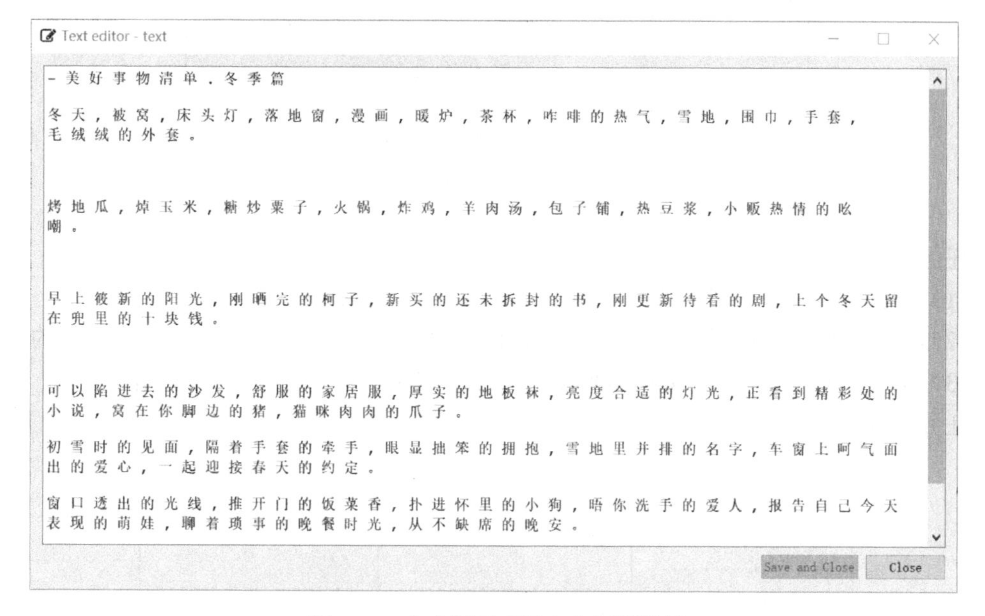

图 6-25　文字矫正后的文字识别结果

通过上述文字矫正前（如图 6-23 所示）和文字矫正后（如图 6-25 所示）的文字识别结果可知，图像识别前的图像预处理尤其重要，如果不对图像进行相应的预处理，将会导致图像识别不准确，甚至是识别不到文字。

【任务设计】

OCR 可代替人工键盘输入的方式，将印刷或手写的文本资料，快速、方便、省时地输入到计算机中，转为电子信息进行存储、拍照翻译和拍照提取文字信息等。请基于 OpenCV 库和 pytesseract 库实现文字识别操作。原图像如图 6-26（a）所示，预处理后的图像如图 6-26（b）所示，将预处理后的图像进行文字识别的结果如图 6-26（c）所示。

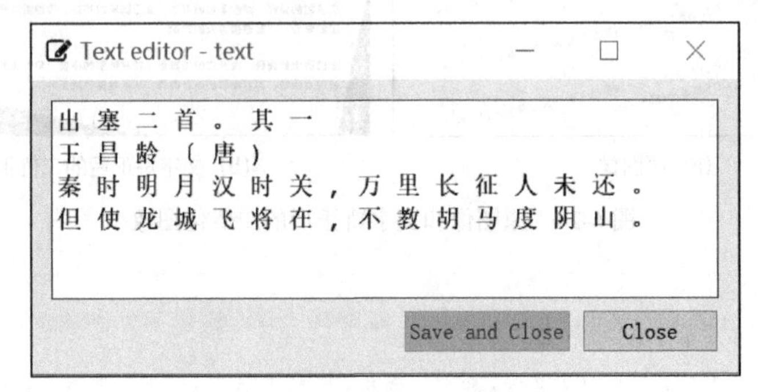

(c) 文字识别的结果

图 6-26 文本原图像、预处理后的图像、文字识别的结果

任务的具体步骤如下。

（1）数据准备。导入相关库，读取文本图像并显示图像。

（2）数据预处理。将图像依次进行灰度化、二值化和腐蚀，保存数据预处理后的图像。

（3）文字识别。使用 Tesseract-OCR 进行文字识别，截图保存文字识别的结果。

任务流程图如图 6-27 所示。

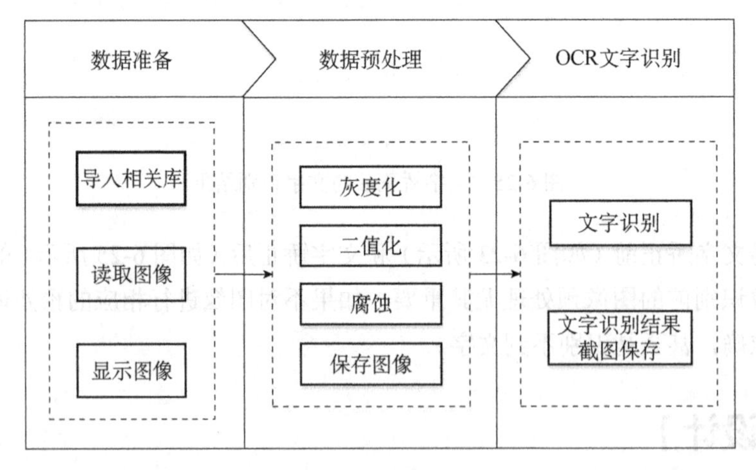

图 6-27 任务流程图

【任务实施】

基于 OpenCV 库和 pytesseract 库实现文字识别，具体的任务实施步骤和结果如下。

（1）数据准备。导入 pytesseract 库用于文字识别；导入 numpy 库用于定义数据类型；

导入 OpenCV 库，使用 imread()从文件夹中读取图像，使用 imshow()显示原图像，使用 waitKey()设置 delay 参数为 0，令程序一直暂停运行并等待用户按键触发，如代码 6-3 所示，得到的文本图像如图 6-28 所示。

代码 6-3　数据准备

```
import pytesseract
import cv2
import numpy as np

img = cv2.imread('../data/Text.png')  # 读取图像
cv2.imshow('img', img)  # 显示图像
cv2.waitKey(0)
```

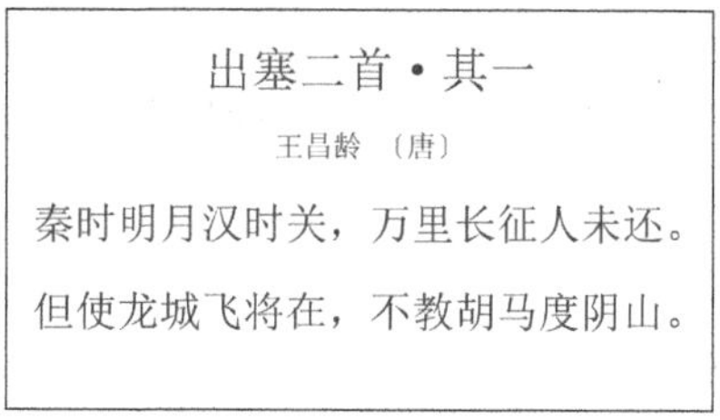

出塞二首・其一

王昌龄 （唐）

秦时明月汉时关，万里长征人未还。

但使龙城飞将在，不教胡马度阴山。

图 6-28　文本图像

（2）数据预处理。设置 cvtColor()中的 code 参数为 cv2.COLOR_BGR2GRAY，实现文本图像的灰度化；设置 threshold()中的 thresh 参数为 127、maxval 参数为 255 和 code 参数为 cv2.THRESH_BINARY，将灰度化的图像进行二值化；设置 erode()中的 kernel 参数为 np.ones((3,3),np.uint8)，iterations 参数为 1，将二值化后的图像进行腐蚀，粗化黑色字体部分；使用 imwrite()保存数据预处理后的图像，如代码 6-4 所示，得到的结果如图 6-29 所示。

代码 6-4　数据预处理

```
gray=cv2.cvtColor(img,cv2.COLOR_BGR2GRAY)  # 灰度化
ret,dst=cv2.threshold(gray, 127, 255, cv2.THRESH_BINARY)  # 二值化
# 对图像进行腐蚀，实际是粗化黑色部分，腐蚀白色背景
erosion = cv2.erode(dst,np.ones((3,3),np.uint8),iterations = 1)
cv2.imwrite('pre_Text.jpg',erosion)  # 保存图像
```

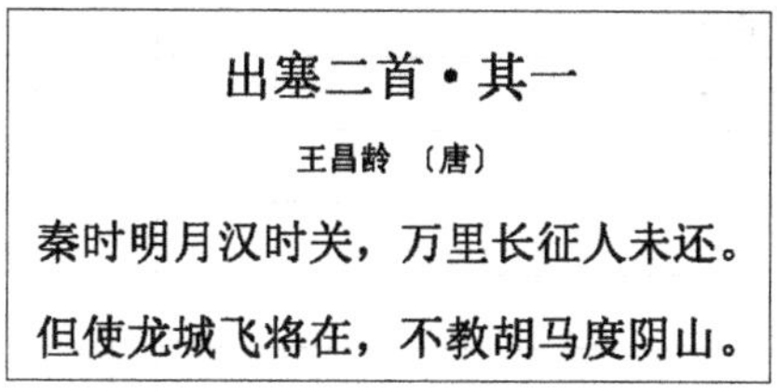

出塞二首・其一

王昌龄 （唐）

秦时明月汉时关，万里长征人未还。

但使龙城飞将在，不教胡马度阴山。

图 6-29　数据预处理后的图像

（3）文字识别提取。设置 pytesseract 库中的 image_to_string()的 lang 参数为 chi_sim，实现文字识别，截图保存文字识别结果，如代码 6-5 所示，得到的结果如图 6-30 所示。

代码 6-5　文字识别

```
text = pytesseract.image_to_string(erosion, lang='chi_sim')
```

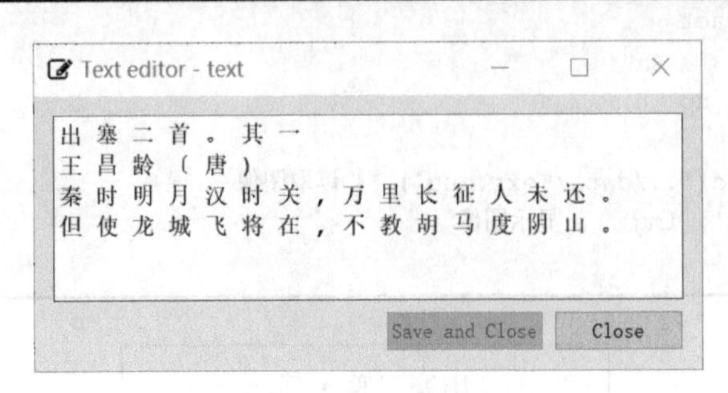

图 6-30　文字识别的结果

【任务评价】

填写表 6-3 所示任务过程评价表。

表 6-3　任务过程评价表

任务实施人姓名______________　学号________________　时间___________

评价项目及标准		分值	小组评议	教师评议
技术能力	1. 基本概念熟悉程度	10		
	2. 导入相关库、读取数据和显示图像的代码编写	10		
	3. 数据预处理的代码编写	10		
	4. 保存数据预处理后的图像	10		
	5. 使用 image_to_string()实现文字识别的代码编写	10		
	6. 截图保存识别结果图像	10		
执行能力	1. 出勤情况	5		
	2. 遵守纪律情况	5		
	3. 是否主动参与，有无提问记录	5		
	4. 有无职业意识	5		
社会能力	1. 能否有效沟通	5		
	2. 能否使用基本的文明礼貌用语情况	5		
	3. 能否与组员主动交流、积极合作	5		
	4. 能否自我学习及自我管理	5		
		100		
评定等级：				
评价意见		学习意见		

评定等级：A：优，得分>90；B：好，得分>80；C：一般，得分>60；D：有待提高，得分<60。

小结

本任务首先对 OCR 技术的起源与发展进行了简单的介绍；然后介绍了 OCR 工具软件的基本组成模块，包括图像处理、版面分析、文字识别、文字校对、输出；其次介绍了 OCR 工具软件的安装与环境配置；最后结合实际图像实现了文字的识别。

任务 6 练习

1. 选择题

（1）基于传统算法的 OCR 技术不包括（　　）。

A. 连通区域分析　　B. 训练深度学习模型

C. 逻辑回归　　D. 噪声去除

（2）标准的 OCR 工具软件识别文字依次通过模块的顺序是（　　）。

A. 图像处理模块、版面分析模块、文字识别模块、文字校对模块和输出模块

B. 版面分析模块、图像处理模块、文字识别模块、文字校对模块和输出模块

C. 图像处理模块、版面分析模块、文字校对模块、文字识别模块和输出模块

D. 文字识别模块、文字校对模块、图像处理模块、版面分析模块和输出模块

2. 判断题

（1）文字是否倾斜不影响文字的识别。（　　）

（2）文字识别模块主要对单个文字图像进行识别，所以必须切割图像。（　　）

3. 填空题

（1）高斯滤波可以避免后续的边缘检测中将_________识别为边缘。

（2）如果图像灰度变化剧烈，进行一阶微分后会形成一个__________。

4. 简答题

（1）为什么 OCR 一般会将图像转为二值化图像？

（2）文字识别模块的主要功能是什么？

5. 案例题

通过 OCR 可以快速对存在的文字图像进行文字识别，在大多数情况下，需要进行识别的图像来自拍摄的图像，这种图像可能会受到光照、清晰度等因素的干扰。请使用图像预处理和 OCR 技术实现对拍摄图像的文字识别，具体步骤如下。

（1）灰度化图像。

（2）锐化图像，突出文字的边界。

（3）二值化图像，减少背景的干扰。

（4）识别文字。

任务 7

检测人脸

【任务要求】

人脸检测是目标检测子方向中被研究较多的领域之一，人脸检测可以应用于安防监控、人机交互等方面，也是人脸识别算法的第一步。本任务要求通过 OpenCV 实现实时的人脸检测，并以矩形框进行标记。

【相关知识】

7.1　人脸检测简介

人脸检测是指在输入图像中确定人脸的位置、大小的过程。人脸检测作为人脸信息处理中的一项关键技术，近年来成为模式识别与视觉领域内一项受到普遍重视、研究十分活跃的课题。

人脸检测最初来源于人脸识别，是人脸识别系统中的一个必要环节。如果没能检测出人脸，那么人脸识别就是巧妇难为无米之炊。在早期的人脸识别研究中，针对的对象往往是具有较强约束条件的人脸图像。例如，无背景、固定大小、固定位置的图像。人脸位置已知或很容易获得，导致人脸检测并未受到重视。

近年来，随着视觉技术的发展，人脸识别成为具有极大潜力的生物身份验证手段，这要求自动人脸识别系统能够对不同环境下的图像具有稳定的识别能力。因此人脸检测开始作为一个独立的课题受到研究者的重视。在基于内容的检索、数字视频处理、视觉监测等领域，人脸检测有着重要的应用价值。早期的人脸检测算法大体上可以分为四类：基于知识的算法、基于不变性特征的算法、基于模板匹配的算法、基于外观形状的算法。其中，基于模板匹配的算法中较为常用的是基于 Haar 特征的人脸检测。

人脸是一类具有相当复杂的细节变化的自然结构目标，使得目前的人脸检测局限于特定条件，难以实现在任意自然条件下进行精确检测。造成难以精确检测人脸的主要原因如下。

（1）人脸的可变性。不同人的脸部特征存在较大的差异，如肤色不同、姿态表情不同等。同时也可能存在眼睛和嘴巴的张与闭，眼镜、头发、口罩等对脸部的遮挡。

（2）外部条件差异。成像设备的影响，如照相机的曝光量、焦距等；光照条件的影响，如图像过亮、过暗等；图像角度的影响，如人脸不是完全正面。

7.2　基于 Haar 特征的人脸检测

Haar 特征是一种用于目标检测或识别的图像特征描述子，Haar 特征通常和 AdaBoost 分类器组合使用，而且由于 Haar 特征提取的实时性及 AdaBoost 分类器的准确率，使其成为人脸检测及识别领域较为经典的算法。

7.2.1　Haar 特征

Haar 特征最早由 Papageorigiou 等人提出。2001 年，Viola 和 Jones 在 Papageorigiou 等人研究成果的基础上提出了多种形式的 Haar 特征，拓展成为 Haar-Like。最终由 Lienhart 等人对 Haar 矩形特征做了进一步的扩展，加入了旋转 45° 的矩形特征，形成了 OpenCV 库现在的 Haar 分类器。目前，常用的 Harr-Like 特征如图 7-1 所示，主要分为边缘特征、线特征、点特征和对角特征。

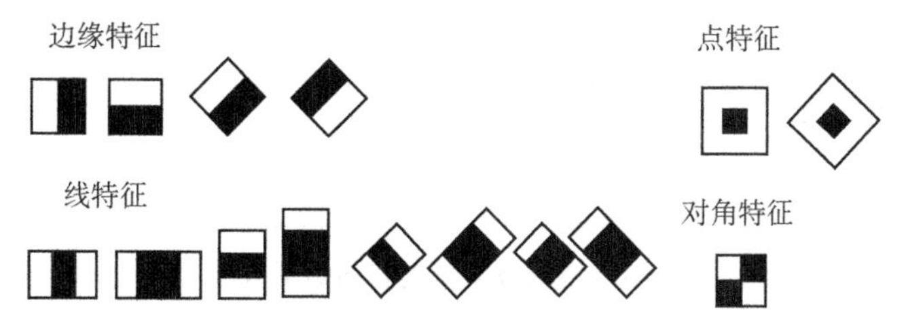

图 7-1　常用的 Harr-Like 特征

特征模板内有白色和黑色两种矩形，并定义该模板的特征值为白色矩形中像素值之和与黑色矩形中像素值之和的差值，其中白色矩形区域的权值为正值，黑色矩形区域的权值为负值。同时，权值与矩形区域的面积成反比，从而抵消两种矩形区域面积不等造成的影响，保证 Haar 特征值在灰度分布均匀的区域特征值趋近于 0。

由边缘检测算子的相关知识可知，Haar 特征值反映了图像的灰度变化情况。因此，脸部的一些特征能够依据矩形特征进行检测。例如，使用点特征检测眼睛，使用边缘特征检测鼻梁。Haar 特征在眼睛、鼻梁检测上的示例如图 7-2 所示。

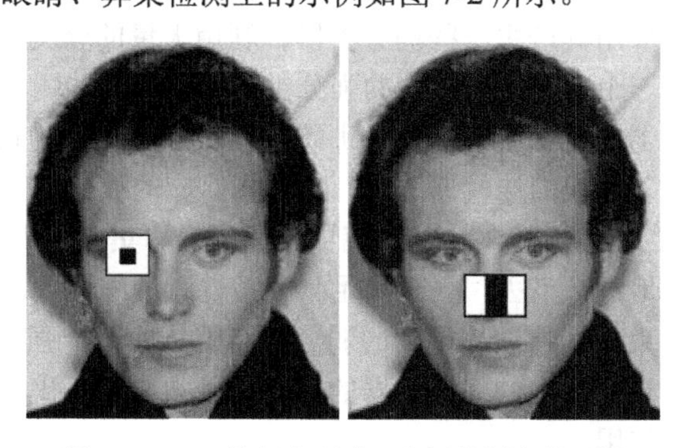

图 7-2　Haar 特征在眼睛、鼻梁检测上的示例

7.2.2 积分图

Haar 特征有多种类别，并且可用于图像中的任一位置，大小也可任意变化。在 Haar 特征的取值受到类别、位置和大小 3 种因素的影响下，从固定大小的图像窗口内可以提取出大量的 Haar 特征。在一个 24×24 的检测窗口内，矩形特征的数量可以超过 10 万个，需要大量的计算资源，因此提出积分图的概念。

积分图是一种快速计算矩形特征的方法，其主要思想是将图像中的起始像素点到每一个像素点之间所形成的矩形区域（矩形框）的像素值的和，作为一个元素保存下来。在求某一矩形区域的像素值之和时，如图 7-3 所示，只需索引矩形区域 4 个角点在积分图中的像素值，进行普通的加减运算（运算式如式（7-1）所示），即可求得 Haar 特征值。

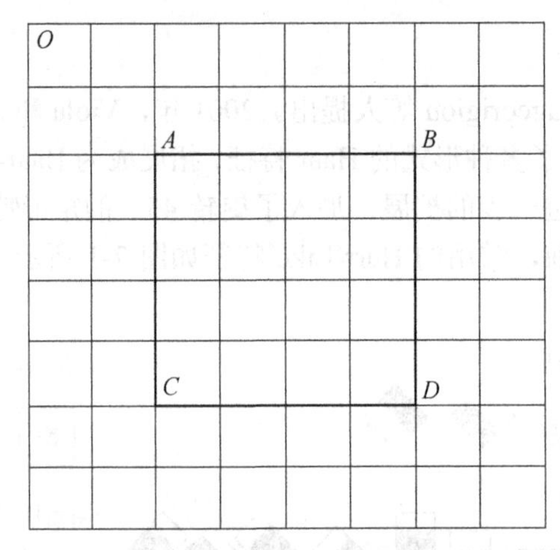

图 7-3 待求像素值之和的矩形区域

$$\text{矩形}ABCD = OD - OC - OB + OA \tag{7-1}$$

由式（7-1）可知，图像中任一矩形框的像素值之和可以通过有限次的加减运算得到。对一个灰度图而言，事先将其积分图构建好，当需要计算某个矩形区域所有像素点的像素值之和时，通过矩形的 4 个角点的索引，利用积分图进行查表运算，可以迅速得到结果，避免了计算特征时需要遍历图像导致对矩形区域重复求和。

7.2.3 级联 AdaBoost 分类器

AdaBoost 算法实质是一种分类器算法，核心是通过迭代的方法从大量的 Haar 特征中找到小部分关键特征，并用其产生一些弱分类器。利用大量的分类能力一般的弱分类器以一定的方法叠加，构成一个分类能力较强的强分类器，其结构如图 7-4 所示。

在迭代训练强分类器的过程中，每一个训练样本被赋予相同的权值。如果样本被弱分类器准确分类，那么在下一次的迭代训练中，该样本对应的权值 w 会减小。相反，如果样本被错误分类，那么它的权值 w 会增大。权值更新过的样本集被用于训练下一个弱分类器，整个训练过程如此迭代地进行下去，直至满足某种条件时训练停止。

弱分类器的训练结束后，将训练得到的弱分类器组合成一个强分类器。其中误差率小的弱分类器的权重大于误差率大的弱分类器的权重，使得能够正确分类的分类器在最终的分类函数中起着较大的作用。

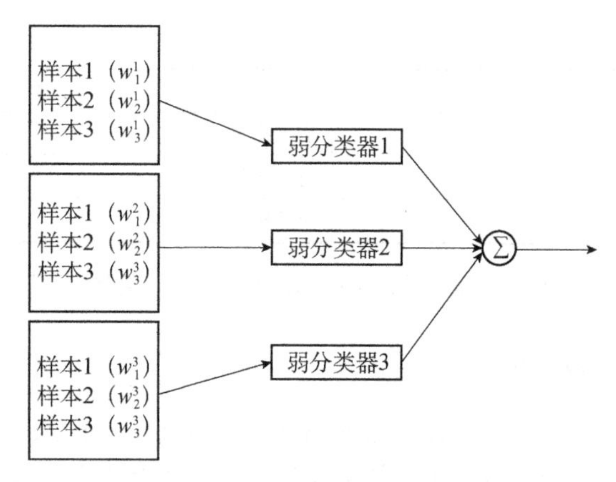

图 7-4　强分类器的结构

在待测图像中，人脸区域在整个图像中的占比较小，存在大量的负样本。因此，检测器会耗费大量计算资源在无人脸区域的检测上。于是 Viola 提出使用级联分类器实现快速人脸检测。级联分类器的基本思想是构建小型且高效的强分类器用于过滤大量的负样本，使得靠后的相对复杂的级联强分类器工作量大大减少，同时保证较低的错误率。级联分类器的结构如图 7-5 所示。

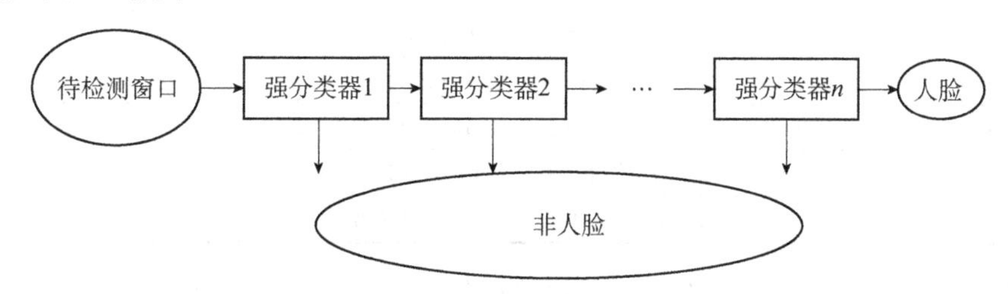

图 7-5　级联分类器的结构

级联分类器的每一层强分类器都是通过 AdaBoost 算法训练得到的。待检测窗口从第一层强分类器开始进行检测，当检测为人脸时，送入下一层强分类器继续检测，直至送到最后一个强分类器检测通过才判断为人脸。若检测窗口在任意层强分类器被判断为非人脸，则终止该检测窗口的检测过程。

7.3　使用 OpenCV 库实现人脸检测

即便使用了积分图和级联分类器的方法，训练一个可以用于人脸检测的算法还是需要大量的时间。OpenCV 库中提供已经训练完毕的可用于人脸检测的模型，并保存在 Anaconda、Lib、site-packages、cv2、data 中，部分模型名称及其检测部位如表 7-1 所示。

表 7-1　部分模型名称及其检测部位

模型名称	检测部位
haarcascade_frontalface_default.xml	默认 Haar 人脸检测
haarcascade_frontalface_alt2.xml	快速 Haar 人脸检测
haarcascade_profileface.xml	侧脸检测
haarcascade_lefteye_2splits.xml	左眼检测

续表

模型名称	检测部位
haarcascade_righteye_2splits.xml	右眼检测
haarcascade_fullbody.xml	身体检测
haarcascade_smile.xml	笑脸检测

在 OpenCV 库中，通过 CascadeClassifier()读取级联分类器，其基本语法如下。

```
cv2.CascadeClassifier( filename )
```

filename 参数接收字符串，即分类器的路径。运行 CascadeClassifier()后会返回一个分类器对象，然后通过 detectMultiScale()实现多个尺度空间上的人脸检测，其基本语法如下。

```
cv2.CascadeClassifier.detectMultiScale( image[, scaleFactor[, minNeighbors [, minSize[, maxSize]]])
```

detectMultiScale()的参数及说明如表 7-2 所示。

表 7-2　detectMultiScale()的参数及说明

参数名称	说明
image	接收 array。表示输入的图像，为灰度图。无默认值
scaleFactor	接收 double。表示尺度变换的比例。默认为 1.1
minNeighbors	接收 int。表示候选矩形框中保留相邻矩形框的数量。默认为 3
minSize	接收 tuple。表示最小的矩形框的大小。无默认值
maxSize	接收 tuple。表示最大的矩形框的大小。无默认值

使用默认 Haar 人脸检测器实现人脸检测如代码 7-1 所示，得到的结果如图 7-6 所示。默认 Haar 人脸检测器可以较为理想地得到人脸区域。

代码 7-1　使用默认 Haar 人脸检测器实现人脸检测

```
import cv2
import numpy as np

def face(img, scaleFactor, minNeighbors):
    # 复制
    copy_img = img.copy()
    # 灰度化
    gray = cv2.cvtColor(img,cv2.COLOR_BGR2GRAY)
    # 级联检测器获取文件
    face_detector = 
cv2.CascadeClassifier("../data/haarcascade_frontalface_default.xml")
    # 在多个尺度空间上进行人脸检测
    faces = face_detector.detectMultiScale(gray, scaleFactor, minNeighbors)
    # 绘制人脸框
    for x,y,w,h in faces:
        cv2.rectangle(copy_img,(x,y),(x+w,y+h),(255,0,0),2)
    # 显示图像
    cv2.imshow('', copy_img)
```

```
    return copy_img

imge = cv2.imread("../data/zd.png")  #读取图像

face_img = face(img=imge, scaleFactor=1.1, minNeighbors=10)
```

图 7-6　单人脸检测

对 CascadeClassifier ()的参数与代码 7-1 分析可知，detectMultiScale ()中 scaleFactor、minNeighbors 参数的取值会对检测效果产生较大影响，不同的参数取值时对应的人脸框数（人脸数）如图 7-7 所示。需要注意的是，图 7-7 是基于图 7-6 进行检测得到的人脸框数，当待检测人脸的图像改变时，相同参数检测到的人脸框数会产生变化。

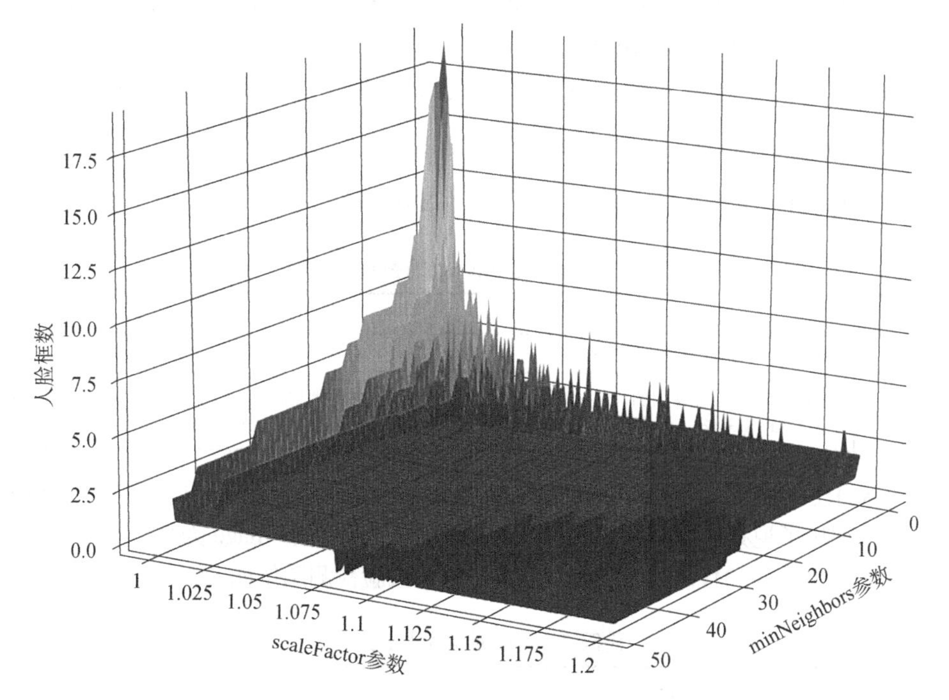

图 7-7　不同的参数取值时对应的人脸框数

由图 7-7 可知，随着两个参数取值的增大，检测到的人脸框数减少，最终人脸框数减少至 0。较为理想的 scaleFactor、minNeighbors 参数的取值域为(1,1.1]和(0,20]，此时检测到的人脸数与实际的人脸数相同。调整 scaleFactor、minNeighbors 参数实现多人脸检测如代码 7-2 所示，得到的结果如图 7-8 所示。

代码 7-2　调整 scaleFactor、minNeighbors 参数实现多人脸检测

```
imge = cv2.imread("../data/three.jpg")  #读取图片
face_img = face(img=imge, scaleFactor=1.025, minNeighbors=20)
```

图 7-8　调整参数实现多人脸检测

在实际的人脸检测应用场景中，所要识别的对象往往不是图像中的人脸，而是视频中的人脸。视频是将图像一帧一帧拼接后的产物，单位时间内显示的图像帧数越多，视频的播放越流畅。因此，对视频中的人脸进行识别可以分为 3 个步骤：将视频拆分为图像、对图像进行人脸检测、拼接图像为视频。

在 OpenCV 库中，通过 VideoCapture()打开摄像头或读取视频，其基本语法如下。

```
cv2.VideoCapture(index[, apiPreference])
```

VideoCapture()的参数及说明如表 7-3 所示，其中 index 参数可以替换为视频的路径。

表 7-3　VideoCapture()的参数及说明

参数名称	说明
index	接收 int。表示调用的摄像头的索引。无默认值
apiPreference	接收端口。表示要使用的首选接口，该参数有多个取值，常用的取值有：CAP_DSHOW，表示直接视频接入；CAP_MSMF，表示微软视频媒体接入；CAP_V4L，表示 V4L2 视频模块。无默认值

使用 read()读取视频，将返回 retval 和 image 对象。其中，retval 对象表示是否读取到视频中的下一帧，遍历了视频的全部帧后返回 False，即下一帧为空；image 为每一帧图像的三维数组。检测视频中的人脸如代码 7-3 所示，视频中两帧人脸检测图像如图 7-9 所示。

代码 7-3　检测视频中的人脸

```
cap = cv2.VideoCapture('../data/test.mp4')
while True:
    # 读取视频
    flag, frame = cap.read()
```

```
        # 镜像显示，可有可无
        frame = cv2.flip(frame, 1)
        # 读完视频后 falg 返回 False
        if not flag:
            break
        # 灰度处理
        face(img=frame, scaleFactor=1.1, minNeighbors=10)
        k = cv2.waitKey(1)
        # 设置退出键 q 展示频率
        if ord('q') == k:
            break

    # 释放资源
    cv2.destroyAllWindows()
    cap.release()
```

图 7-9　视频中两帧人脸检测图像

【任务设计】

为进行后续的人脸识别，请基于 Haar 特征实现实时的人脸检测。某时刻的人脸检测图像如图 7-10 所示。

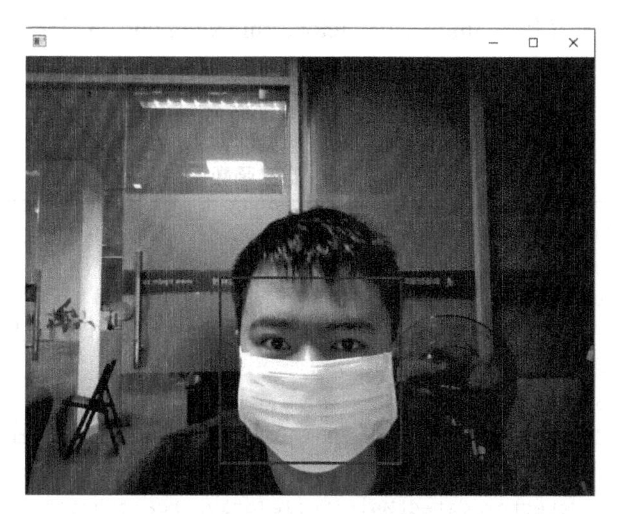

图 7-10　某时刻的人脸检测图像

任务的具体步骤如下。

（1）数据准备。导入图像，处理相关库，并开启摄像头。

（2）定义函数。定义用于进行人脸检测的函数，包括图像灰度化、创建级联分类器和多尺度人脸检测。

（3）人脸检测。逐帧读取实时的图像，调用人脸检测函数检测图像。

任务流程如图 7-11 所示。

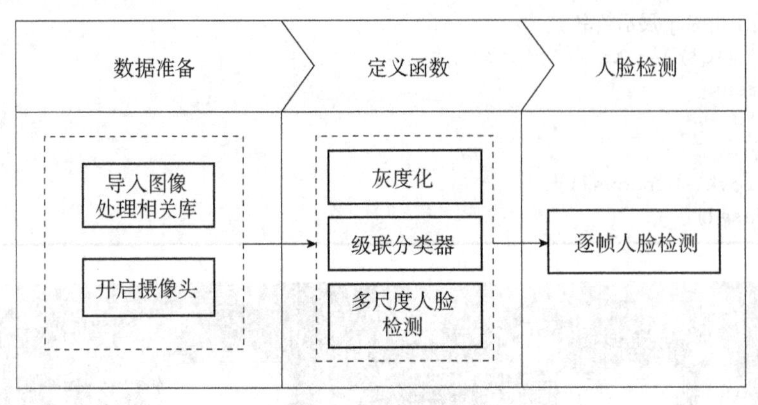

图 7-11　任务流程图

【任务实施】

基于 Haar 特征检测视频中的人脸，具体的任务实施步骤和结果如下。

（1）数据准备。导入 OpenCV 库，使用 VideoCapture()开启摄像头，如代码 7-4 所示。

代码 7-4　数据准备

```
import cv2
cap = cv2.VideoCapture(0, cv2.CAP_DSHOW)
```

（2）定义函数。定义包含 img、caleFactor、minNeighbors 3 个参数的人脸检测函数，将图像转为灰度图像，并使用训练完毕的模型创建级联分类器，进行多尺度的人脸检测，如代码 7-5 所示。

代码 7-5　定义函数

```
def face(img, scaleFactor, minNeighbors):
    # 复制
    copy_img = img.copy()
    gray = cv2.cvtColor(img,cv2.COLOR_BGR2GRAY)  #在灰度图像基础上实现的
    #级联分类器获取文件
    face_detector                                                          =
cv2.CascadeClassifier("../data/haarcascade_frontalface_default.xml")
    #多个尺度的人脸检测
    faces = face_detector.detectMultiScale(gray, scaleFactor, minNeighbors)
```

```
    for x,y,w,h in faces:
        cv2.rectangle(copy_img,(x,y),(x+w,y+h),(255,0,0),2)
    # 显示图像
    cv2.imshow('', copy_img)
```

（3）人脸检测。创建循环逐帧读取实时图像，对图像调用人脸检测函数，当需要停止人脸检测时，在键盘输入“q”停止循环。实现实时人脸检测如代码 7-6 所示，得到的图像如图 7-12 所示。

代码 7-6　实时人脸检测

```
while True:
    # 读取视频
    flag, frame = cap.read()
    # 镜像显示
    frame = cv2.flip(frame, 1)
    # 读完视频后 falg 返回 False
    if not flag:
        break
    # 灰度处理
    face(img=frame, scaleFactor=1.1, minNeighbors=10)
    k = cv2.waitKey(1)
    # 设置退出键 q
    if ord('q') == k:
        break

# 释放资源
cv2.destroyAllWindows()
cap.release()
```

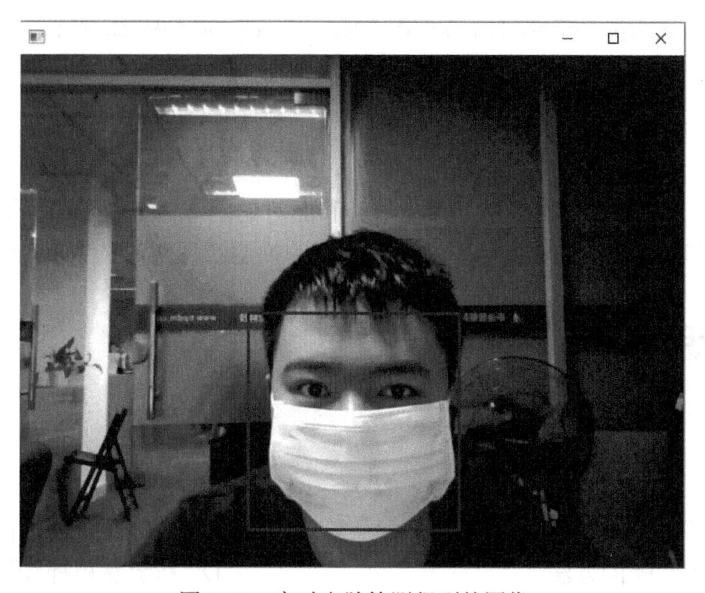

图 7-12　实时人脸检测得到的图像

【任务评价】

填写表 7-4 所示任务过程评价表。

表 7-4 任务过程评价表

任务实施人姓名＿＿＿＿＿＿＿＿ 学号＿＿＿＿＿＿＿＿ 时间＿＿＿＿＿＿＿＿

评价项目及标准		分值	小组评议	教师评议
技术能力	1. 基本概念熟悉程度	10		
	2. 导入图像，处理相关库，加载视频文件	10		
	3. 定义人脸检测函数	20		
	4. 调用函数进行人脸检测	20		
执行能力	1. 出勤情况	5		
	2. 遵守纪律情况	5		
	3. 是否主动参与，有无提问记录	5		
	4. 有无职业意识	5		
社会能力	1. 能否有效沟通	5		
	2. 能否使用基本的文明礼貌用语情况	5		
	3. 能否与组员主动交流、积极合作	5		
	4. 能否自我学习及自我管理	5		
		100		
评定等级：				
评价意见		学习意见		

评定等级：A：优，得分＞90；B：好，得分＞80；C：一般，得分＞60；D：有待提高，得分＜60。

小结

本任务首先介绍了人脸检测的起源、分类和面对的困难；然后介绍了 Haar 特征检测人脸的原理；最后通过调用 OpenCV 库中训练完毕的模型实现实时的人脸检测。

任务 7 练习

1. 选择题

（1）早期的人脸检测算法不包括（　　）。

A. 基于知识的方法　　B. 基于不变性特征的方法

C. 基于模板匹配的方法　　D. 基于卷积神经网络的方法

（2）下列哪种情况不会对人脸检测造成较大的困难？（　　）

A. 戴口罩　　B. 遮挡眼睛

C. 图片模糊　　　　D. 人脸不位于图像中央

2. 判断题

（1）AdaBoost 算法实质是一种分类器算法。（　　）

（2）级联分类器的每一层强分类器都是通过 AdaBoost 算法训练得到的。（　　）

3. 填空题

（1）目前的人脸检测局限于特定条件，难以实现在________下进行精确的检测。

（2）人脸识别成为了具有极大潜力的___________手段。

4. 简答题

为什么要构建级联 AdaBoost 分类器？

5. 案例题

作为人脸识别的前置步骤，将人脸区域进行分割并另外保存可以有效减小背景对识别的干扰。请批量对“all_human”文件夹内的人脸进行检测并分割，并将分割得到的人脸图像另存在“face”文件夹中。

（1）读取“all_human”文件夹内所有图像文件。

（2）定义人脸检测与分割的函数。

（3）调整函数的参数实现对全部人脸的分割，并保存分割结果至“face”文件夹。

任务8

手动搭建BP神经网络实现图像识别

人工神经网络（Artificial Neural Network，ANN）简称神经网络，是基于生物学中神经网络的基本原理，在理解和抽象了人脑结构和外界刺激响应机制后，以网络拓扑知识为理论基础，模拟人脑的神经系统对复杂信息的处理机制的一种数学模型。该模型以并行分布的处理能力、高容错性、智能化和自学习等为特征，将信息的加工和存储结合在一起，以其独特的知识表示方式和智能化的自适应学习能力，引起各学科领域的关注。它实际上是一个由大量简单元件相互连接而成的复杂网络，具有高度的非线性，能够进行复杂的逻辑运算。本任务将介绍人工神经网络中的多层感知机和BP神经网络，并通过PyTorch框架搭建这两种人工神经网络。

【任务要求】

了解人工神经网络的发展历程、人工神经网络的基本组成、多层感知机的基本原理和PyTorch框架的常用接口；根据提供的数据集，利用PyTorch框架手动搭建多层感知机实现图像识别。

【相关知识】

8.1 人工神经网络的发展历程

人工神经网络的发展历程分为四个部分，即人类视觉系统的研究发展、早期的神经元研究、深度神经网络的发展和国内深度学习网络的发展。

8.1.1 人类视觉系统的研究发展

1958，大卫·休伯尔（David Hubel）和托斯坦·维厄瑟尔（Torsten Wiesel）进行了瞳孔区域与大脑皮层神经元对应关系的研究，发现大脑皮层中存在方向选择性细胞，大脑皮层对原始信号做低级抽象，逐渐向高级抽象迭代。

人的视觉系统的信息处理是分级的，从低级的V1区提取边缘特征，再到V2区的形状或者部分目标等，最后到更高层及整个目标、目标的行为等。即高层的特征是低层特征的组合，从低层到高层的特征表示越来越抽象。这一生理学发现促成了计算机人工智能的突破性发展。

8.1.2　早期的神经元研究

1943 年，心理学家沃伦·麦卡洛克（Warren McCulloch）和数理逻辑学家沃尔特·皮茨（Walter Pitts）在合作的《A logical calculus of the ideas immanent in nervous activity》论文中提出了人工神经网络的概念并给出了人工神经元的数学模型，开创了人工神经网络研究的时代。1949 年，心理学家唐纳德·赫布在《The Organization of Behavior》论文中描述了神经元的学习法则。

美国神经学家弗兰克·罗森布拉特（Frank Rosenblatt）进一步提出了可以模拟人类感知能力的算法，并称之为“感知机”。1957 年，在 Cornell 航空实验室中，他成功在 IBM704 机上完成了感知机的仿真，并于 1960 年研制了能够识别一些英文字母的神经计算机并取名为 Mark1。

第一代神经网络能够对简单的形状（如三角形、四边形）进行分类。但是，第一代神经网络的结构缺陷制约了其发展。感知机中特征提取层的参数需要操作人员进行手工调整，这违背了其“智能”的要求。另一方面，单层的结构限制了感知机的学习能力，很多函数都超出了它能够学习的范畴。

1985 年，杰弗里·辛顿（Geoffrey Hinton）使用多个隐藏层来代替感知机中原先的单个特征层，并使用 BP 算法（Back-propagation algorithm，proposed in 1969，practicable in 1974）来计算网络参数。

8.1.3　深度神经网络的发展

1989 年，杨立昆（Yann LeCun）等人使用深度神经网络识别信件中邮编的手写体字符。后来杨立昆进一步运用 CNN（卷积神经网络）完成了银行支票上手写体字符的识别，识别准确率达到商用级别。

1995 年前后，布鲁诺·奥尔肖森（Bruno Olshausen）和大卫·菲尔德（David Field）同时用生理学和计算机手段研究视觉问题。他们提出稀疏编码算法，使用 400 张图像碎片进行迭代，遴选出最佳的碎片权重系数。令人惊奇的是，被选中的权重基本都是图像中不同物体的边缘线，这些线段形状相似，区别在于方向。布鲁诺·奥尔肖森和大卫·菲尔德的研究结果与四十年前大卫·休伯尔和托斯坦·维厄瑟尔的生理发现不谋而合。更进一步的研究表明，深度神经网络的信息处理是分级的，和人类一样是从低级边缘特征到高层抽象特征表示的复杂层级结构。

研究发现这种规律不仅存在于图像中，在声音中也存在。科学家们从未标注的声音中发现了 20 种基本声音结构，其余的声音可以由这 20 种基本声音结构组成。1997 年，LSTM（一种特殊的 RNN）被提出。

2006 年，杰弗里·辛顿（Geoffrey Hinton）提出了深度置信网络（Deep Belief Networks，DBN），它是一种深层网络模型。深度置信网络使用一种贪心无监督的训练方法来解决问题并取得良好结果。DBN 的训练方法降低了学习隐藏层参数的难度，并且该算法的训练时间和网络的大小与深度近乎成线性关系。

区别于传统的浅层学习，深度学习更加强调网络结构的深度，明确特征学习的重要性，通过逐层的特征变换，将样本元空间的特征表示变换到一个新的特征空间中，从而使分类或预测更加容易。与人工规则构造特征的方法相比，深度学习网络利用大数据来学习特征，更能够刻画数据丰富的内在信息。

相较于浅层网络，深度网络具有更大的潜力。在有海量数据支撑的情况下，很容易通过加深网络来达到更高的准确率。深度网络可以进行无监督的特征提取，直接处理未标注的数据，学习结构化特征。随着 GPU、FPGA 等器件被用于高性能计算，再加上神经网络硬件和分布式深度学习系统的出现，深度学习的训练时间被大幅度缩短，使得人们可以通过单纯地增加使用器件的数量来提升学习的速度。深度学习已成为人工智能领域最热门的研究方向。

8.1.4 国内深度学习网络的发展

2012 年，华为在香港成立“诺亚方舟实验室”，从事自然语言处理、数据挖掘与机器学习、媒体社交、人机交互等方面的研究。

2013 年，百度成立“深度学习研究院”（IDL），将深度学习应用于语言识别和图像识别、检索。2014 年，吴恩达加盟百度。

2013 年，腾讯着手建立深度学习平台 Mariana。Mariana 面向识别、广告推荐等众多应用领域，提供默认算法的并行实现。

2015 年，阿里发布包含深度学习开放模块的 DTPAI 人工智能平台。

深度学习的研究已经渗透到生活的各个领域，已成为人工智能技术的主要发展方向。人工智能最终的目的是使机器具备与人相当的归纳能力、学习能力、分析能力和逻辑思考能力，虽然当前的技术距离这一目标还很遥远，但是深度学习无疑提供了一种可能的途径，使得机器在单一领域的能力超越人类。

8.2 人工神经网络的基本组成

人工神经网络的基本组成是神经元和激活函数，其中常用的激活函数有 Sigmoid()、Tanh()和 ReLU()。

8.2.1 神经元

以监督学习为例，假设有训练样本集 (x^i, y^i)，那么神经网络算法能够提供一种复杂且非线性的假设模型，即神经元 $h_{w,b}(x)$，其中 w 是权重，b 是偏置项。一个简单的神经元结构如图 8-1 所示。

图 8-1 所示神经元是一个以 x_1、x_2 和 x_3 作为输入值的运算单元，输出为 $h_{w,b}(x)=f\left(w^T x\right)=f\left(\sum_{i=1}^{3} w_i x_i + b\right)$，其中函数 f 为激活函数。激活函数为神经元引入了非线性因素，使得神经网络可以任意逼近任何非线性函数，这样神经网络就可以应用到众多的非线性模型中。

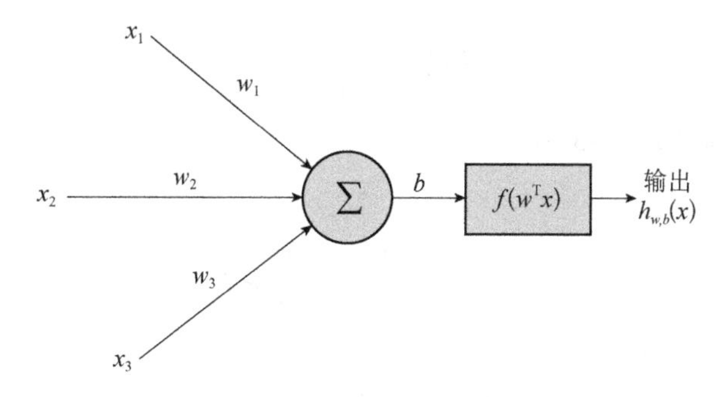

图 8-1　一个简单的神经元结构

8.2.2　激活函数

激活函数有很多，常用的三种激活函数是 Sigmoid()、Tanh()和 ReLU()。

1. Sigmoid( )

Sigmoid()的表达式如式（8-1）所示，其中 z 为神经元的输入值。

$$f(z)=\frac{1}{1+e^{-z}} \tag{8-1}$$

Sigmoid()的几何表达如图 8-2 所示。

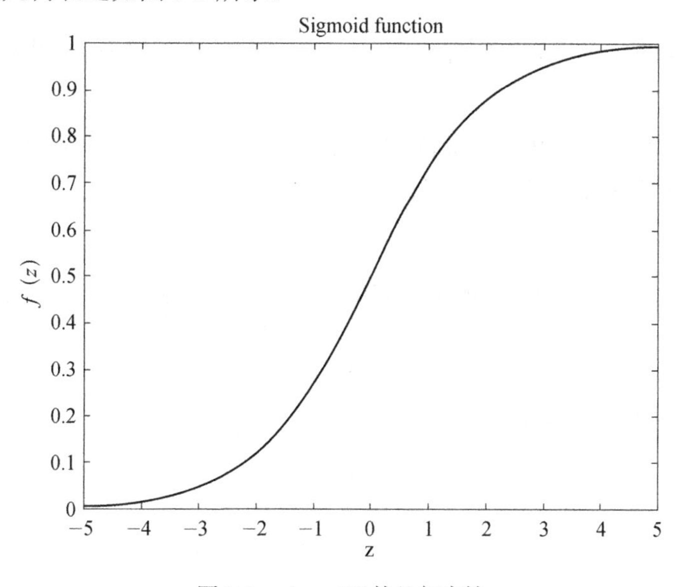

图 8-2　sigmoid()的几何表达

由图 8-2 可以看出，纵坐标的范围是 0～1，随着横坐标值从左往右增大，曲线的纵坐标值从 0 无限趋近于 1，表示 Sigmoid()的输出范围是 0～1，即对每个神经元的输出进行了归一化。

由于概率的取值范围是 0 到 1，因此 Sigmoid()非常适合用在以预测概率作为输出的模型中。

2. Tanh( )

Tanh()的表达式如式（8-2）所示，其中 x 为神经元的输入值。

$$f\left(x\right)=\frac{e^{x}-e^{-x}}{e^{x}+e^{-x}} \tag{8-2}$$

Tanh()的几何表达如图 8-3 所示。

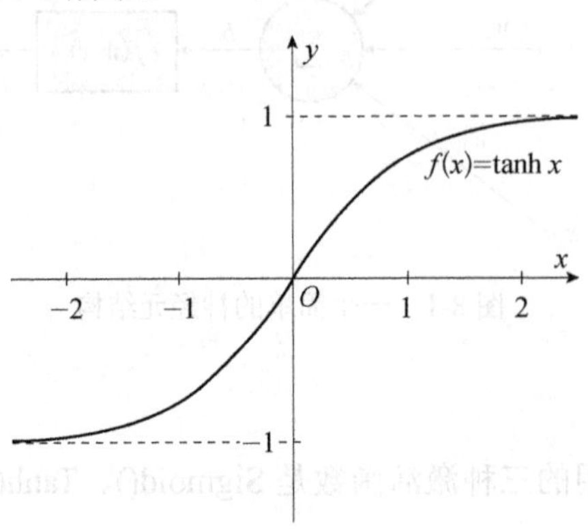

图 8-3 Tanh()的几何表达

由图 8-3 可以看出，当横坐标值趋于负无穷时，纵坐标值无限趋近于−1；当横坐标值趋于正无穷时，纵坐标值无限趋近于 1。输出几乎是平滑的并且梯度较小，这不利于权重更新。

Tanh()跟 Sigmoid()的区别在于输出间隔，Tanh()的输出间隔为 1，并且整个函数以 0 为中心。

在一般的二元分类问题中，Tanh()常用于隐藏层，而 Sigmoid()常用于输出层，但这并不是固定的，需要根据特定问题进行调整。

3. ReLU()

ReLU()的表达式如式（8-3）所示，其中 x 为神经元的输入值。

$$f\left(x\right)=\begin{cases}x & x>0\\0 & x\leqslant 0\end{cases} \tag{8-3}$$

ReLU()的几何表达如图 8-4 所示。

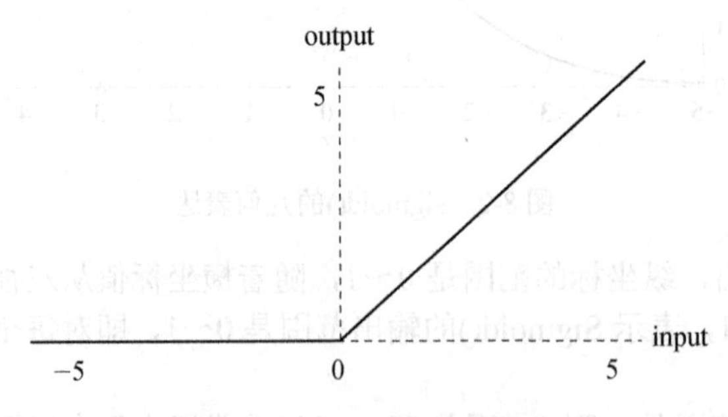

图 8-4 EeLU()的几何表达

由图 8-4 可以看出，当输入为正时，ReLU()的输入与输出均始终保持线性关系，不存在纵坐标趋于某一个值的现象；当输入为负值时，输出为 0。

8.3　基于 BP 算法的多层感知机神经网络

多层感知机（MLP，Multilayer Perceptron）也叫人工神经网络（ANN，Artificial Neural Network），除了输入层和输出层，它中间可以有多个隐藏层，最简单的 MLP 只含一个隐层，即三层结构，如图 8-5 所示。

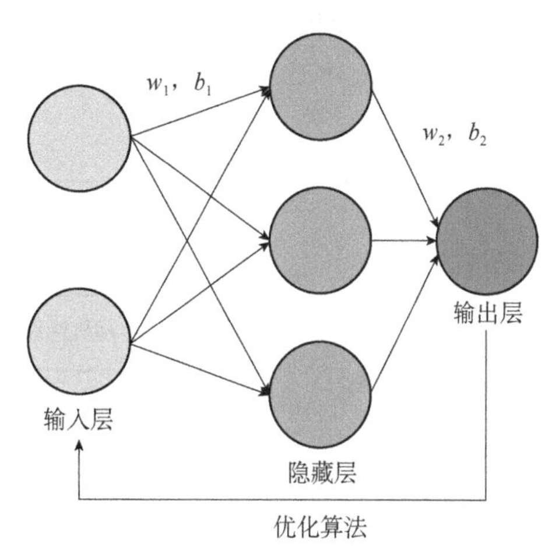

图 8-5　多层感知机的结构

由图 8-5 可以看到，多层感知机的层与层之间是全连接的。全连接的意思是上一层的任何一个神经元与下一层的所有神经元都有连接。

设输入层用向量 $\boldsymbol{x}$ 表示，则隐藏层的输出即为 $f(w_1\boldsymbol{x}+b_1)$，w_1 是权重（也叫连接系数），b_1 是偏置，函数 f 是激活函数，可以是常用的 Sigmoid()或者 Tanh()，需要注意层之间的每条线上都存在相应的权重和偏置。

隐藏层的输出值先经过累加之后，再经输出层输出，输出值为 $G(w_2\boldsymbol{x}_1+b_2)$，函数 G 同样为激活函数，$\boldsymbol{x}_1$ 表示隐藏层的输出，即 $f(w_1\boldsymbol{x}+b_1)$。

因此，多层感知机中所有的参数就是各个层之间的连接权重及偏置。求解最佳的参数是一个最优化问题，而解决最优化问题，需要用到优化算法。常用的优化算法是最速下降法（SGD），首先随机初始化所有参数，然后迭代地进行训练，不断地计算梯度并更新参数，直到满足某个条件为止（如误差足够小、迭代次数足够多时）。

随着多层感知机层数的增加，所需的节点数目下降，又会出现其他问题，如过拟合和参数难以调试等。

BP 神经网络是在多层感知机的基础上加入了反向传播算法，其主要的特点是，信号是前向传播的，而误差是反向传播的。只含一个隐藏层的神经网络如图 8-6 所示。

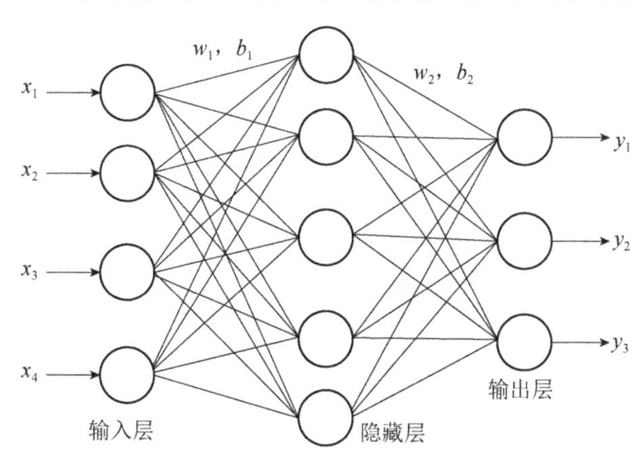

图 8-6　只含一个隐藏层的神经网络

设输入值用 x 表示，w 是权重，b 是偏置。

BP 神经网络的学习过程主要分为两个阶段，第一阶段是信号的前向传播，从输入层经过隐含层，最后到达输出层；第二阶段是误差的反向传播，从输出层到隐含层，最后到输入层，依次调节隐藏层到输出层的权重和偏置、输入层到隐含层的权重和偏置。

BP 神经网络的学习过程如图 8-7 所示，具体流程如下。

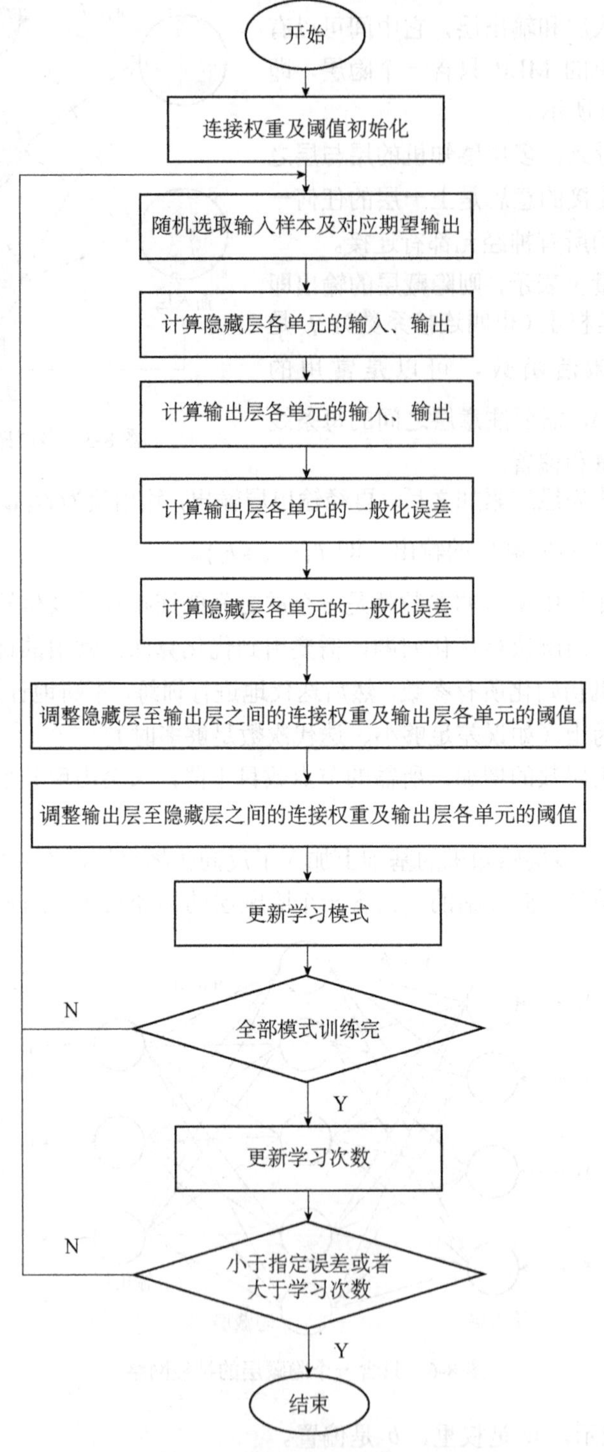

图 8-7　BP 神经网络的学习过程

（1）网络初始化，给各连接权重分别赋一个区间（−1,1)内的随机数，设定误差函数，给定计算精度值和最大学习次数。

（2）随机选取输入样本及对应期望输出。

（3）计算隐含层各神经元的输入和输出。

（4）利用网络期望的输出和实际输出，计算误差函数对输出层的各神经元的偏导数。

（5）利用输出层各神经元的偏导数和隐含层各神经元的输出修正连接权重。

（6）利用隐含层各神经元的输出层和输入层各神经元的输入修正连接权重。

（7）计算全局误差。

（8）判断网络误差是否满足要求。当误差达到预设精度或学习次数大于设定的最大次数，则结束算法；否则，选取下一个学习样本及对应的期望输出，返回到第三步，进入下一轮学习。

8.4　PyTorch框架

PyTorch是Torch7团队开发的，使用了Python作为开发语言。PyTorch不仅能够实现强大的GPU加速，同时还支持动态神经网络，这些功能是现有很多主流框架（如Tensorflow等）都不具有的。

8.4.1　PyTorch简介

2017年1月，脸书人工智能研究院在GitHub上开源了PyTorch，并迅速成为GitHub热度榜榜首。Pytorch的标志如图8-8所示。

图8-8　PyTorch的标志

PyTorch拥有生态完整性和接口易用性，使之成为当下较为流行的动态框架。

1. PyTorch生态

相比较于年轻的PyTorch，由于TensorFlow发布较早，用户基数大，社区庞大，其生态相当完整，从底层张量运算到云端模型部署，TensorFlow都可以做到。尽管Pytorch发布较晚，但其仍然有着较为完备的生态环境。各应用领域对应的PyTorch库如表8-1所示。

表8-1　应用领域对应的PyTorch库

应用领域	对应的PyTorch库
计算机视觉	TorchVision
自然语言处理	PyTorchNLP
图卷积	PyTorch Geometric
工业部署	Fastai
上层API	ONNX协议

PyTorch 中的 TorchVision 库应用于计算机视觉领域；PyTorch 中的 PyTorchNLP 库应用于自然语言处理领域；PyTorch 中的 PyTorch Geometric 库应用于图卷积这类新型图网络。

2. PyTorch 特性

PyTorch 是当前比较少有的、高速快捷、简单易学的框架。PyTorch 具有以下 5 个特性。

1）简洁

PyTorch 的设计追求最少的封装。PyTorch 的设计遵循 tensor→variable（autograd）→nn.Mondule 三个由低到高的抽象层，分别代表高维数组（张量）、自动求导（变量）和神经网络，而且这三个抽象层之间关系紧密，可以同时进行修改和操作。

简洁的好处就是代码易于理解。

2）速度

PyTorch 的灵活性不以牺牲速度为代价，在很多评测中，PyTorch 的速度胜过 TensorFlow 和 Keras 等框架。

3）易用

PyTorch 是面向对象设计的。PyTorch 的面向对象的接口设计来源于 Torch，而 Torch 的接口设计以灵活易用而著称。PyTorch 继承了 Torch 的优点，使得其符合程序员的设计思维。

4）拥有活跃的社区

PyTorch 提供了完整的学习文档，开发人员在论坛上及时和用户交流。谷歌人工智能研究院对 PyTorch 提供了强大的技术支持，不会出现昙花一现的局面。

5）使用动态方法

动态方法使得 PyTorch 的调试相对简单。模型中的每一个步骤、每一个流程都可以被使用者轻松地控制、调试、输出。

在 PyTorch 推出之后，各类深度学习问题都有利用其实现的解决方案。PyTorch 正在受到越来越多人的喜爱。

当然，现如今任何一个深度学习框架都有其缺点，PyTorch 也不例外。对比 TensorFlow，PyTorch 全面性能处于劣势，目前 PyTorch 还不支持快速傅立叶、沿维翻转张量和检查无穷与非数值张量；针对移动端、嵌入式部署及高性能服务器端的部署，其性能表现有待提升；因为这个框架较新，使得 PyTorch 社区没有那么强大，在文档方面其 C 库大多数没有文档。

PyTorch 的优点可以总结为，支持 GPU、灵活、支持动态神经网络、拥有活跃的社区和底层代码易于理解。

8.4.2 PyTorch 安装流程

在开始用 PyTorch 进行深度学习之前，首先要准备好基本的软硬件环境。下面从操作系统、GPU 环境两个方面介绍最基本的 PyTorch 的安装过程。

1. 操作系统

PyTorch 支持的操作系统有 Windows、Linux、MacOS。

Windows、Linux 和 MacOS 操作系统均可满足 PyTorch 的简单使用。如果需要高度定制化的操作，如定义 CUDA 函数，则建议使用 Linux 或者 Mac。

如计划深入学习 PyTorch，计算机中应安装有 GPU，没有 GPU，许多实验根本无法进行，CPU 只适用于数据集很小的情形。

2. 安装驱动和 CUDA 环境

（1）在浏览器地址栏输入 CUDA 驱动程序的网址，选择操作系统的类型，这里以安装 Windows 驱动程序为例进行讲解，目标平台如图 8-9 所示。

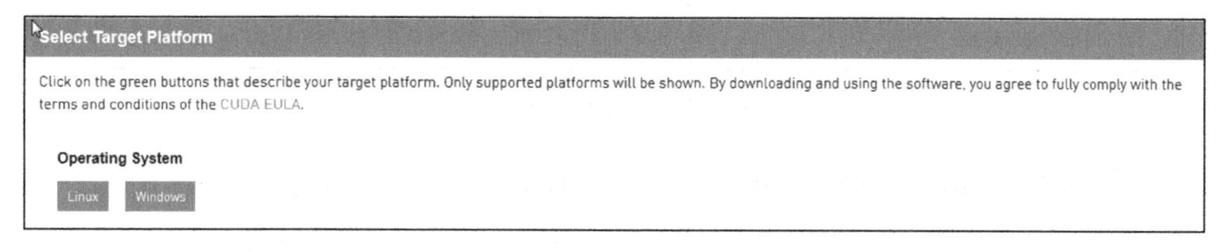

图 8-9　目标平台

（2）选择操作系统如图 8-10 所示，可选的 Windows 操作系统版本有 Windows 10、Windows Server 2019、Windows Server 2016，这里选择“10”安装 Windows 10 版本的 CUDA 驱动程序。

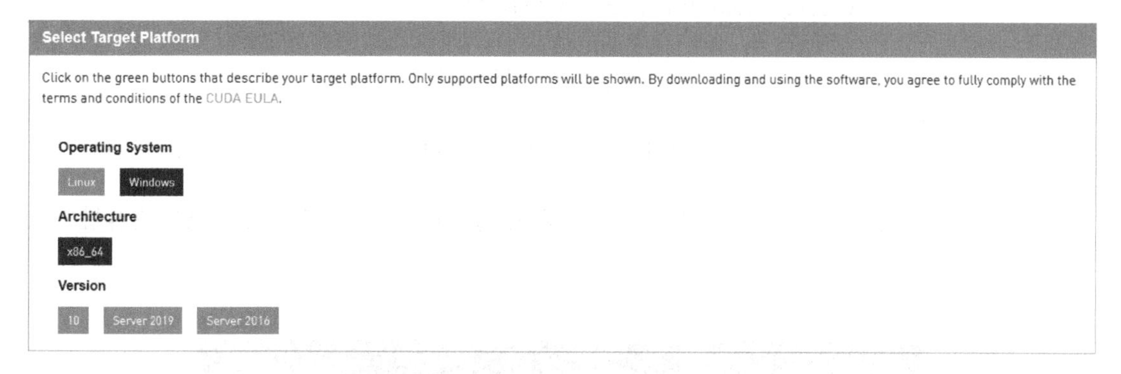

图 8-10　选择 Windows 操作系统

（3）选择 exe 安装类型，如图 8-11 所示，可选的有本地（local）和线上（network）两种。以 Windows 10 为例，选择“exe[network]”，安装文件大小为 59.2MB。

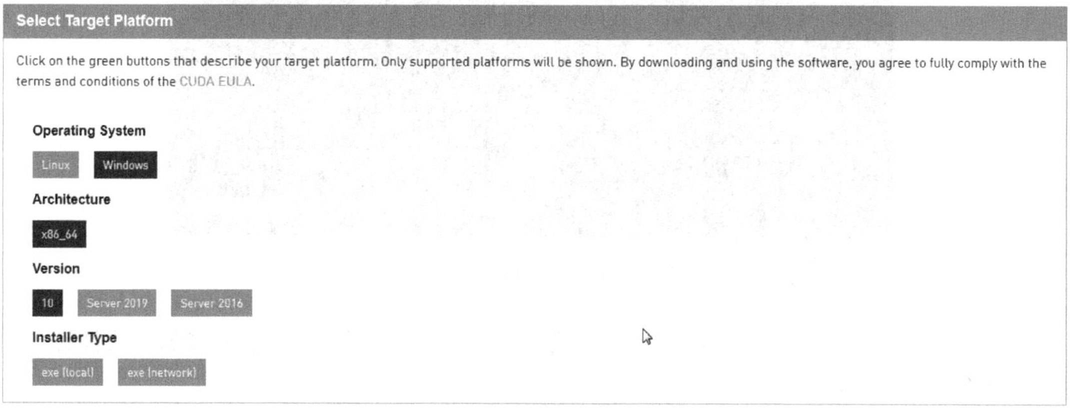

Select Target Platform

Click on the green buttons that describe your target platform. Only supported platforms will be shown. By downloading and using the software, you agree to fully comply with the terms and conditions of the CUDA EULA.

Operating System

Linux　Windows

Architecture

x86_64

Version

10　Server 2019　Server 2016

Installer Type

exe (local)　exe (network)

图 8-11　选择 exe 安装类型

（4）下载 CUDA 安装包，如图 8-12 所示。

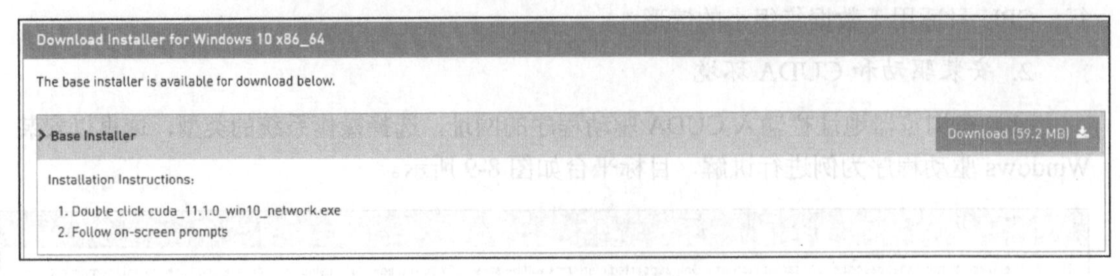

图 8-12　下载 CUDA 安装包

（5）解压 CUDA 安装包，如图 8-13 所示。解压路径可以自行选择。

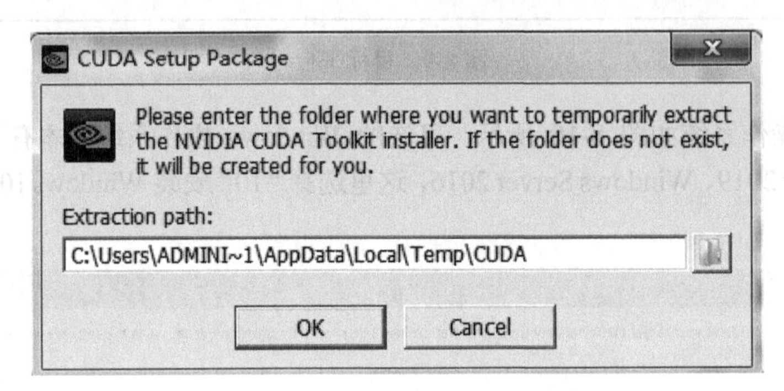

图 8-13　解压 CUDA 安装包

（6）解压完成之后单击运行 CUDA 安装程序，会自动检查系统与安装包的兼容性，如图 8-14 所示。

图 8-14　兼容性检查与安装

（7）检查完系统兼容性之后，需要单击“同意并继续”按钮同意 NVIDIA 软件许可协议，如图 8-15 所示。

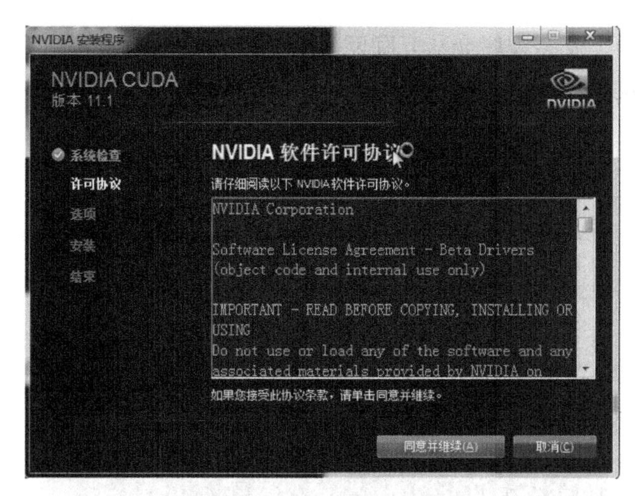

图 8-15　同意软件许可协议

（8）选择安装方式如图 8-16 所示，安装方式有“精简”和“自定义”两种，此处选择“精简”。单击“下一步”按钮，系统弹出准备安装窗口，如图 8-17 所示。

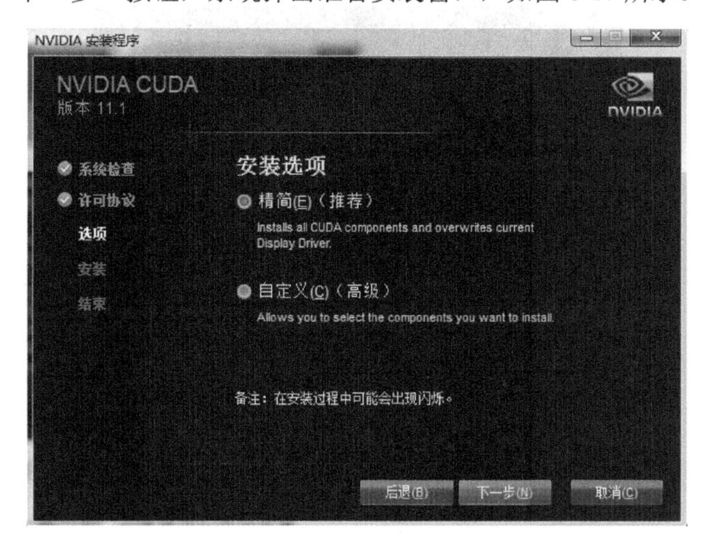

图 8-16　选择安装方式

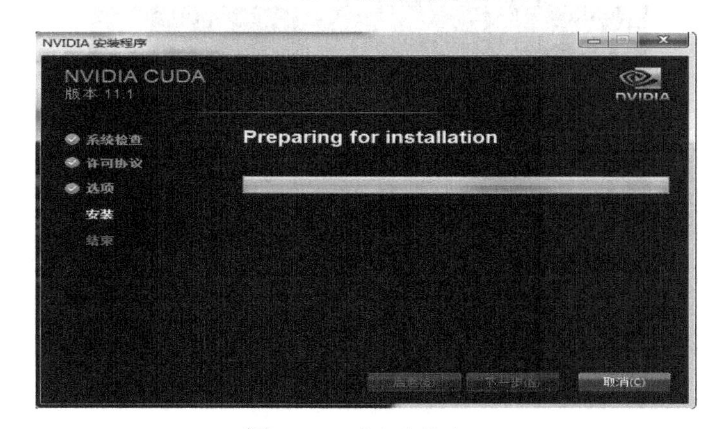

图 8-17　准备安装窗口

（9）准备完成后，安装程序会从互联网上下载安装包，如图 8-18 所示。安装包下载完成后，安装程序自动开始安装，如图 8-19 所示。

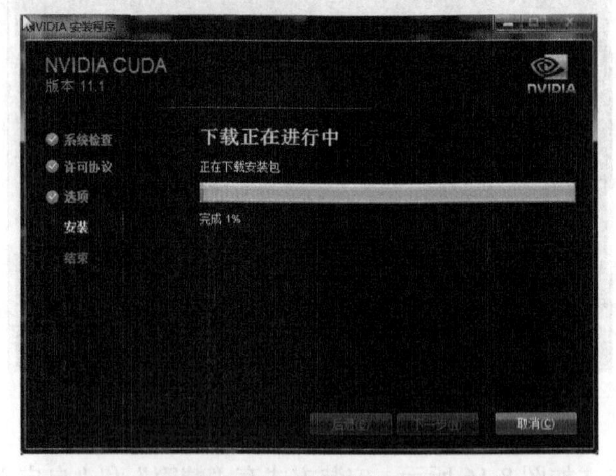

图 8-18　下载安装包

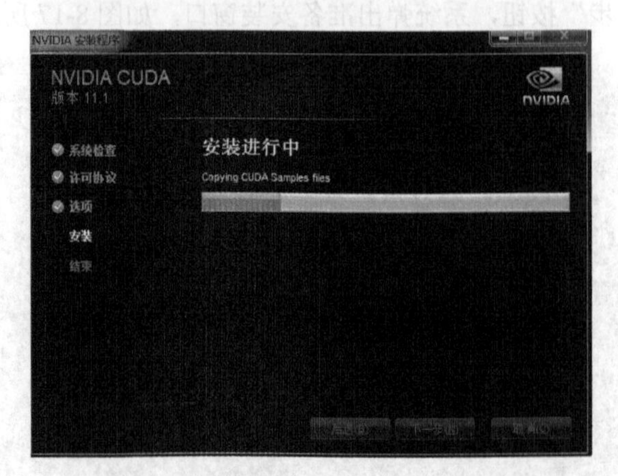

图 8-19　安装进行中

（10）安装完成后，单击“关闭”按钮即可，如图 8-20 所示。

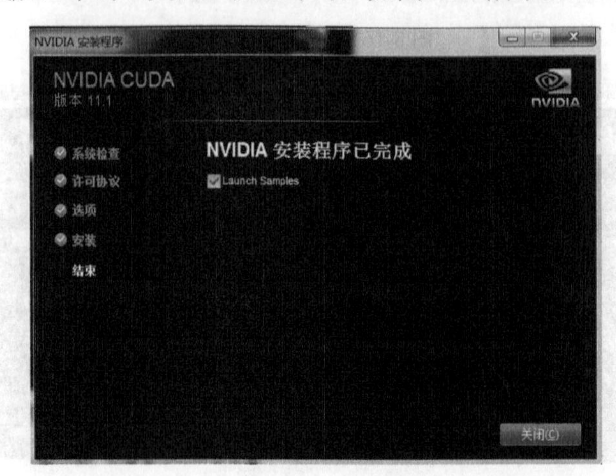

图 8-20　安装完成

3. 测试安装完成

打开 cmd，输入 nvcc -V 命令。如果 CUDA 程序安装成功，显示结果如图 8-21 所示。

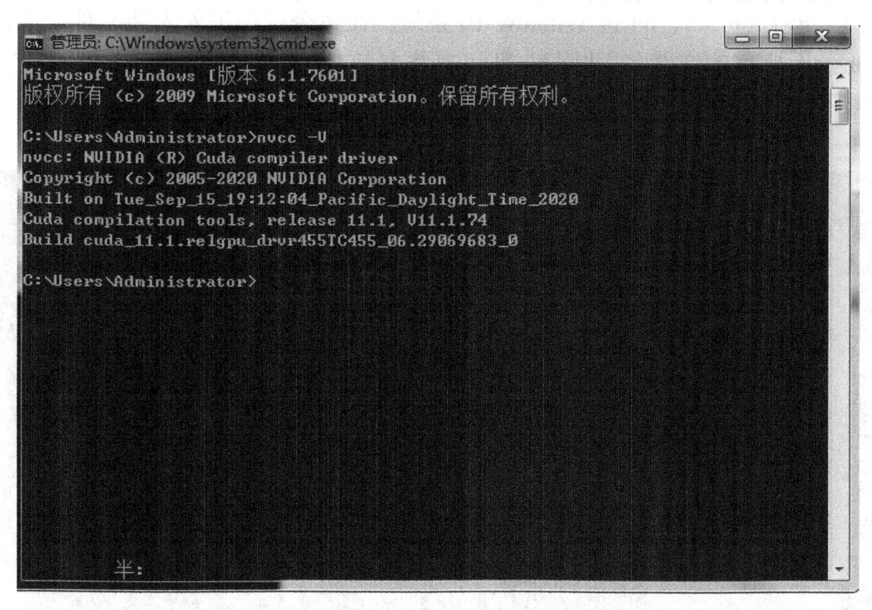

图 8-21　测试 CUDA 程序安装完成

4. 下载安装 PyTorch

（1）打开命令行窗口，在 Anaconda 下创建并激活 python3.8.5 的工作环境 py3.8.5，输入命令“conda create -n py3.8.5 python=3.8.5”创建工作环境 py3.8.5，然后输入命令“activate py3.8.5”激活工作环境 py3.8.5。成功进入环境后命令行起始位置出现“(py3.8.5)”标记，如图 8-22 所示。

图 8-22　成功进入环境

（2）进入 PyTorch 离线安装文件下载网站，然后下载对应版本的安装文件，以“torch-1.8.1+cu101-cp38-cp38-win_amd64.whl”为例，表示 GPU 版的 PyTorch 1.8.1，环境要求为 CUDA 10.1、PyThon 3.8、64 位 Window 10 系统。在命令行中进入安装文件所在的目录，输入“pip install 完整的文件名”并回车，即可离线安装 PyTorch。成功安装 GPU 版的 PyTorch 1.8.1，如图 8-23 所示。

```
Anaconda Prompt - activate gluon - activate py3.8.5
(py3.8.5) E:\>pip install torch-1.8.1+cu101-cp38-cp38-win_amd64.whl
Looking in indexes: https://pypi.tuna.tsinghua.edu.cn/simple
Processing e:\torch-1.8.1+cu101-cp38-cp38-win_amd64.whl
Requirement already satisfied: typing-extensions in e:\anaconda3\envs\py3.8.5\lib\site-packages (from torch==1.8.1+cu101
) (3.7.4.3)
Requirement already satisfied: numpy in c:\users\hhhxyz\appdata\roaming\python\python38\site-packages (from torch==1.8.1
+cu101) (1.19.5)
Installing collected packages: torch
Successfully installed torch-1.8.1+cu101

(py3.8.5) E:\>
```

图 8-23　成功安装 GPU 版的 PyTorch 1.8.1

（3）输入 python 命令，进入创建的 python3.8.5 环境。在“>>>”提示符下，输入两条 python 语句。验证 PyTorch 是否有输出信息，若无报错提示，证明 PyTorch 安装成功，如图 8-24 所示。

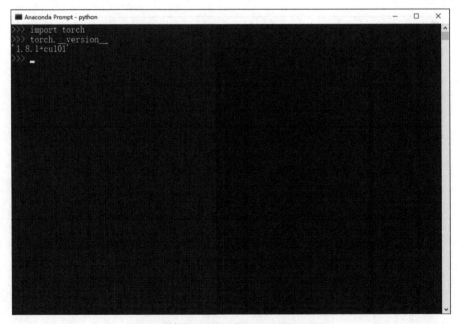

图 8-24　验证 PyTorch 安装成功

5. CPU 下的 PyTorch 安装

如果计算机中无 Nvida 显卡，只能安装 CPU 版本的 PyTorch。

（1）在 Anaconda Prompt 下，输入命令“conda install pytorch-cpu -c pytorch”回车即可。

（2）如果下载速度慢，显示连接超时，建议添加国内的镜像资源站点，如“清华大学开源软件镜像站”等。同时去掉上面命令中的参数“-c pytorch”，因为添加该参数意味着从 PyTorch 官方网站下载，速度较慢。

（3）转到 Python 终端并键入命令“import torch”。若正常运行，即已经成功安装了 PyTorch，如图 8-25 所示。

```
Python 3.8.5 (default, Sep  3 2020, 21:29:08) [MSC v.1916 64 bit (AMD64)]
Type "copyright", "credits" or "license" for more information.

IPython 7.20.0 -- An enhanced Interactive Python.

In [1]: import torch

In [2]: |
```

图 8-25　验证 CPU 版 PyTorch 安装成功

8.4.3　PyTorch 常用接口

PyTorch 常用接口有 torch.nn 和 torch.optim，torch.nn 接口提供了许多构建网络的包和设置损失函数的包，torch.optim 接口提供了许多优化器。

1. torch.nn

torch.nn 接口提供了大量的类，功能非常多，这里仅对构建网络层和设置损失函数相关的常用类进行介绍。

构建网络层通常是构建隐藏层、输出层、卷积层、池化层、归一化层、Embedding 层和循环层。此处将介绍构建各网络层的类，包括类的语法格式、常用参数及其说明、使用示范。

1）构建隐藏层和输出层

Linear()用于构建隐藏层和输出层，其语法格式如下。

```
torch.nn.Linear(in_features,out_features,bias=True)
```

Linear()的常用参数及其说明如表 8-2 所示。

表 8-2　Linear()的常用参数及其说明

参数名称	说明
in_features	接收 int 或对象。表示输入样本的大小。无默认值
out_features	接收 int 或对象。表示输出样本的大小。无默认值
bias	接收 bool。表示是否学习加性偏差。默认为 True

使用 Linear()构建隐藏层和输出层如代码 8-1 所示。

代码 8-1　使用 Linear()构建隐藏层和输出层

```
import torch
import torch.nn.functional as Fun
class Net(torch.nn.Module):
    def __init__(self, n_feature, n_hidden, n_output):
        super(Net, self).__init__()
        self.hidden = torch.nn.Linear(n_feature, n_hidden)  # 定义隐藏层网络
        self.out = torch.nn.Linear(n_hidden, n_output)  # 定义输出层网络

    def forward(self, x):
        x = Fun.relu(self.hidden(x))  # 隐藏层的激活函数,采用 relu()
        x = self.out(x)  # 输出层不用激活函数
        return x
```

2）构建卷积层

构建卷积层的常用类有 Conv2d()、Conv2dTranspose()、Conv3d()。

Conv2d()用于构建二维卷积层，其语法格式如下。

```
torch.nn.Conv2d(in_channels, out_channels, kernel_size, stride=1, padding=0, dilation=1, groups=1, bias=True, padding_mode='zeros')
```

利用 Conv2d()创建一个卷积核，该卷积核对层输入进行卷积，以生成输出张量。如果参数 bias 的值为 True，则会创建一个偏置向量并将其添加到输出中。

Conv2d()的常用参数及其说明如表 8-3 所示。

表 8-3　Conv2d()的常用参数及其说明

参数名称	说明
in_channels	接收 int。表示输入通道数。无默认值
out_channels	接收 int。表示输出通道数。无默认值
kernel_size	接收 int 或 tuple。表示卷积核尺寸。无默认值
stride	接收 int 或 tuple。表示卷积操作的步幅。默认为 1
padding	接收 int 或 tuple。表示数据 hw 方向上填充的层数。默认为 0
dilation	接收 int 或 tuple。表示卷积核内部各点的间距，默认为 1
groups	接收 int。表示控制输入和输出之间的连接；group=1，输出是所有输入的卷积；group=2，此时相当于有并排的两个卷积层，每个卷积层计算输入通道的一半，并且产生的输出是输出通道的一半，随后将这两个输出连接起来。默认为 1
bias	接收 bool。为 True 时表示对输出添加可学习的偏置量。默认为 True
padding_mode	接收 str。表示填充模式。默认为 Zeros

使用 Conv2d()构建卷积层如代码 8-2 所示。

代码 8-2　使用 Conv2d()构建卷积层

```
import torch
from torch import nn
layer = nn.Conv2d(1, 3, kernel_size=3, stride=1, padding=0)
```

```
x = torch.rand(1, 1, 28, 28)
out = layer.forward(x)
print(out.shape)
layer = nn.Conv2d(1, 3, kernel_size=3, stride=1, padding=1)
print(layer.forward(x).shape)
layer = nn.Conv2d(1, 3, kernel_size=3, stride=2, padding=1)
print(layer.forward(x).shape)
out = layer(x)
print(out.shape)
```

运行代码 8-2 的输出结果如下。

```
torch.Size([1, 3, 26, 26])
torch.Size([1, 3, 28, 28])
torch.Size([1, 3, 14, 14])
torch.Size([1, 3, 14, 14])
```

ConvTranspose2d()用于构建二维转置卷积，其语法格式如下。

```
torch.nn.ConvTranspose2d(in_channels, out_channels, kernel_size, stride=1, padding=0,
output_padding=0, groups=1, bias=True, dilation=1, padding_mode='zeros')
```

ConvTranspose2d()的常用参数及其说明与 Conv2d()一致。增加的参数 output_padding 接收 int 或 tuple，表示对输出 hw 填充的层数。

使用 ConvTranspose2d()构建卷积层如代码 8-3 所示。

代码 8-3　使用 ConvTranspose2d()构建卷积层

```
import torch
import torch.nn as nn
x = torch.randn(1,1,2,2)
print(x.shape)
l = nn.ConvTranspose2d(1,1,3)
y = l(x)
print(y.shape)
```

运行代码 8-3 的输出结果如下。

```
torch.Size([1, 1, 2, 2])
torch.Size([1, 1, 4, 4])
```

3）构建池化层

构建池化层常用的类为 MaxPool2d()和 AvgPool2d()。

MaxPool2d()用于对二维信号（图像）进行最大值池化，其语法格式如下。

```
torch.nn.MaxPool2d(kernel_size, stride=None, padding=0, dilation=1, return_indices=
False, ceil_mode=False)
```

MaxPool2d()的常用参数及其说明如表 8-4 所示。

表 8-4　MaxPool2d()的常用参数及其说明

参数名称	说明
kernel_size	接收 int 或 tuple。表示池化核尺寸。无默认值
stride	接收 int 或 tuple。表示窗口的步幅，默认等于窗口尺寸。默认为 None
padding	接收 int 或 tuple。表示数据 hw 方向上的零填充层数。默认为 0
dilation	接收 int 或 tuple。表示一个控制窗口中元素步幅的参数。默认为 1
return_indices	接收 bool。表示如果等于 True，会返回输出最大值的序号，对于上采样操作会有帮助。默认为 False
ceil_mode	接收 bool。表示如果等于 True，计算输出数据 hw 的时候，会使用向上取整，代替默认的向下取整的操作。默认为 False

使用 MaxPool2d()构建池化层如代码 8-4 所示。

代码 8-4　使用 MaxPool2d()构建池化层

```
m = torch.nn.MaxPool2d(3, stride=2)
input =  torch.autograd.Variable(torch.randn(20, 16, 50))
print(input.shape)
output = m(input)
output.shape
torch.Size([20, 16, 50])
torch.Size([20, 7, 24])
m = torch.nn.MaxPool2d((2,4), stride=2)
input =  torch.autograd.Variable(torch.randn(20, 16, 50))
print(input.shape)
output = m(input)
output.shape
```

运行代码 8-4 的输出结果如下。

```
torch.Size([20, 16, 50])
torch.Size([20, 8, 24])
```

AvgPool2d()用于对二维信号（图像）进行平均值池化，其语法格式如下。

```
torch.nn.AvgPool2d(kernel_size, stride=None, padding=0, ceil_mode=False, count_include_
pad=True, divisor_override=None)
```

AvgPool2d()的常用参数及其说明如表 8-5 所示。

表 8-5　AvgPool2d()的常用参数及其说明

参数名称	说明
kernel_size	接收 int 或 tuple。表示池化核尺寸。无默认值
stride	接收 int 或 tuple。表示窗口的步幅。默认为 None
padding	接收 int 或 tuple。表示数据 hw 方向上的零填充层数。默认为 0
ceil_mode	接收 bool。表示如果等于 True，计算输出数据 hw 的时候，会使用向上取整，代替默认的向下取整的操作。默认为 False
count_include_pad	接收 bool。表示如果等于 True，计算平均池化时，将包括 padding 填充的 0。默认为 True
divisor_override	接收 int。表示求平均值时，可以不使用像素值的个数作为分母，而是使用除法因子。默认为 None

使用 AvgPool2d()构建池化层如代码 8-5 所示。

代码 8-5　使用 AvgPool2d()构建池化层

```
m = torch.nn. AvgPool2d(3, stride=2)
input = torch. autograd.Variable(torch.randn(20, 16, 50))
print(input.shape)
output = m(input)
output.shape
torch.Size([20, 16, 50])
torch.Size([20, 7, 24])
m = torch.nn.AvgPool2d((2,4), stride=2)
input = torch.autograd.Variable(torch.randn(20, 16, 50))
print(input.shape)
output = m(input)
output.shape
```

运行代码 8-5 的输出结果如下。

```
torch.Size([20, 16, 50])
torch.Size([20, 8, 24])
```

4）构建归一化层

深度学习中最常用的归一化层是批量归一化层，BatchNorm2d()用于构建批量归一化层对图像进行归一化，其语法格式如下。

```
torch.nn.BatchNorm2d(num_features, eps=1e-05, momentum=0.1, affine=True, track_running_
stats=True)
```

BatchNorm2d()的常用参数及其说明如表 8-6 所示。

表 8-6　BatchNormzd()的常用参数及其说明

参数名称	说明
num_features	接收 int。表示来自期望输入的特征数（channel 数），该期望输入的大小。无默认值
eps	接收 int。表示为保证数值稳定性（分母不能趋近或取 0），给分母加上的值。默认为 1e-5
momentum	接收 float。表示动态均值和动态方差所使用的动量。默认为 0.1
affine	接收 bool。表示当设为 true，给该层添加可学习的仿射变换参数。默认为 True
track_running_stats	接收 bool。表示设为 True 时，BatchNorm 层会统计全局均值和方差。默认为 True

使用 BatchNorm2d()构建归一化层如代码 8-6 所示。

代码 8-6　使用 BatchNorm2d()构建归一化层

```
import torch
from torch import nn
m = nn.BatchNorm2d(2,affine=True)
print(m.weight)
print(m.bias)
input = torch.randn(1,2,3,4)
```

```
print(input)
output = m(input)
print(output)
print(output.size())
```

运行代码 8-6 的输出结果如下。

```
Parameter containing:
tensor([1., 1.], requires_grad=True)
Parameter containing:
tensor([0., 0.], requires_grad=True)
tensor([[[[ 1.1311,  0.1275,  0.4606, -1.0943],
          [ 0.1036,  0.8732, -0.5020, -2.5147],
          [ 1.2381, -1.2692,  0.6524,  0.0331]],
         [[-0.9089, -0.3203,  1.4639, -0.7977],
          [ 0.0682,  1.0441,  0.0931, -2.9043],
          [-1.0907, -0.1272, -0.8453, -0.6727]]]])
tensor([[[[ 1.1230,  0.1794,  0.4926, -0.9692],
          [ 0.1570,  0.8806, -0.4123, -2.3046],
          [ 1.2236, -1.1337,  0.6729,  0.0907]],
         [[-0.4636,  0.0905,  1.7703, -0.3589],
          [ 0.4563,  1.3751,  0.4798, -2.3423],
          [-0.6347,  0.2723, -0.4037, -0.2412]]]],
       grad_fn=<NativeBatchNormBackward>)
torch.Size([1, 2, 3, 4])
```

5）构建 Embedding 层

Embedding()用于构建 Embedding 层对数据进行映射，其语法格式如下。

```
torch.nn.Embedding(num_embeddings, embedding_dim, padding_idx =None, max_norm=None, norm_type=2, scale_grad_by_freq=False, sparse=False)
```

Embedding()的常用参数及其说明如表 8-7 所示。

表 8-7 Embedding()的常用参数及其说明

参数名称	说明
num_embeddings	接收 int。表示嵌入字典的大小。无默认值
embedding_dim	接收 int。表示每个嵌入向量的大小。无默认值
padding_idx	接收 int。表示如果提供的话，输出遇到此下标时用零填充。默认为 None
max_norm	接收 float。表示如果提供的话，会重新归一化词嵌入，使它们的范数小于提供的值。默认为 None
norm_type	接收 float。表示指定利用什么范数计算，并用于对比 max_norm。默认为 2
scale_grad_by_freq	接收 bool。表示根据单词在 mini-batch 中出现的频率，对梯度进行放缩。默认为 False
sparse	接收 bool。表示若为 True，则与权重矩阵相关的梯度转变为稀疏张量。默认为 False

使用 Embedding()构建训练矩阵，如代码 8-7 所示。

代码 8-7 使用 Embedding()构建训练矩阵

```
word_to_id = {'hello':0, 'world':1}
embeds = nn.Embedding(2, 10)
```

```
hello_idx = torch.LongTensor([word_to_id['hello']])
hello_embed = embeds(hello_idx)
print(hello_embed)
```

代码 8-7 中有一组词典，有两个词 hello 和 world，对应的值为 0 和 1。通过 PyTorch 中的 torch.nn.Embedding()建立一个 2×10 的向量矩阵，其中 2 表示词典中词的数量，10 表示每个词对应的向量大小。运行代码 8-7 的结果如下。

```
tensor([[-0.3411, -0.3500,  1.1555,  0.9658, -1.0323, -0.1896,  0.3814,  0.1731,
        -0.4137, -1.4505]], grad_fn=<EmbeddingBackward>)
```

6）构建循环层

构建循环层常用的类有三个，即 SimpleRNN()、LSTM()和 GRU()。

PyTorch 中用于 SimpleRNN 的方法主要是 nn.RNN()和 nn.RNNCell()。两者的区别是前者输入一个序列，而后者输入单个时间步，并且必须手动完成时间步之间的操作。

SimpleRNN()中 nn.RNN()的语法格式如下。

```
nn.RNN (input_size: int, hidden_size: int, bias: bool = True, nonlinearity: str =
'tanh')
```

SimpleRNN()中 nn.RNN()的常用参数及其说明如表 8-8 所示。

表 8-8　SimpleRNN()中 nn.RNN()的常用参数及其说明

参数名称	说明
input_size	接收 int。表示输入特征的维度。无默认值
hidden_size	接收 int。表示隐藏层神经元个数。无默认值
bias	接收 bool。表示是否使用偏置。无默认值
nonlinearity	接收 str。表示选用的非线性激活函数。默认为“tanh”

使用 SimpleRNN()中 nn.RNN()构建网络如代码 8-8 所示。

代码 8-8　使用 SimpleRNN()中 nn.RNN()构建网络

```
import torch
from torch.autograd import Variable
from torch import nn
x = Variable(torch.randn(6, 5, 100)) # 这是 rnn 的输入格式
rnn_seq = nn.RNN(100, 200)
print(rnn_seq.weight_hh_l0) #与 h 相乘的权重
print(rnn_seq.weight_ih_l0)  #与 x 相乘的权重
out, h_t = rnn_seq(x) # 使用默认的全 0 隐藏状态
h_0 = Variable(torch.randn(1, 5, 200))
out, h_t = rnn_seq(x, h_0)
print(out.shape,h_t.shape)
```

运行代码 8-8 的结果如下。

```
Parameter containing:
tensor([[-0.0081,  0.0691, -0.0650,  ..., -0.0376, -0.0420, -0.0140],
```

```
        [-0.0012,  0.0400,  0.0190,  ..., -0.0377, -0.0081,  0.0367],
        [-0.0706, -0.0704,  0.0508,  ...,  0.0020, -0.0166, -0.0374],
        ...,
        [ 0.0291,  0.0010, -0.0210,  ...,  0.0050, -0.0182, -0.0448],
        [-0.0282, -0.0057,  0.0024,  ..., -0.0181, -0.0313, -0.0337],
        [-0.0448, -0.0623,  0.0484,  ...,  0.0508, -0.0001,  0.0157]],
       requires_grad=True)
Parameter containing:
tensor([[-0.0229, -0.0067,  0.0256,  ...,  0.0056, -0.0681, -0.0328],
        [-0.0346, -0.0443, -0.0206,  ...,  0.0582, -0.0365,  0.0295],
        [-0.0528, -0.0705, -0.0158,  ...,  0.0474,  0.0183,  0.0387],
        ...,
        [ 0.0058,  0.0366,  0.0537,  ..., -0.0615, -0.0098, -0.0682],
        [ 0.0305, -0.0137,  0.0673,  ...,  0.0492, -0.0091, -0.0062],
        [-0.0696, -0.0146, -0.0333,  ..., -0.0484,  0.0023, -0.0047]],
       requires_grad=True)
torch.Size([6, 5, 200]) torch.Size([1, 5, 200])
```

SimpleRNN()中 nn.RNNCell()的语法格式如下。

```
nn.RNNCell(input_size, hidden_size, bias, nonlinearity)
```

SimpleRNN()中 nn.RNNCell()的常用参数及其说明如表 8-9 所示。

表 8-9 SimpleRNN 类中 nn.RNNCell()的常用参数及其说明

参数名称	说明
input_size	接收 int。表示输入特征的维度。无默认值
hidden_size	接收 int。表示隐藏层神经元个数。无默认值
bias	接收 bool。表示是否使用偏置。无默认值
bidirectional	接收 bool。表示是否使用双向的 rnn。默认为 False

使用 SimpleRNN()中 nn.RNNCell()构建循环层如代码 8-9 所示。

代码 8-9 使用 SimpleRNN()中 nn.RNNCell()构建循环层

```
import torch
from torch import nn
cell = nn.RNNCell(100, 20)
x = torch.randn(3, 100)
xs = [torch.randn(3, 100) for i in range(10)]
h = torch.zeros(3, 20)
for xt in xs:
    h = cell(xt, h)
print(h.shape)
```

运行代码 8-9 的结果如下。

```
torch.Size([3, 20])
```

LSTM()用于构建循环层，其语法格式如下。

```
torch.nn.LSTM(input_size,hidden_size,num_layers,bias,batch_first,dropout,bidirectional)
```

LSTM()的常用参数及其说明如表 8-10 所示。

表 8-10　LSTM()的常用参数及其说明

参数名称	说明
input_size	接收 int。表示输入数据的特征维数，通常是 embedding_dim(词向量的维度)。无默认值
hidden_size	接收 int。表示隐藏层神经元的数量，即每一层有多少个 LSTM 单元。无默认值
num_layer	接收 int。表示 RNN 中 LSTM 单元的层数。无默认值
bias	接收 bool。表示是否使用偏置。无默认值
batch_first	接收 bool。表示输入的数据需要[seq_len,batch,feature]，如果为 True，则为[batch,seq_len,feature]。默认为 False
dropout	接收 int。表示 dropout 的比例。dropout 是训练过程中让部分参数随机失活的一种方式，能够提高训练速度，同时能够解决过拟合问题。这是在 LSTM 的最后一层，对每个输出进行 dropout。默认为 0
bidirectional	接收 bool。表示是否使用双向 LSTM。默认为 False

使用 LSTM()构建网络如代码 8-10 所示。

代码 8-10　使用 LSTM()构建网络

```
import torch
batch_size = 10  # 句子的数量
seq_len = 20  # 每个句子的长度
embedding_dim = 30  # 用长度为 30 的向量表示一个词语
word_vocab = 100  # 词典的数量
hidden_size = 18  # 隐藏层中 lstm 的个数
num_layer = 2  # 多少个隐藏层
in_put = torch.randint(low=0, high=100, size=(batch_size, seq_len))
# 把 embedding 之后的数据传入 lstm
embedding = torch.nn.Embedding(word_vocab, embedding_dim)
lstm = torch.nn.LSTM(embedding_dim, hidden_size, num_layer)
embed = embedding(in_put)  # [10, 20, 30]
embed = embed.permute(1, 0, 2)  # [20, 10, 30]
h_0 = torch.rand(num_layer, batch_size, hidden_size)
c_0 = torch.rand(num_layer, batch_size, hidden_size)
out_put, (h_1, c_1) = lstm(embed, (h_0, c_0))
print(out_put.size())
print(h_1.size())
print(c_1.size())
last_output = out_put[-1, :, :]
print(last_output.size())
last_hidden_state = h_1[-1, :, :]
print(last_hidden_state.size())
```

运行代码 8-10 的结果如下。

```
torch.Size([20, 10, 18])
torch.Size([2, 10, 18])
torch.Size([2, 10, 18])
torch.Size([10, 18])
torch.Size([10, 18])
```

GRU()用于构建循环层，其语法格式如下。

```
torch.nn.GRU(input_size,hidden_size,num_layers,bias,batch_first,dropout,bidirecti
onal)
```

GRU()的常用参数及其说明如表 8-11 所示。

表 8-11 GRU()的常用参数及其说明

参数名称	说明
input_size	接收 int。表示输入数据的特征维数，通常是 embedding_dim(词向量的维度)。无默认值
hidden_size	接收 int。表示隐藏层神经元的数量，即每一层有多少个 LSTM 单元。无默认值
num_layer	接收 int。表示 RNN 中的层数。无默认值
bias	接收 bool。表示是否使用偏置。无默认值
batch_first	接收 bool。表示输入的数据需要[seq_len,batch,feature]，如果为 True，则为[batch,seq_len,feature] 。默认为 False
dropout	接收 int。表示 dropout 的比例，如果是非零，将会在 RNN 的输出上加个 dropout，最后一层除外。默认为 0
bidirectional	接收 bool。表示是否使用双向 RNN。默认是 False

使用 GRU()构建一个 h_dim=10、hidden_len=20 的 2 层 RNN 网络，同时打印出网络中的权重、偏差及 shape，如代码 8-11 所示。

代码 8-11 使用 GRU()构建网络

```
gru = nn.GRU(input_size=10, hidden_size=20, num_layers=2)
print(gru._parameters.keys())
print(gru.weight_ih_l0.shape)
print(gru.weight_hh_l0.shape)
```

运行代码 8-11 的结果如下。

```
odict_keys(['weight_ih_l0', 'weight_hh_l0', 'bias_ih_l0', 'bias_hh_l0', 'weight_ih_l1',
'weight_hh_l1', 'bias_ih_l1', 'bias_hh_l1'])
torch.Size([60, 10])
torch.Size([60, 20])
```

常用的损失函数类有 10 种，分别是 L1Loss()、SmoothL1Loss()、MSELoss()、CrossEntropyLoss()、BCELoss()、NLLLoss()、KLDivLoss()、BCEWith LogitsLoss()、CTCLoss()和 PoissonNLLLoss()。

1）L1Loss()

L1Loss()用于计算预测值和真实值的平均绝对值误差，其语法格式如下

```
torch.nn.L1Loss(size_average=None, reduce=None, reduction='mean')
```

L1Loss()的常用参数及其说明如表 8-12 所示。

表 8-12 L1Loss()的常用参数及其说明

参数名称	说明
size_average	接收 bool 或 optional。表示尺寸平均化。默认为 None
reduce	接收 bool 或 optional。表示缩减值。默认为 None
reduction	接收 str 或 optional。表示指定应用于输出值的缩减方式。默认为 mean

2）SmoothL1Loss()

SmoothL1Loss()是 L1Loss()误差的平滑，误差在（−1,1）上时取损失的平方，其他情况是 L1Loss()损失，其语法格式如下。

```
torch.nn.SmoothL1Loss(size_average=None, reduce=None, reduction='mean', beta=1.0)
```

SmoothL1Loss()的常用参数及其说明与 L1Loss()一致。

3）MSELoss()

MSELoss()用于计算预测值和真实值之间的平方和的平均数，其语法格式如下。

```
torch.nn.MSELoss(size_average=None, reduce=None, reduction='mean')
```

MSELoss()的常用参数及其说明与 L1Loss()一致。

4）CrossEntropyLoss()

CrossEntropyLoss()计算的是实际输出（概率）与期望输出（概率）分布的距离，交叉熵的值越小，两个概率分布越接近，主要用于分类网络中。

CrossEntropyLoss()用于计算交叉熵损失函数，其语法格式如下。

```
torch.nn.CrossEntropyLoss(weight=None, size_average=None, ignore_index=-100, reduce=None,
reduction='mean')
```

CrossEntropyLoss()的常用参数及其说明如表 8-13 所示。

表 8-13　CrossEntropyLoss()的常用参数及其说明

参数名称	说明
weight	接收 tensor 数据。表示权重。无默认值
size_average	接收 bool 或 optional。表示尺寸平均化。默认为 True
ignore_index	接收 int。表示一个被忽略的目标值，该目标值对输入梯度没有贡献。默认值为 100
reduce	接收 bool 或 optional。表示缩减值。默认为 None
reduction	接收 str 或 optional。表示指定应用于输出值的缩减方式。默认为 mean

5）BCELoss()

BCELoss()用于计算目标和输出之间的二进制交叉熵损失，其语法格式如下。

```
torch.nn.BCELoss(weight=None, size_average=None, reduce=None, reduction='mean')
```

BCELoss()的常用参数及其说明与 L1Loss()一致。

6）NLLLoss()

和 CrossEntropyLoss()相比，NLLLoss()的输入值是逻辑回归值经过 LogSoftmax()处理后的值，NLLLoss()输入仅是逻辑回归值。

NLLLoss()用于计算负对数似然损失，其语法格式如下。

```
torch.nn.NLLLoss(weight=None, size_average=None, ignore_index=-100, reduce=None,
reduction='mean')
```

NLLLoss()的常用参数及其说明与 CrossEntropyLoss()一致。

7）KLDivLoss()

相对熵可用于衡量不同的连续分布之间的距离，在连续的输出分布的空间上（离散采样）进行回归时效果相对较好。

KLDivLoss()用于计算输入值和标签之间相对熵，其语法格式如下。

```
torch.nn.KLDivLoss(size_average=None, reduce=None, reduction='mean', log_target=False)
```

KLDivLoss()的常用参数及其说明与 L1Loss 类一致。

8）BCEWithLogitsLoss()

BCEWithLogitsLoss()用于集成激活函数 Sigmoid()和 BCELoss()，使计算数值更稳定，其语法格式如下。

```
torch.nn.BCEWithLogitsLoss(weight=None, size_average=None, reduce=None, reduction='mean', pos_weight=None)
```

BCEWithLogitsLoss()的常用参数及其说明与 L1Loss()一致。

9）CTCLoss()

CTCLoss()可以对没有对齐的数据进行自动对齐，主要用在没有事先对齐的序列化数据训练上，如语音识别。

CTCLoss()用于计算连接时序分类损失，其语法格式如下。

```
torch.nn.CTCLoss(blank=0, reduction='mean', zero_infinity=False)
```

CTCLoss 类的常用参数及其说明如表 8-14 所示。

表 8-14　CTCLoss()的常用参数及其说明

参数名称	说明
blank	接收 int。表示空白标签数量。默认为 0
reduction	接收 str。表示指定应用于输出值的缩减方式。默认为 mean
zero_infinity	接收 bool。表示是否将无限损失和相关梯度设定为零。默认为 False

10）PoissonNLLLoss()

PoissonNLLLoss()用于计算目标值为泊松分布的负对数似然损失，其语法格式如下。

```
torch.nn.PoissonNLLLoss(log_input=True, full=False, size_average=None, eps=1e-08, reduce=None, reduction='mean')
```

PoissonNLLLoss()的常用参数及其说明如表 8-15 所示。

表 8-15　PoissonNLLLoss()的常用参数及其说明

参数名称	说明
log_input	接收 bool 或 optional。表示按照何种公式计算损失，如果设置为 True，损失将会按照公式 exp(input)–target×input 计算；如果设置为 False，损失将会按照 input–target×log(input+eps)计算。默认为 True
full	接收 bool 或 optional。表示是否计算全部的损失。默认为 False

2. torch.optim

torch.optim 接口主要用于调用优化器，常用的类有 6 种，即 Optimizer()、SGD()、ASGD()、

AdaGrad()、RMSProp()和 Adam()。

1）Optimizer()

Optimizer()是所有优化器的基类，是最原始的优化器，适用范围广，没有很强的网络针对性，其语法格式如下。

```
torch.optim.Optimizer(params, defaults)
```

其中，参数 params 用于优化或定义参数组的参数表，defaults 取默认值即可。

2）SGD()

当训练数据 N 很大时，通过计算总的成本函数求得的梯度很大，所以一个常用的方法是计算训练集中的小批量（minibatches）。

SGD()用于实现小批量梯度下降，其语法格式如下。

```
torch.optim.SGD(params, lr=<required parameter>, momentum=0, dampening=0, weight_
decay=0, nesterov=False)
```

SGD()的常用参数及其说明如表 8-16 所示。

表 8-16　SGD()的常用参数及其说明

参数名称	说明
params	接收 iterable。表示用于优化或定义参数组的参数表。无默认值
lr	接收 float。表示学习率。默认为<required parameter>
momentum	接收 float 或 optional。表示动量因子。默认为 0

3）ASGD()

ASGD()用于实现随机平均梯度下降，其语法格式如下。

```
torch.optim.ASGD(params, lr=0.01, lambd=0.0001, alpha=0.75, t0=1000000.0, weight_
decay=0)
```

ASGD()的常用参数及其说明如表 8-17 所示。

表 8-17　ASGD()的常用参数机器说明

参数名称	说明
params	接收 iterable。表示用于优化或定义参数组的参数表。无默认值
lr	接收 float。表示学习率。默认为 0.01
lambd	接收 float。表示衰变项。默认为 0.0001
alpha	接收 float。表示 ETA 更新的幅度。默认为 0.75
t0	接收 float。表示开始进行平均的点。默认为 1000000.0
weight_decay	接收 int。表示权重衰减。默认为 0

4）AdaGrad()

AdaGrad()、RMSProp()、Adam()都属于逐参数适应学习率的优化器，之前的优化器是对所有的参数都仅有一个学习率，现在对不同的参数有不同的学习率。

AdaGrad()的一个缺点是，在深度学习中单调的学习率被证明通常过于激进且过早停止学习。

AdaGrad()用于实现自适应学习率优化，其语法格式如下。

```
torch.optim.Adagrad(params, lr=0.01, lr_decay=0, weight_decay=0, initial_accumula
tor_value=0)
```

AdaGrad()的常用参数及其说明如表 8-18 所示。

表 8-18 AdaGrad()的常用参数及其说明

参数名称	说明
lr	接收 float 或 optional。表示学习率。默认为 0.01
lr_decay	接收 float。表示学习率衰减。默认为 0
weight_decay	接收 float。表示权重衰减。默认为 0

5）RMSProp()

RMSProp()是基于梯度的大小来对每个权重的学习率进行修改，但是和 Adagrad()不同，其更新不会让学习率单调变小。

RMSProp()相较于 Adagrad()的优点是在鞍点等处，它在鞍点处待得越久，学习率会越大。

RMSProp()的语法格式如下。

```
torch.optim.RMSprop(params, lr=0.01, alpha=0.99, eps=1e-08, weight_decay=0, momentum=0,
centered=False)
```

RMSProp()的常用参数及其说明如表 8-19 所示。

表 8-19 RMSProp()的常用参数及其说明

参数名称	说明
lr	接收 float 和 optional。表示学习率。默认为 0.01
momentum	接收 int。表示动量因子。默认为 0
alpha	接收 float。表示平滑常数。默认为 0.99
eps	接收 float 或 optional。表示添加到分母以提高数值稳定性的术语。默认为 1e-8
centered	接收 bool。表示是否对梯度进行归一化，如果为真，则计算中心的 RMSProp，通过估计其方差对梯度进行归一化。默认为 False
weight_decay	接收 float 或 optional。表示权重衰减，默认为 0

6）Adam()

Adam()在结构上类似 RMSProp()，其语法格式如下。

```
torch.optim.Adam(params, lr=0.001, betas=(0.9, 0.999), eps=1e-08, weight_decay=0,
amsgrad=False)
```

Adam()的常用参数及其说明如表 8-20 所示。

表 8-20 Adam()的常用参数及其说明

参数名称	说明
lr	接收 float 或 optional。表示学习率。默认为 0.001
betas	接收元组或 optional。表示用于计算梯度及其平方的运行平均值的系数。默认为（0.9，0.999）
eps	接收 float 或 optional。表示添加到分母以提高数值稳定性的术语。默认为 1e-8

续表

参数名称	说明
weight_decay	接收 float 或 optional。表示权重衰减。默认为 0
amsgrad	接收 boolean 或 optional。表示是否使用 AMSGrad 的变种。默认为 False

8.4.4　torchvision 库

在 PyTorch 框架中，用于处理视频图像的 torchvision 库中常用的包有 4 个，即 torchvision.datasets、torchvision.models、torchvision.transforms 和 torchvision.utils。

1. torchvision.datasets

torchvision.datasets 包用于读取常用的数据集，包含的类有 MNIST()、COCO()、LSUN Classification()、ImageFolder()、Imagenet-12()、CIFAR10 and CIFAR100()和 STL10()。此处以 MNIST()为例进行介绍，其他数据集类的语法格式及常用参数说明与 MNIST()基本一致，只需调整类名即可。

MNIST()用于读取手写数字数据集，其语法格式如下。

```
dset.MNIST(root, train=True, transform=None, target_transform=None, download=False)
```

MNIST()的常用参数及其说明如表 8-21 所示。

表 8-21　MNIST()的常用参数及其说明

参数名称	说明
root	接收 str。表示 processed/training.pt 和 processed/test.pt 的主目录。无默认值
train	接收 bool。表示下载的数据是测试集还是训练集，True 为训练集，False 为测试集。默认为 True
download	接收 bool。表示是否从互联网下载数据集。默认为 False

2. torchvision.models

torchvision.models 包用于调用深度学习网络结构，包含 AlexNet 网络、VGG 网络、ResNet 网络和 SqueezeNet 网络。

随机初始化网络的语法格式如下。

```
import torchvision.models as models
resnet18 = models.resnet18()
alexnet = models.alexnet()
squeezenet = models.squeezenet1_0()
densenet = models.densenet_161()
```

3. torchvision.transforms

下面介绍 torchvision.transforms 包中的类。

在 torchvision.transforms 包中，Compose()用于组合多种图像的变换处理，其语法格式如下。

```
torchvision.transforms.Compose(transforms)
```

参数 transforms 指的是图像多种变换的列表。

使用 torchvision.transforms.Compose()组合图像多种变换处理如代码 8-12 所示。

代码 8-12　使用 torchvision.transforms.Compose()组合图像多种变换处理

```
from torchvision import transforms
transforms.Compose([
        transforms.CenterCrop(10),
        transforms.ToTensor(),
        ])
```

在 PyTorch 框架下能实现对 PIL 图像和 torch 张量做变换处理的类较多，此处仅介绍常用的 6 个类。

1）CenterCrop()

CenterCrop()的作用是在中心裁剪给定的图像。如果图像是 torch 张量，形状将会是[…,H,W]，其中“…”表示一个任意尺寸。

CenterCrop()用于实现裁剪，其语法格式如下。参数 size 表示图像的期望输出大小。

```
torchvision.transforms.CenterCrop(size)
```

2）ColorJitter()

ColorJitter()的作用是随机改变图像的亮度、对比度、饱和度和色调。如果图像是 torch 张量，形状将会是[…,3,H,W]，其中“…”表示任意数量的前导维数。如果图像是 PIL 图像，则不支持模式 1、L、I、F 和透明模式。

ColorJitter()实现图像属性变换，其语法格式如下。

```
torchvision.transforms.ColorJitter(brightness=0, contrast=0, saturation=0, hue=0)
```

ColorJitter()的常用参数及其说明如表 8-22 所示。

表 8-22　ColorJitter()的常用参数及其说明

参数名称	说明
brightness	接收 int。表示亮度大小。默认为 0
contrast	接收 int。表示对比度大小。默认为 0
saturation	接收 int。表示饱和度大小。应该是非负数。默认为 0
hue	接收 int。表示色调大小。默认为 0

3）FiveCrop()

FiveCrop()用于实现图像四个角和中心部分的裁剪，其语法格式如下。参数 size 表示裁剪图像的期望大小。

```
torchvision.transforms.FiveCrop(size)
```

使用 FiveCrop()裁剪图像如代码 8-13 所示。

代码 8-13　使用 FiveCrop()裁剪图像

```
transform = Compose([
        # this is a list of PIL Images
```

```
        FiveCrop(size),
        # returns a 4D tensor
        Lambda(lambda crops: torch.stack([ToTensor()(crop) for crop in crops]))
        ])
    #In your test loop you can do the following:
    input, target = batch # input is a 5d tensor, target is 2d
    bs, ncrops, c, h, w = input.size()
    result = model(input.view(-1, c, h, w)) # fuse batch size and ncrops
    result_avg = result.view(bs, ncrops, -1).mean(1) # avg over crops
```

4）Grayscale()

Grayscale()用于实现图像的灰度转换，其语法格式如下。

```
torchvision.transforms.Grayscale(num_output_channels=1)
```

参数 num_output_channels 表示输出图像所需的通道数。

5）Pad()

Pad()用给定的填充值填充给定图像的边缘区域。如果图像是 torch 张量，形状将会是[…,H,W]，其中“…”表示模式反射和对称的最多 2 个前导维数。

Pad()用于图像的边缘区域填充，其语法格式如下。

```
torchvision.transforms.Pad(padding, fill=0, padding_mode='constant')
```

Pad()的常用参数及其说明如表 8-23 所示。

表 8-23　Pad()的常用参数及其说明

参数名称	说明
padding	接收 int 或序列。表示在图像边缘区域填充。如果只提供一个整型 int 数据，则填充所有的边缘区域；如果提供了长度为 2 的序列，则填充左右边缘或者上下边缘区域；如果提供了长度为 4 的序列，则填充上下左右四个边缘区域。无默认值
fill	接收 int 或元组。表示填充值。如果值是长度为 3 的元组，则分别填充 R、G、B 三个通道。此值仅在填充模式为常数时使用。默认为 0

6）Resize()

Resize()将输入图像调整到指定的尺寸，其语法格式如下。如果图像是 torch 张量，形状将会是[…,H,W]，其中“…”表示任意数量的前导维数。

```
torchvision.transforms.Resize(size, interpolation=<InterpolationMode.BILINEAR: 'bilinear'>)
```

Resize()的常用参数及其说明如表 8-24 所示。

表 8-24　Resize()的常用参数及其说明

参数名称	说明
size	接收 int。表示期望输出大小。无默认值
interpolation	接收 str。表示插入式模式。默认为 InterpolationMode.BILINEAR

下面介绍两种处理列表中变换的类。

1）RandomChoice()

RandomChoice()用于从列表中随机选取单个变换进行处理，其语法格式如下。

```
torchvision.transforms.RandomChoice(transforms)
```

RandomChoice()的参数说明与 Compose()一致。

2）RandomOrder()

RandomOrder()用于以随机顺序应用变换处理列表中的变换，其语法格式如下。

```
torchvision.transforms.RandomOrder(transforms)
```

RandomOrder()的参数说明与 Compose()一致。

仅对 torch 张量做变换处理操作的类较多，此处介绍常用的两个类。

1）LinearTransformation()

LinearTransformation()用于计算平方变换矩阵和离线计算的均值向量，并变换 torch 张量图像，其语法格式如下。

```
torchvision.transforms.LinearTransformation(transformation_matrix, mean_vector)
```

LinearTransformation()的常用参数及其说明如表 8-25 所示。

表 8-25　LinearTransformation()的常用参数及其说明

参数名称	说明
transformation_matrix	接收 str。表示变换矩阵，输入格式为[DxD]。无默认值
mean_vector	接收 str，平均向量，输入格式为[D]。无默认值

2）Normalize()

Normalize()用于实现均值和标准差对 torch 张量图像进行归一化处理，其语法格式如下。

```
torchvision.transforms.Normalize(mean, std, inplace=False)
```

Normalize()的常用参数及其说明如表 8-26 所示。

表 8-26　Normalize()的常用参数及其说明

参数名称	说明
mean	接收 int 或 float。表示每个通道的均值。无默认值
Std	接收 int 或 float。表示每个通道的标准差。无默认值

下面介绍张量图像或 ndarray 对象与 PIC 图像之间转换的类

1）ToPILImage()

ToPILImage()用于实现将张量图像或 ndarray 对象转换为 PIL 图像，其语法格式如下。

```
torchvision.transforms.ToPILImage(mode=None)
```

ToPILImage()的参数 mode 表示输入数据的颜色空间和像素深度。

2）ToTensor()

ToTensor()用于实现将 PIL 图像或 ndarray 对象转换为张量图像，其语法格式如下。

```
torchvision.transforms.ToTensor
```

如果 PIL 图像属于 L、LA、P、I、F、RGB、YCbCr、RGBA、CMYK 和 1 形式之一，则将[0,255]范围内的 PIL 图像或 numpy.ndarray（H×W×C）转换为[0.0,1.0]范围内的浮点张量（C×H×W）。在其他情况下，不按比例返回张量。

4. torchvision.utils

torchvision.utils 包用于对图像做特殊处理并保存图像，包含 make_grid()和 save_image()两个类。

1）make_grid()

make_grid()用于对图像做特殊处理，其语法格式如下。

```
torchvision.utils.make_grid(tensor, nrow=8, padding=2, normalize=False, range=None, scale_each=False)
```

make_grid()的常用参数及其说明如表 8-27 所示。

表 8-27　make_grid()的常用参数及其说明

参数名称	说明
normalize	接收 bool。表示是否将图像的像素值做归一化处理。默认为 False
range	接收数值区间（min,max）。min 和 max 均是数字，表示按照此区间规范化图像。默认为 None
scale_each	接收 bool。表示是否对每个图像独立规范化，而不是根据所有图像的像素最大值或最小值来规范化。默认为 False

2）save_image()

save_image()用于将给定的 Tensor 保存成 image 文件，其语法格式如下。如果给定的是 mini-batch tensor，即用 make-grid()进行处理再保存。

```
torchvision.utils.save_image(tensor, filename, nrow=8, padding=2, normalize=False, range=None, scale_each=False)
```

save_image()的常用参数和说明跟 make_grid()一致。

【任务设计】

手动搭建多层感知机实现图像识别，所使用的数据集是 FashionMNIST。

FashionMNIST 是一个替代 MNIST 手写数字集的图像数据集。它由 Zalando 旗下的研究部门提供。其涵盖了来自 10 种类别的共 7 万个不同商品的正面图片，如图 2-26 所示。

FashionMNIST 数据集的大小、格式和训练集/测试集数据划分与原始的 MNIST 手写数字集完全一致。训练集/测试集数据划分为 60000/10000，灰度图像大小为 28×28。

图 8-26 FashionMNIST 数据集

搭建并训练完多层感知机之后，需要利用测试集数据查看模型对于测试集的预测准确率。

本任务的目标是保证模型对于测试集的预测准确率达到 75%以上。

任务具体步骤如下。任务流程图如图 8-27 所示。

（1）数据准备。导入相关库之后，加载 FashionMNIST 数据集。

（2）构建网络。搭建简单的三层多层感知机，包含一个输入层、一个隐藏层和一个输出层。

（3）编译网络。构建损失函数和优化器。

（4）训练网络。训练网络并进行性能评估，用测试集数据评估网络对于测试集的准确率。

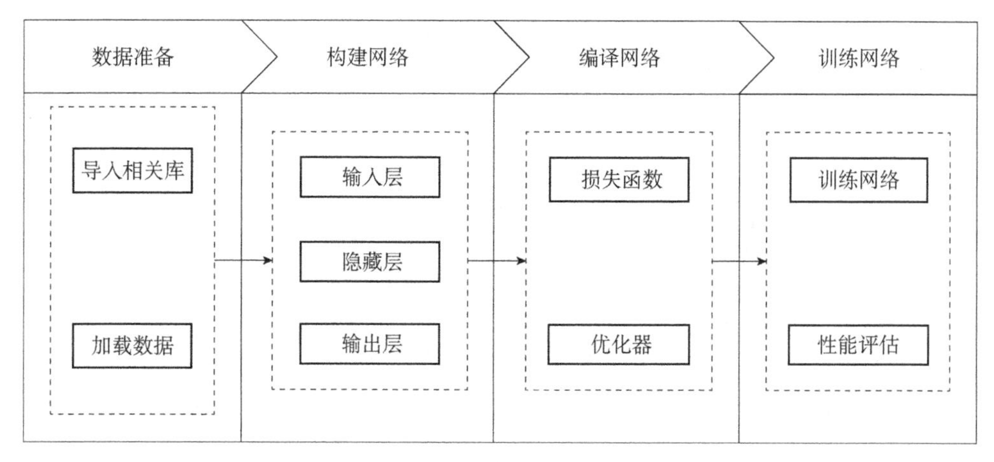

图 8-27　任务流程图

【任务实施】

搭建多层感知机实现对 FashionMNIST 数据集的图像识别，具体的任务实施步骤和结果如下。

（1）数据准备。导入相关库，包括 torch 和 d2lzh_pytorch 等。d2lzh_pytorch 库需要从互联网下载对应的文件，将其保存在 anaconda 下。以默认路径为例，需要将下载好的 d2lzh_pytorch 文件保存在“C:\Users\用户名\anaconda3\Lib\site-packages”路径下，这样才能正常导入 d2lzh_pytorch 包。导入相关库之后即可利用 d2l 包加载 FashionMNIST 数据集，数据准备如代码 8-14 所示。

代码 8-14　数据准备

```
# 导入相关库
import torch
import torch.nn as nn
import torch.nn.init as init
import torch.optim as optim
import d2lzh_pytorch as d2l


# 加载数据
batch_size = 256
train_iter, test_iter = d2l.load_data_fashion_mnist(batch_size, root='../data')
```

（2）构建网络。利用 MLP()构建三层感知机，即一层为输入层、一层为隐藏层和一层为输出层，隐藏层与输出层均用 Linear()构建。激活函数采用 ReLU()，构建网络时还需要设置各层的节点数，构建网络之后构建的 for 循环是为了方便训练网络时展示网络的参数信息，如训练集和测试集的准确率等，如代码 8-15 所示。

代码 8-15　构建三层感知机

```
# 各层节点数
num_input, num_hidden, num_output = 28 * 28, 256, 10

# 构建三层感知机
class MLP(nn.Module):
    def __init__(self, n_input, n_hidden, n_output):
        super(MLP, self).__init__()
        self.flatten = d2l.FlattenLayer()
        self.linear1 = nn.Linear(n_input, n_hidden)
        self.relu = nn.ReLU()
        self.linear2 = nn.Linear(n_hidden, n_output)
    def forward(self, input):
        return self.linear2(self.relu(self.linear1(self.flatten(input))))
net = MLP(num_input, num_hidden, num_output)
# 查看神经网络的参数信息，用于更新参数，或者用于模型保存
for param in net.parameters():
    init.normal_(param, mean=0, std=0.01)
```

（3）编译网络。设置损失函数和优化器，损失函数采用 CrossEntropyLoss()，优化器采用梯度下降法 SGD，学习率设置为 0.5，编译网络如代码 8-16 所示。

代码 8-16　编译网络

```
# 损失函数
loss = nn.CrossEntropyLoss()


# 设置优化器
optimizer = optim.SGD(net.parameters(), lr=0.5)
```

（4）训练网络。设置迭代次数为 5，通过 d2l 包训练构建好的多层感知机，并调试和设置对应损失函数及优化器的参数，如代码 8-17 所示。

代码 8-17　训练网络

```
# 训练
num_epochs = 5
d2l.train_ch3(net, train_iter, test_iter, loss,
              num_epochs, batch_size, optimizer=optimizer)
```

运行代码 8-17 的结果如下。可以看到经过 5 次迭代之后，构建的多层感知机对于测试集的预测准确率可以达到 79.5%。

```
epoch 1, loss 0.0032, train acc 0.697, test acc 0.818
epoch 2, loss 0.0019, train acc 0.817, test acc 0.755
epoch 3, loss 0.0017, train acc 0.836, test acc 0.823
epoch 4, loss 0.0015, train acc 0.856, test acc 0.841
epoch 5, loss 0.0015, train acc 0.862, test acc 0.795
```

【任务评价】

填写表 8-28 所示任务过程评价表。

表 8-28　任务过程评价表

任务实施人姓名______________　　学号________________　　时间___________

评价项目及标准		分值	小组评议	教师评议
技术能力	1. 基本概念熟悉程度	12		
	2. 数据准备	12		
	3. 构建多层感知机的代码编写	12		
	4. 设置损失函数及优化器的代码编写	12		
	5. 训练网络的代码编写	12		
执行能力	1. 出勤情况	5		
	2. 遵守纪律情况	5		
	3. 是否主动参与，有无提问记录	5		
	4. 有无职业意识	5		
社会能力	1. 能否有效沟通	5		
	2. 使用基本的文明礼貌用语情况	5		
	3. 能否与组员主动交流、积极合作	5		
	4. 能否自我学习及自我管理	5		
		100		
评定等级：				
评价意见		学习意见		

评定等级：A：优，得分＞90；B：好，得分＞80；C：一般，得分＞60；D：有待提高，得分＜60。

小结

本章任务主要介绍了多层感知机和 BP 神经网络的基本原理及基于 PyTorch 框架的代码实现。多层感知机与 BP 神经网络均属于人工神经网络，人工神经网络的基本组成部分是神经元和损失函数。人工神经网络的基本结构包括输入层、隐藏层和输出层。若在一个神经网络中，隐藏层的神经元个数大于等于 2，则是多层感知机。在多层感知机的基础上构建反向传播算法，则是 BP 神经网络。在代码实现上，多层感知机与 BP 神经网络的运行均包括数据准备、构建网络、编译网络和训练网络四个步骤，最后利用预测准确率评估网络的性能。

任务 8 练习

1. 选择题

（1）下列关于神经网络的说法错误的是（　　）。

A. 人工神经网络是一种应用类似于大脑神经突触连接的结构进行信息处理的数学模型
B. 神经网络的输出值与网络中使用的激活函数无关
C. 神经元间的连接权重反映了单元间的连接强度
D. 神经网络是一种运算模型，由大量的节点（神经元）及其之间的相互连接而构成
（2）下列说法错误的是（　　）。
A. 神经网络可以没有输出层
B. 隐藏层介于输入层和输出层之间
C. 使用不同的权重和激活函数，可能会导致神经网络的输出值不同
D. 隐藏层是输入层和输出层之间众多神经元和对应的连接组成的各个层面

2. 判断题

（1）人工神经网络中能使用的激活函数只有 ReLU()。（　　）
（2）多隐层神经网络难以直接使用经典算法进行训练。（　　）

3. 填空题

（1）在人工神经网络中，常用的激活函数有________、________、________。
（2）在多层感知机中，通常要解决最优化问题，而常用到的优化算法为________。

4. 简答题

（1）第一代神经网络的主要缺陷是什么？
（2）BP 神经网络的训练过程的两个阶段的作用分别是什么？

5. 案例题

经过对多层感知机的学习可知一个单独的感知机可以表示为 $wx+b$。请构建一个只有一个神经元的感知机模型拟合 $y=wx+b$，其中 $w=9$，$b=30$。
（1）生成用于拟合函数的 x 值和 y 值。
（2）构建只有一个神经元的感知机模型。
（3）设置损失函数和优化器。
（4）训练网络，得到神经元的权重和偏置即为 w 和 b。

任务 9

搭建卷积神经网络实现手写数字图像识别

卷积神经网络（Convolutional Neural Networks, CNN）是一类包含卷积计算且具有深度结构的前馈神经网络（Feedforward Neural Networks），是深度学习（Deep Learning）的代表算法之一。对卷积神经网络的研究始于 20 世纪 80 至 90 年代，随着深度学习理论的提出和数值计算设备的改进，卷积神经网络得到了快速发展并被应用于计算机视觉、自然语言处理等领域。

【任务要求】

了解深度学习中常用的网络层原理、常见的卷积神经网络；根据提供的数据集，利用 PyTorch 框架搭建卷积神经网络对手写数字图像进行识别。

【相关知识】

9.1　卷积神经网络常见的网络层

卷积神经网络常见的网络层包含卷积层、池化层、正则化层、归一化层和全连接层。网络层的先后顺序通常是，卷积层优先构造，池化层放置在卷积层之后，正则化层和归一化层放置在整个网络中间偏后的位置，全连接层放置在网络的后端或多个卷积层之后。

9.1.1　卷积层

卷积神经网络中每层卷积层由若干卷积单元组成，反向传播算法会对每个卷积单元的参数做优化处理。卷积运算的目的是提取输入的不同特征，第一层卷积层只能提取一些简单的特征（如边缘、线条和角等），后续更深层卷积层能从简单特征中迭代提取更为复杂的特征。下面将先介绍卷积层的两个基本特性，分别是局部连接和权值共享，再介绍卷积的实现过程。

1. 局部连接

局部连接就是卷积层的节点仅仅和其前一层的部分节点相连接，只用于学习局部特征。局部连接的构思理念来源于动物视觉的皮层结构，即动物视觉的神经元在感知外界物体的过程中起作用的只有一部分神经元。在计算机视觉中，在图像的某一块区域中，像素之间的相关性与像素之间的距离相关，距离较近的像素间相关性强，距离较远则相关性较弱。因此，采用部分神经元接收图像信息，再通过归总全部的图像信息达到增强图像信息的目的。

局部连接如图 9-1 所示，第 $n+1$ 层的每个节点只与第 n 层中的 3 个节点相连接，而非与前一层的 5 个神经元节点相连接，原本需要 15（5×3=15）个权值参数，现在只需要 9（3×3=9）个权值参数，减少了 40%的参数量。第 $n+2$ 层与第 $n+1$ 层之间同样是局部连接方式。这种局部连接方式减少了参数的数量，加快了学习速率，同时也在一定程度上减少了过拟合的可能。

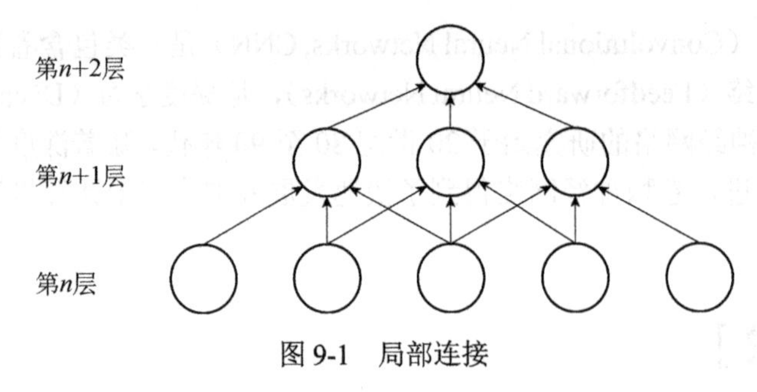

图 9-1　局部连接

2. 权值共享

卷积层的另一特性是权值共享。例如，一个 3×3 的卷积核共有 9 个参数，该卷积核会和输入图像的不同区域做卷积来检测相同的特征。不同的卷积核对应不同的权值参数，用于检测不同的特征。权值共享如图 9-2 所示，一共有 3 组不同的权值，如果只采用局部连接，共需要 12（3×4=12）个权值参数，在局部连接的基础上再引入权值共享，便仅仅需要 3 个权值，能够进一步地减少参数的数量。

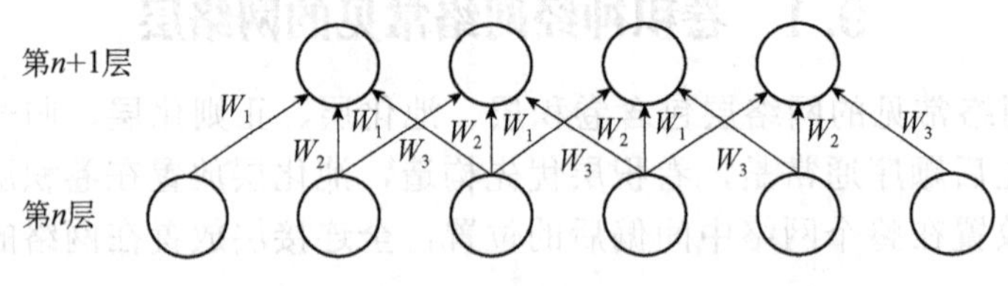

图 9-2　权值共享

3. 卷积的实现过程

在局部连接和权值共享的基础上，网络中的每一层的计算操作是输入层和权重的卷积，卷积神经网络的名字因此而来。

设定一个大小为 5×5 的图像，和一个 3×3 的卷积核。这里的卷积核共有 9 个参数，记为 $\Theta=\left[\theta_{ij}\right]_{3\times3}$。这种情况下，卷积核实际上有 9 个神经元，它们的输出又组成一个 3×3 的矩阵，称为特征图。卷积的实现过程如图 9-3 所示，第一个神经元连接图像的第一个

3×3 的局部，第二个神经元则滑动连接第二个 3×3 的局部，期间滑动了一次，最终得到一个 3×3 的特征图。

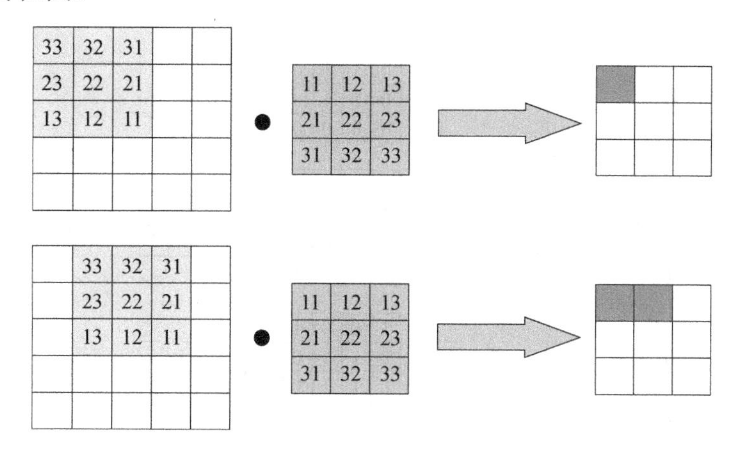

图 9-3　卷积的实现过程

4. Conv2D

Conv2D（二维卷积，滤波）是图像处理的一个常用操作，可以提取图像的边缘特征、去除噪声等。离散二维卷积的公式如式（9-1）所示。

$$S(i,j)=(I*W)(i,j)=\sum_{m}\sum_{n}I(i+m,j+n)W(m,n) \tag{9-1}$$

式中，I 为二维输入图像，W 为卷积核，$S(i,j)$ 为得到的卷积结果在坐标 (i,j) 处的数值。遍历 m 和 n 时，$(i+m,j+n)$ 可能会超出图像 I 的边界，所以要对图像 I 进行边界延拓，或者限制 i 和 j 的下标范围。

二维卷积的计算过程如图 9-4 所示。其中，原始图像的大小为 5×5，卷积核是一个 3×3 的一个矩阵 $\begin{bmatrix}1&0&1\\0&1&0\\1&0&1\end{bmatrix}$，所得到的卷积结果为 3×3。卷积核从左到右、从上到下依次对图像中相应的 3×3 的区域做内积，每次滑动一个像素。例如，卷积结果中标记的“2”，是通过原始图像中 3×3 的像素值和卷积核做内积得到的，即 0×1+0×0+1×1+0×0+0×1+1×0+0×1+1×0+1×1=2。

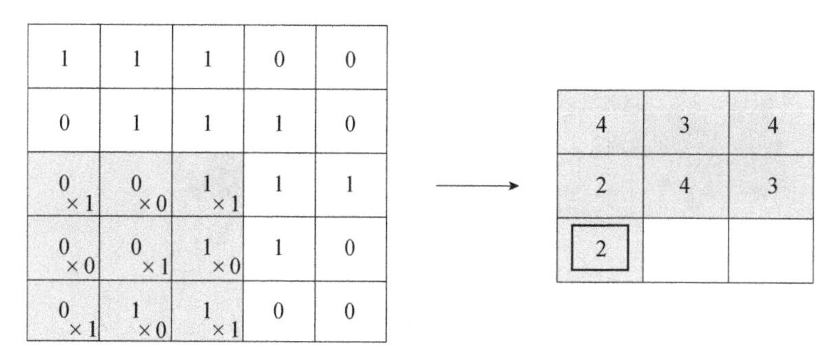

图 9-4　二维卷积的计算过程

当数据含有多个通道时（RGB 图像），会构造一个输入通道数与输入数据的通道数相同的卷积核，每个输入通道各分配一个二维卷积核，然后将所有通道卷积后的结果相加，从而实现多通道二维卷积，如图 9-5 所示。

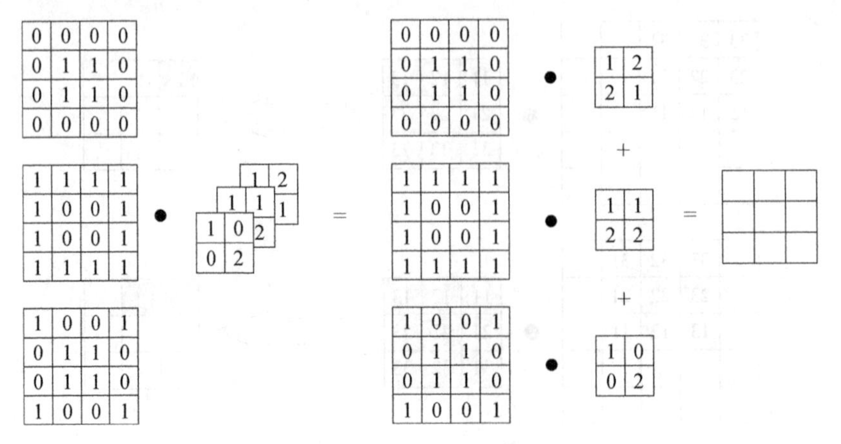

图 9-5 多通道二维卷积

5. SeparableConv2D

SeparableConv2D（深度方向的可分离二维卷积）的操作包括两个部分。首先执行深度方向的空间卷积（分别作用于每个输入通道），如图 9-6 所示。

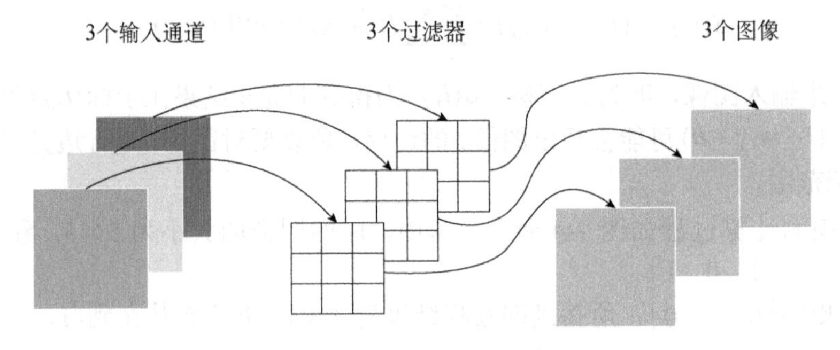

图 9-6 深度方向的空间卷积

然后执行将所得输出通道混合在一起的逐点卷积，如图 9-7 所示。

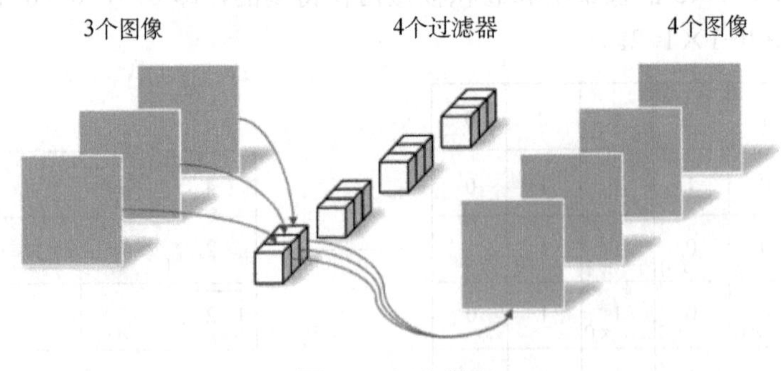

图 9-7 逐点卷积

可分离的卷积可以理解为一种将卷积核分解成两个较小的卷积核的方法，其计算过程如图 9-8 所示。

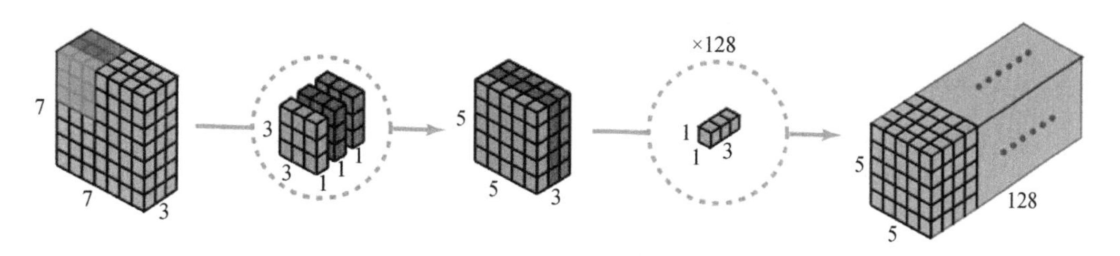

图 9-8　可分离二维卷积的计算过程

假设输入层数据的大小是 7×7×3（高×宽×通道），在 SeparableConv2D 的第一步中，不使用 Conv2D 卷积中 3 个 3×3 的卷积算子作为一个卷积核，而是分开使用 3 个卷积算子，每个卷积算子的大小为 3×3。一个 3×3 的卷积算子与输入层的一个通道卷积（仅一个通道，而非所有通道）做运算，得到 1 个大小为 5×5 的映射图。然后将这些映射图堆叠在一起，得到一个 5×5×3 的中间数据，如图 9-8 所示。

在 SeparableConv2D 的第二步中，为了扩展深度使用 1 个大小为 1×1 的卷积核，每个卷积核有 3 个 1×1 的卷积算子，对 5×5×3 的中间数据进行卷积，可得到 1 个 5×5 的输出通道。用 128 个 1×1 的卷积核则可以得到 128 个输出通道，如图 9-8 所示。

SeparableConv2D 可以显著降低 Conv2D 卷积中参数的数量。因此，对于规模较小的网络而言，如果用 SeparableConv2D 积替代 Conv2D 卷积，网络的能力可能会显著下降。但是，如果使用得当，SeparableConv2D 能在不降低网络性能的前提下实现效率提升。

6. Conv2DTranspose

Conv2DTranspose（转置卷积）常常用于 CNN 中对特征图进行采样。Conv2DTranspose 对普通卷积操作中的卷积核做转置处理，将普通卷积的输出作为转置卷积的输入，而转置卷积的输出即为普通卷积的输入。转置卷积形式上和卷积层的反向梯度计算过程相同。

普通卷积的计算过程如图 9-9 所示。

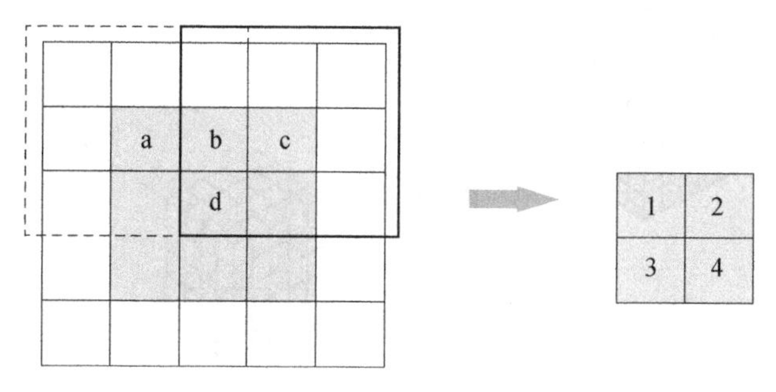

图 9-9　普通卷积的计算过程

图 9-9 是一个卷积核大小为 3×3、步长为 2、填充值（padding）为 1 的普通卷积。卷积核在虚线框位置时输出元素 1，在实线框位置时输出元素 2。输入元素 a 仅和输出元素 1 有运算关系，而输入元素 b 和输出元素 1、2 均有关系。同理，元素 c 只和元素 2 有关，而 d 和 1、2、3 和 4 四个元素都有关。在进行转置卷积时，依然应该保持这个连接关系不变。

转置卷积的计算过程如图 9-10 所示。

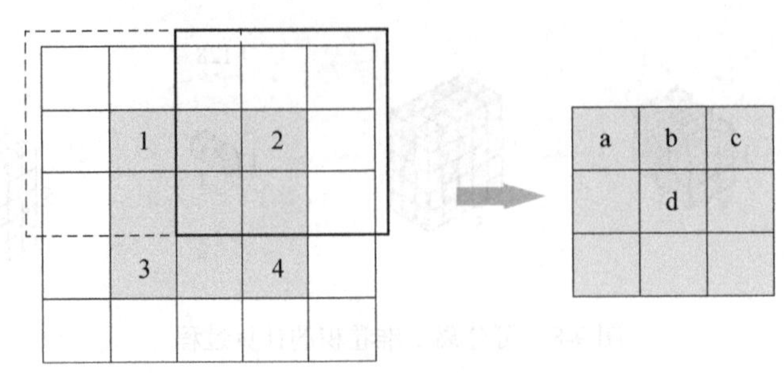

图 9-10 转置卷积的计算过程

转置卷积将图 9-10 中左边的特征图作为输入，右边的特征图作为输出，并且保证连接关系不变。即 a 只和元素 1 有关，b 和 1、2 两个元素有关，其他以此类推。先用数值 0 给左边的特征图做插值，使得相邻两个元素的间隔为卷积的步长值，即插值的个数，同时边缘也需要进行与插值数量相等的补 0。这时卷积核的滑动步长就不再是 2，而是 1，步长值体现在了插值补 0 的过程中。

7. Conv3D

Conv3D（三维卷积）的计算过程如图 9-11 所示。注意，这里只有一个输入通道、一个输出通道和一个三维的卷积算子（3×3×3）。如果有 64 个输入通道（每个通道是一个三维数组），要得到 32 个输出通道（每个通道也是一个三维数组），则需要有 32 个卷积核，每个卷积核有 64 个 3×3×3 的卷积算子。Conv3D 中可训练的参数的数量通常远远多于普通的 Conv2D。

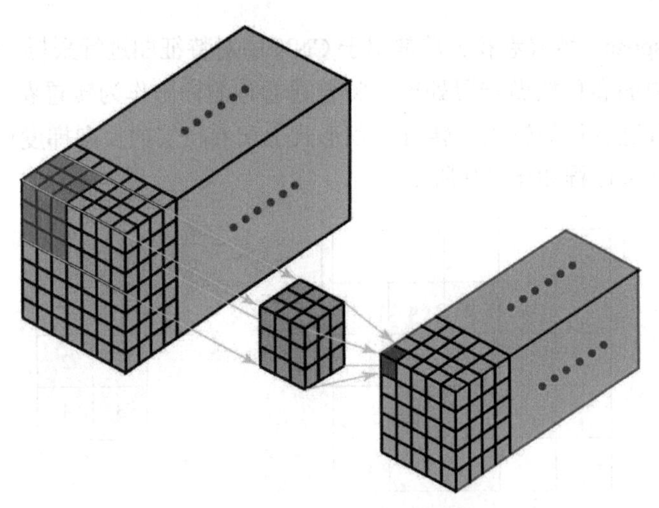

图 9-11 三维卷积的计算过程

值得注意的是，Conv3D 的输入要求是一个 5 维的张量：[batch_size，长度，宽度，高度，通道数]。而 Conv2D 的输入是一个 4 维的张量：[batch_size，宽度，高度，通道数]。

9.1.2 池化层

在卷积层中，可以通过调节步长参数来达到减少输出尺寸的目的，池化层同样基于局部相关性的思想，在局部相关的一组元素中进行采样或信息聚合，从而得到新的元素值。

如最大池化层（Max Pooling）返回局部相关元素集中最大的元素值，平均池化层（Average Pooling）返回局部相关元素集中元素的平均值。

池化即下采样（downsamples），目的是减少特征图的尺寸。池化操作对于卷积后的每个特征图是独立进行的，池化窗口大小一般为 2×2，相对于卷积层进行卷积运算，池化层进行的运算一般有以下 3 种。

① 最大池化（Max Pooling）。取 4 个元素的最大值，这是最常用的池化方法。

② 平均值池化（Mean Pooling）。取 4 个元素的均值。

③ 高斯池化。借鉴高斯模糊的方法，不常用。

如果池化层的输入单元大小不是 2 的整数倍，一般采取边缘补零（zero-padding）的方式补成 2 的倍数，然后再池化。

1. MaxPooling2D

MaxPooling2D（二维最大池化）的计算过程如图 9-12 所示，其中池化窗口大小 pool_size = (2,2)，步长 strids = (2,2)，对一个 4×4 的区域采样得到一个 2×2 的区域。

1	1	2	4
5	6	7	8
3	2	1	0
1	2	3	4

过滤器大小为2 × 2且步幅大小为2的最大池化层

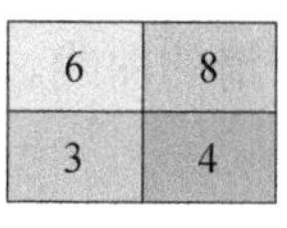

6	8
3	4

图 9-12　二维最大池化的计算过程

2. AveragePooling2D

AveragePooling2D 将二维信号（图像)进行平均值池化。计算输出的每一个通道的特征图中所有像素的平均值，在经过全局平均池化（Global average Pooling，GAP）之后得到一个特征向量，该向量的维度表示类别数，然后直接输入到 softmax 层。全局平均池化的图解如图 9-13 所示。

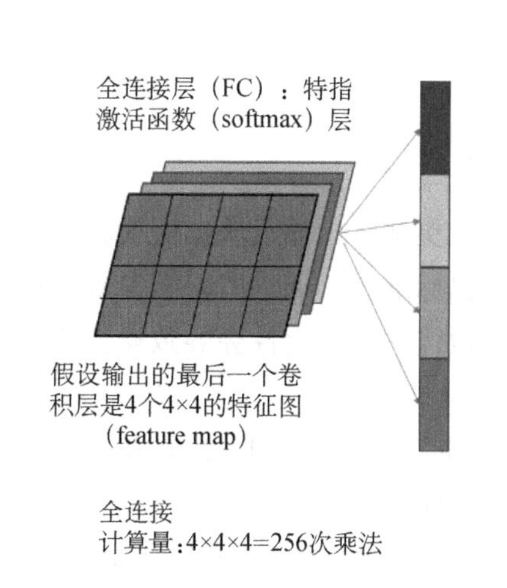

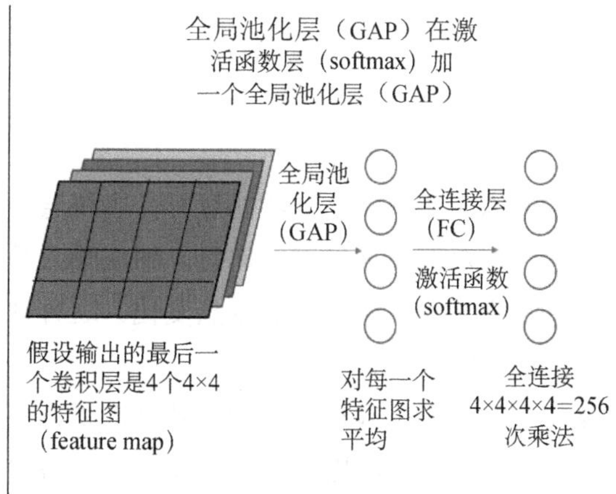

图 9-13　全局平均池化的图解

全局平均池化可代替全连接层，可接收任意尺寸的图像。

全局平均池化的优点如下。

① 可以更好地将类别与最后一个卷积层的特征图对应起来（每一个通道对应一种类别，这样每一张特征图都可以看成是该类别对应的类别置信图）。

② 降低参数量，全局平均池化层没有参数，可防止在该层过拟合。

③ 整合了全局空间信息，对于输入图像的空间翻译（spatial translation）鲁棒性更强。

9.1.3 正则化层

正则化的英文为 Regularizaiton，直译后是规则化。如 1+1=2 等式，就是一种规则，一种不能随意打破的限制。设置正则化层（正则化器）的目的是防止网络过拟合，进而增强网络的泛化能力。最终目的是让泛化误差（generalization error）的值无限接近于甚至等于测试误差（test error）的值。

模拟过拟合曲线与正则化后的曲线如图 9-14 所示。其中，上下剧烈波动的曲线为过拟合曲线。而正则化就是给需要训练的目标函数加上一些规则进行限制，限制曲线变化的幅度，成为较为平滑的曲线。

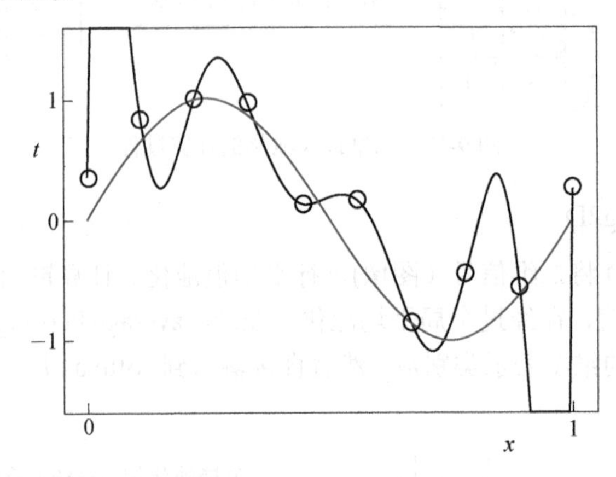

图 9-14 模拟过拟合曲线与正则化后的曲线

9.1.4 归一化层

对于浅层网络，随着网络训练的进行，当每层中参数更新时，靠近输出层的输出较难出现剧烈变化。但对深层神经网络而言，即使输入数据已标准化，训练中模型参数的更新依然很容易造成靠近输出层输出的剧烈变化。这种计算数值的不稳定性会导致操作者难以训练出有效的深度网络。

归一化层利用小批量数据集的均值和标准差，不断调整网络的中间输出，从而使整个网络各层的中间输出的数值更稳定，提高训练网络的有效性。

深度网络中的数据维度一般是[N,C,H,W]或者[N,H,W,C]格式，其中 N 是 batch size，H/W 是 feature 的高/宽，C 是特征（feature）的通道（channel），将 H/W 视为一个维度，4 种归一化层的三维表示如图 9-15 所示。

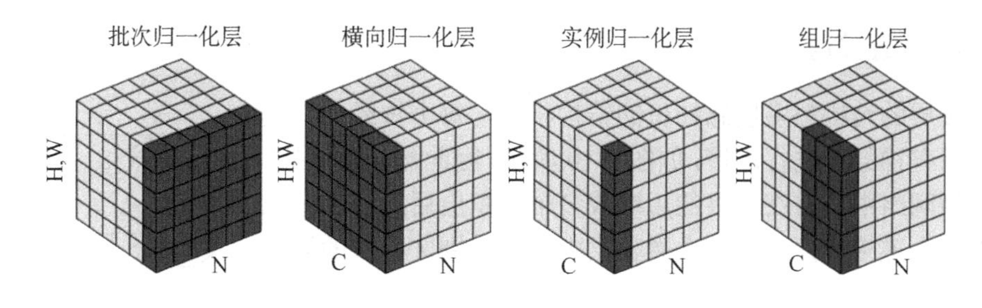

图 9-15　4 种归一化层的三维表示

目前，归一化层主要有 5 种，即批次归一化层（Batch Normalization，BN）、横向归一化层（Layer Normalization，LN）、实例归一化层（Instance Normalization，IN）、组归一化层（Group Normalization，GN）和可切换归一化层（Switchable Normalization，SN）。

1）批次归一化层的特性与作用

① 批次归一化层的计算方式是将每个通道的 N、H、W 单独进行归一化处理。

② 当 batch size 越小，批次归一化层的效果也越不好，因为计算过程中所得到的均值和方差不能代表全局。

2）横向归一化层的特性与作用

① 横向归一化层的计算是将每个 C、H、W 单独进行归一化处理，不受 batch size 的影响。

② 在卷积神经网络中并不常用，如果输入的特征区别很大，不建议使用横向归一化层做归一化处理。

3）实例归一化层的特性与作用

① 实例归一化层的计算是将每个 H、W 单独进行归一化处理，不受通道和 batch size 的影响。

② 常用于风格化迁移，但是如果特征图可以用到通道之间的相关性，则不建议使用实例归一化层做归一化处理。

4）组归一化层的特性与作用

① 组归一化层的计算首先是将通道 C 分成 G 组，然后将每个 C、H、W 单独进行归一化处理，最后将 G 组归一化之后的数据合并成 CHW。

② 组归一化层介于横向归一化层和实例归一化层之间，如 G 的大小为 1 或者为 C。

5）可切换归一化层的特性与作用

① 将批次归一化层、横向归一化层和实例归一化层结合，赋予权重，让网络自己去学习归一化层应该使用什么方法。

② 因为结合了多个归一化层，所以训练过程更为复杂。

深度学习中最常用的是批次归一化层，批次归一化层应用了一种变换，该变换可将该批所有样本在每个特征上的平均值保持在 0 左右，标准偏差保持在 1 附近。将可能逐渐向非线性传递函数（如 Sigmoid 函数）取值的极限饱和区靠拢的分布，强制拉回至均值为 0、方差为 1 的标准正态分布，使得规范化后的输出落入下一层的神经元比较敏感的区域，从而避免梯度消失问题。因为梯度一直都能保持在比较大的状态，所以对神经网络的参数调整效率比较高，即向损失函数最优值迈动的步子大，可以加快收敛速度。

9.1.5 全连接层

全连接层的结构与多层感知机的结构相同，每个神经元与其前一层的所有神经元进行连接，如图 9-16 所示，因此称为全连接。在卷积神经网络中，常在网络的后端或多个卷积层后连接 1 个或 1 个以上的全连接层，用于整合卷积层中具有类别区分性的局部信息。

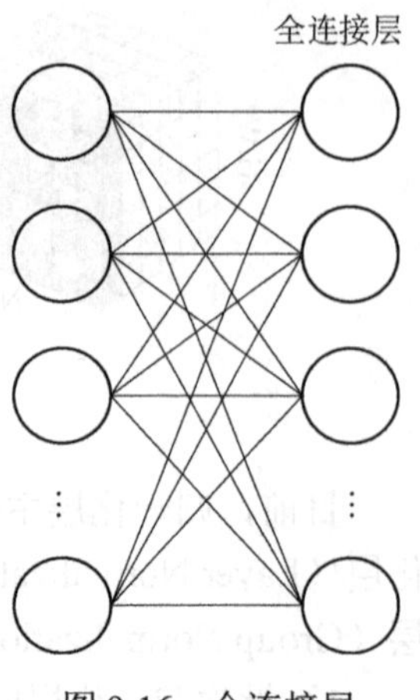

图 9-16 全连接层

当全连接层位于网络的结尾处时，可以根据具体的目标设置不同的激活函数和神经元个数。例如，在实现分类任务时，可以选择 SoftMax()作为激活函数，并以待分类的类别数作为神经元个数。

随着全连接层中神经元的个数增加，网络的拟合能力越强，理论上越强的拟合能力可以使模型得到更好的效果。但是神经元的个数增加，模型的复杂度也随着增加，导致运行时间增加、效率降低。

9.2 常见的卷积神经网络

除了经典的 CNN 网络之外，还有其他常见的卷积神经网络，如 LeNet5、AlexNet、VGGNet、GoogLeNet 和 ResNet。

9.2.1 LeNet5

LeNet5 是杨立昆（Yann LeCun）在 1998 年设计的用于手写数字识别的卷积神经网络，当年美国大多数银行就是用 LeNet5 来识别支票上面的手写数字的，是早期卷积神经网络中最有代表性的实际应用之一。LeNet5 共有 7 层（不包括输入层），其网络结构如图 9-17 所示。

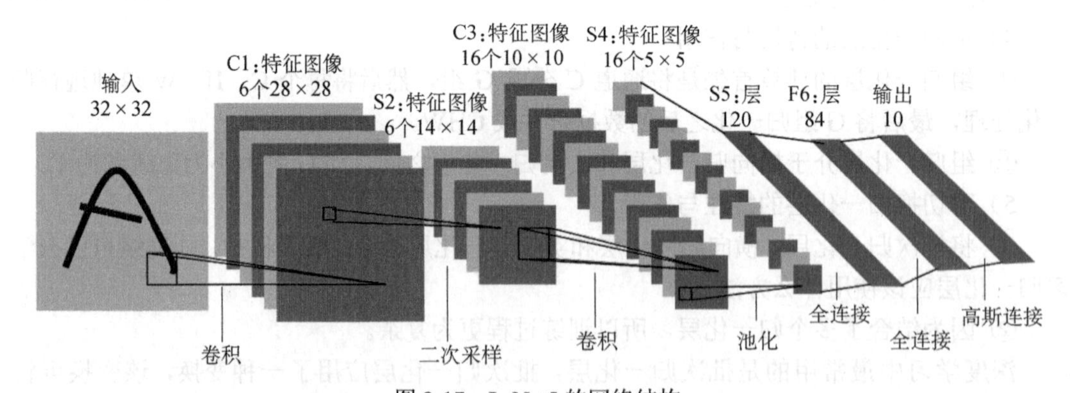

图 9-17 LeNet5 的网络结构

LeNet5 中主要有 2 个卷积层、2 个下采样层（二次采样层、池化层）和 2 个全连接层。由于当时缺乏大规模的训练数据，且受限于当时计算机的计算能力，LeNet5 对于复杂问题的处理结果并不理想。通过对 LeNet5 的网络结构的学习，可以直观地了解一个卷积神经网络的构建方法，可以为分析、构建更复杂、更多层的卷积神经网络做准备。

9.2.2 AlexNet

AlexNet 于 2012 年由 Alex Krizhevsky（亚历克斯・克里泽夫斯基）、Ilya Sutskever（伊利亚・萨茨基）和 Geoffrey Hinton（杰弗里・希尔顿）等人提出，并在 2012 年的机器视觉领域最具权威的学术竞赛之一——ILSVRC（ImageNet Large-Scale Visual Recognition Challenge）中取得了最佳的成绩。ILSVRC 是一个由 ImageNet 发起的挑战，是计算机视觉领域的奥运会。全世界的团队带着他们的神经网络来对 ImageNet 中的数以千万的共 1000 个类别的图片进行分类、定位、识别，这是一个有相当难度的任务。AlexNet 的网络结构如图 9-18 所示。

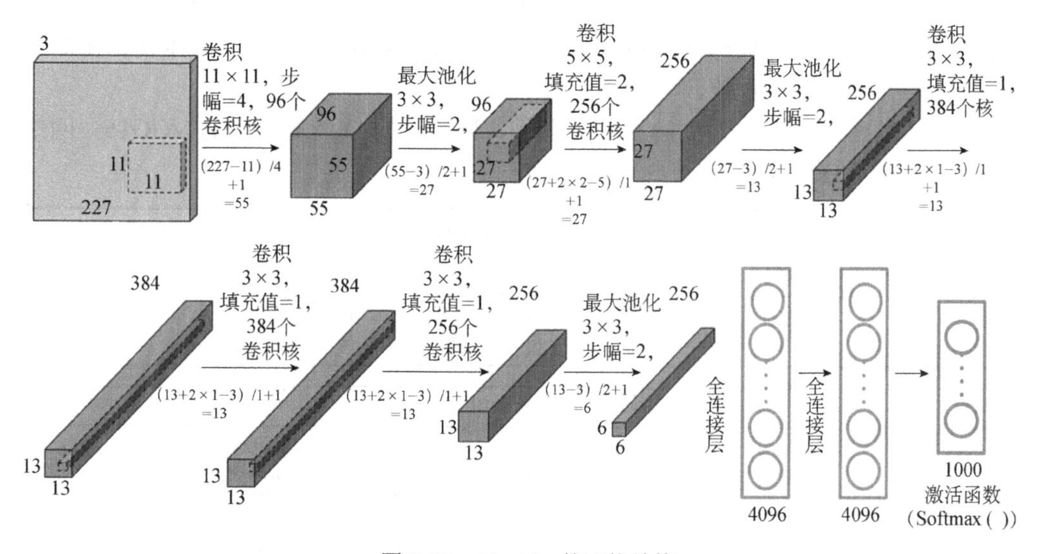

图 9-18　AlexNet 的网络结构

假设输入的图像尺寸是 256×256，首先进行随机裁剪得到 227×227 大小的图像，然后输入神经网络，最后得到 1000 个 0 到 1 的数的输出，代表输入样本的类别。

在 ILSVRC 大赛中，AlexNet 使用了 ImageNet 数据集对网络进行训练，该数据集包含 22000 多个类别的超过 1500 万个带注释的图像；使用了 ReLU()，减少了训练时间，因为 ReLU()比传统的 tanh()快几倍；使用了数据增强技术，包括图像转换、水平反射等；实施了 dropout 层，以解决过度拟合训练数据的问题。使用基于 mini-batch 的随机梯度下降算法训练网络，具有动量和重量衰减的特定值；在两个 GTX 580 GPU 上训练了五到六天；每一层权重均初始化为 0 均值、0.01 标准差的高斯分布，在第二层、第四层和第五层卷积的偏置被设置为 1.0，而其他层的偏置则被设置为 0，目的是加速早期学习的速率（因为激活函数是 ReLU()，1.0 的偏置可以让大部分输出为正）；学习速率初始值为 0.01，在训练结束前共减小 3 次，每次减小都出现在错误率停止减少的时候，每次减小都是把学习速率除以 10。

在使用饱和型的激活函数时，通常需要对输入进行 BatchNormalization 归一化处理，以利用激活函数在 0 附近的线性特性与非线性特性，但对于 ReLU()，不需要输入归一化。然而，Alex Krizhevsky 等人发现通过局部响应归一化可以提高网络的泛化性能。局部归一化是指，对位置 (x,y) 处的像素计算其与几个相邻的卷积核特征的像素值的和，并除以这个和来归一化。

9.2.3 VGGNet

VGGNet（Visual Geometry Group）于 2014 年由牛津大学的 Karen Simonyan（凯伦·西蒙扬）和 Andrew Zisserman（安德鲁·齐瑟曼）提出。VGGNet 的主要特点是简洁、深度。深度，是因为 VGGNet 有 19 层，远远超过了它的前辈；简洁，则是指它在结构上一律采用 stride 为 1 的 3×3 的 filter，以及 stride 为 2 的 2×2 的 MaxPooling。

VGGNet 一共有 6 种不同的网络结构，但是每种结构都有 5 组卷积，每组卷积都使用 3×3 的卷积核，每组卷积后进行一个 2×2 的最大池化，接下来是 3 个全连接层。在训练高级别的网络时，可以先训练低级别的网络，用训练低级别网络获得的权重初始化高级别的网络，可以加速网络的收敛。

VGGNet 的网络结构如图 9-19 所示，其中，网络结构 D 就是著名的 VGG16，网络结构 E 就是著名的 VGG19。

<table>
<tr><td colspan="6">ConvNet Configuration</td></tr>
<tr><td>A</td><td>A-LRN</td><td>B</td><td>C</td><td>D</td><td>E</td></tr>
<tr><td>11
权重</td><td>11
权重</td><td>13
权重</td><td>16
权重</td><td>16
权重</td><td>19
权重</td></tr>
<tr><td colspan="6">输入（224×224 RGB 图片）</td></tr>
<tr><td>conv3-64</td><td>conv3-64
LRN</td><td>conv3-64
conv3-64</td><td>conv3-64
conv3-64</td><td>conv3-64
conv3-64</td><td>conv3-64
conv3-64</td></tr>
<tr><td colspan="6">最大池化层</td></tr>
<tr><td>conv3-128</td><td>conv3-128</td><td>conv3-128
conv3-128</td><td>conv3-128
conv3-128</td><td>conv3-128
conv3-128</td><td>conv3-128
conv3-128</td></tr>
<tr><td colspan="6">最大池化层</td></tr>
<tr><td>conv3-256
conv3-256</td><td>conv3-256
conv3-256</td><td>conv3-256
conv3-256</td><td>conv3-256
conv3-256
conv1-256</td><td>conv3-256
conv3-256
conv1-256</td><td>conv3-256
conv3-256
conv3-256
conv3-256</td></tr>
<tr><td colspan="6">最大池化层</td></tr>
<tr><td>conv3-512
conv3-512</td><td>conv3-512
conv3-512</td><td>conv3-512
conv3-512</td><td>conv3-512
conv3-512
conv1-512</td><td>conv3-512
conv3-512
conv1-512</td><td>conv3-512
conv3-512
conv3-512
conv3-512</td></tr>
<tr><td colspan="6">最大池化层</td></tr>
<tr><td>conv3-512
conv3-512</td><td>conv3-512
conv3-512</td><td>conv3-512
conv3-512</td><td>conv3-512
conv3-512
conv1-512</td><td>conv3-512
conv3-512
conv1-512</td><td>conv3-512
conv3-512
conv3-512
conv3-512</td></tr>
<tr><td colspan="6">最大池化层（maxpool）</td></tr>
<tr><td colspan="6">全连接层-4096（FC-4096）</td></tr>
<tr><td colspan="6">全连接层-4096（FC-4096）</td></tr>
<tr><td colspan="6">全连接层-1000（FC-1000）</td></tr>
<tr><td colspan="6">激活函数（soft-max()）</td></tr>
</table>

图 9-19　VGGNet 的网络结构

在预测时，VGGNet 采用 Multi-Scale（多尺幅目标检测）的方法，将图像的尺寸变成 Q，并将图像输入卷积网络进行计算。然后在最后一个卷积层使用滑窗的方式进行分类预测，将不同窗口的分类结果平均，再将不同尺寸 Q 的图像平均得到最后结果，这样可提高图像数据的利用率并提升预测的准确率。在训练中，VGGNet 还使用了 Multi-Scale 的方法进行数据增强，将原始图像缩放至尺寸 S，然后再随机裁切 224×224 的图像，这样会增加很多数据量，对于防止网络过拟合有很不错的效果。

在训练的过程中，VGGNet 比 AlexNet 收敛得要快一些，原因有两点。

① 使用小卷积核和更深的网络进行正则化。

② 在特定的层使用了预训练得到的数据进行参数的初始化。

在 VGGNet 中，仅使用 3×3 尺寸的卷积，与 AlexNet 的第一层 11×11filter 和 ZF Net 的 7×7 的卷积完全不同。2 个 3×3 的卷积层的组合具有 5×5 的有效感受野。感受野即卷积神经网络特征所能感受到的输入图像的区域大小，也可以认为特征输出受感受野区域内的像素点的影响。实际有效的感受野和理论上的感受野差距比较大，实际有效的感受野是一个高斯分布。随着层数的增加，数据的空间减小（池化层的结果），但在每个池化层之后输出通道数量翻倍。

9.2.4 GoogLeNet

GoogLeNet 是 2014 年由克里斯提・鲁布托（Christian Louboutin）提出的一种全新的深度学习结构，在这之前的 AlexNet、VGGNet 等结构都是通过增大网络的深度（层数）来获得更好的训练效果，但层数的增加会带来很多副作用，如过拟合、梯度消失、梯度爆炸等。网络宽度（inception）的提出则从另一种角度提升了训练效果，能更高效地利用计算资源，在相同的计算量下可提取到更多的特征。GoogLeNet 的 inception 结构如图 9-20 所示。其中，左图是最初版本的 inception 模块，右图是能降维的 inception 模块。该结构把某一层同时用多个不同大小的卷积核进行卷积，然后再连接在一起。这种结构可以自动获得不同大小的卷积核的最优搭配效果。

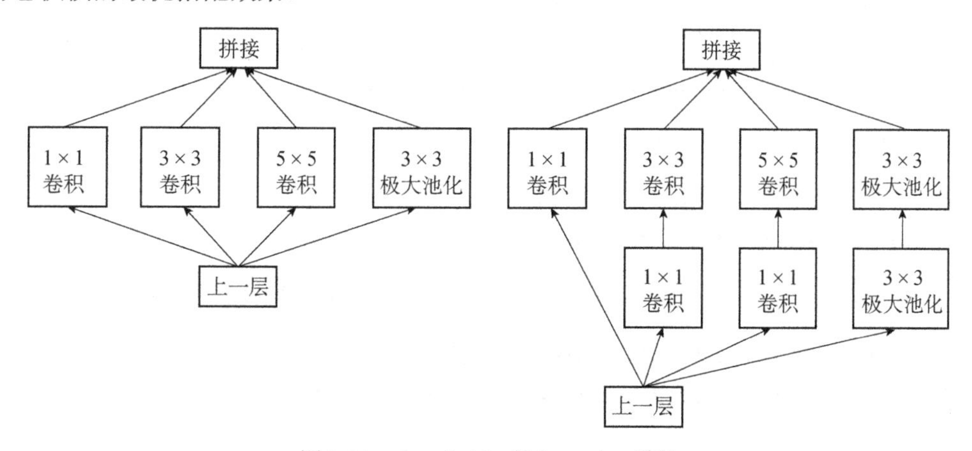

图 9-20 GoogLeNet 的 inception 结构

9.3 深度学习通用流程

深度学习通用流程有 5 步，分别是数据加载、构建网络、编译网络、训练网络和性能评估。数据加载常用的方法有三种，分别是从 url 下载文件、利用 csv 文件读取器读取数据文件和直接读取数据文件。构建网络和编译网络时用到的类、函数和方法的参数说明及语法格式在前文已做过介绍。训练网络需要设置迭代次数和批量训练的大小，最后对训练好的网络模型做性能评估，在编写代码过程中，可以将性能评估与训练网络合并。

9.3.1 数据加载

数据加载常用的方法有三种。

1. 从 url 下载文件

从对应网站下载文件，返回下载文件的路径。

download_from_url()的语法格式如下。

```
torchtext.utils.download_from_url(url, path=None, root='.data', overwrite=False,
hash_value=None, hash_type='sha256')
```

download_from_url()的常用参数及其说明如表 9-1 所示。

表 9-1 download_from_url()的常用参数及其说明

参数名称	说明
url	接收 str，表示 url 文件的 url，无默认值
root	接收 str，表示用于存放下载数据文件的文件夹路径，无默认值
overwrite	接收 bool，表示是否覆盖当前文件，默认为 False

使用 download_from_url()下载数据文件如代码 9-1 所示。

代码 9-1 使用 download_from_url()下载数据文件

```
url = 'http://www.quest.dcs.shef.ac.uk/wmt16_files_mmt/validation.tar.gz'
torchtext.utils.download_from_url(url)
url = 'http://www.quest.dcs.shef.ac.uk/wmt16_files_mmt/validation.tar.gz'
torchtext.utils.download_from_url(url)
'.data/validation.tar.gz'
```

2. 利用 csv 文件读取器读取数据文件

csv 文件读取器用于读取 csv 数据文件。

unicode_csv_reader()的语法格式如下。

```
torchtext.utils.unicode_csv_reader(unicode_csv_data, **kwargs)
```

其中，参数 unicode_csv_data 指的是 csv 数据文件。

使用 unicode_csv_reader()读取 csv 数据文件如代码 9-2 所示。

代码 9-2 使用 unicode_csv_reader()读取 csv 数据文件

```
from torchtext.utils import unicode_csv_reader
import io
with io.open(data_path, encoding="utf8") as f:
    reader = unicode_csv_reader(f)
```

3. 直接读取数据文件

extract_archive()的语法格式如下。

```
torchtext.utils.extract_archive(from_path, to_path=None, overwrite=False)
```

extract_archive()的常用参数及其说明如表 9-2 所示。

表 9-2　extract_archive()的常用参数及其说明

参数名称	说明
from_path	接收 str，表示数据文件的路径，无默认值
to_path	接收 str，表示提取文件的根路径，无默认值
overwrite	接收 bool，表示是否覆盖当前文件，无默认值

使用 extract_archive()读取数据文件如代码 9-3 所示。

代码 9-3　使用 extract_archive()读取数据文件

```
url = 'http://www.quest.dcs.shef.ac.uk/wmt16_files_mmt/validation.tar.gz'
from_path = './validation.tar.gz'
to_path = './'
torchtext.utils.download_from_url(url, from_path)
torchtext.utils.extract_archive(from_path, to_path)
['.data/val.de', '.data/val.en']
torchtext.utils.download_from_url(url, from_path)
torchtext.utils.extract_archive(from_path, to_path)
['.data/val.de', '.data/val.en']
```

9.3.2　构建网络

经典 CNN 网络包含 2 个卷积层、2 个池化层、1 个全连接层及 1 个丢弃层，如代码 9-4 所示。丢弃层的存在是为了防止过拟合，视情况选择保留或删除。

代码 9-4　构建经典 CNN 网络

```
class CNN(nn.Module):
    def __init__(self, num_classes=2):
        super(CNN, self).__init__()
        self.conv1 = nn.Conv2d(3, 16, 3, padding=1)
        self.pool = nn.MaxPool2d(2, 2)
        self.conv2 = nn.Conv2d(16, 16, 3, padding=1)
        self.pool = nn.MaxPool2d(2, 2)
        self.output = nn.Linear(16 * 64 * 64, 2)
        self.dp1 = nn.Dropout(p=0.5)

    def forward(self, x):
        x = self.pool(F.relu(self.conv1(x)))
        x = self.pool(F.relu(self.conv2(x)))
        temp = x.view(x.size()[0], -1)
        x = self.dp1(x)
```

```
        output = self.output(temp)
        return output, x
```

VGG 网络包含了 8 个卷积层、8 个池化层、1 个全连接层及 1 个丢弃层，如代码 9-5 所示。官方的 VGG 网络需要 3 个全连接层，全连接层有大量的参数，为了减小计算机 GPU 的负荷，所以对官方的 VGG 网络进行了修改，只保留 1 个全连接层，并在每一个卷积层后放置最大池化层。

代码 9-5　构建 VGG 网络

```
class MYVGG(nn.Module):
    def __init__(self, num_classes=2):
        super(MYVGG, self).__init__()
        self.conv1 = nn.Conv2d(3, 64, 3,padding=1)
        self.pool = nn.MaxPool2d(2, 2)
        self.conv2 = nn.Conv2d(64, 64, 3,padding=1)
        self.pool = nn.MaxPool2d(2, 2)
        self.conv3 = nn.Conv2d(64, 128, 3,padding=1)
        self.pool = nn.MaxPool2d(2, 2)
        self.conv4 = nn.Conv2d(128, 128, 3,padding=1)
        self.pool = nn.MaxPool2d(2, 2)
        self.conv5 = nn.Conv2d(128, 256, 3,padding=1)
        self.pool = nn.MaxPool2d(2, 2)
        self.conv6 = nn.Conv2d(256, 256, 3,padding=1)
        self.pool = nn.MaxPool2d(2, 2)
        self.conv7 = nn.Conv2d(256, 512, 3,padding=1)
        self.pool = nn.MaxPool2d(2, 2)
        self.conv8 = nn.Conv2d(512, 512, 3, padding=1)
        self.pool = nn.MaxPool2d(2, 2)
        self.output = nn.Linear(512, num_classes)
        self.dp1 = nn.Dropout(p=0.5)


    def forward(self, x):
        x = self.pool(F.relu(self.conv1(x)))
        x = self.pool(F.relu(self.conv2(x)))
        x = self.pool(F.relu(self.conv3(x)))
        x = self.pool(F.relu(self.conv4(x)))
        x = self.pool(F.relu(self.conv5(x)))
        x = self.pool(F.relu(self.conv6(x)))
        x = self.pool(F.relu(self.conv7(x)))
        x = self.pool(F.relu(self.conv8(x)))
        temp = x.view(x.size()[0], -1)
        x = self.dp1(x)
        output = self.output(temp)
        return output, x
```

AlexNet 网络包含 5 个卷积层、5 个池化层、1 个全连接层和 1 个丢弃层，如代码 9-6 所示。

代码 9-6　构建 AlexNet 网络

```
class AlexNet(nn.Module):
    def __init__(self):
        super(AlexNet,self).__init__()
        self.conv1 = nn.Conv2d(3, 32, 3)
        self.pool = nn.MaxPool2d(2, 2)
        self.conv2 = nn.Conv2d(32, 64, 3)
        self.pool = nn.MaxPool2d(2, 2)
        self.conv3 = nn.Conv2d(64, 128, 3)
        self.pool = nn.MaxPool2d(2, 2)
        self.conv4 = nn.Conv2d(128, 256, 3)
        self.pool = nn.MaxPool2d(2, 2)
        self.conv5 = nn.Conv2d(256, 512, 3)
        self.pool = nn.MaxPool2d(2, 2)
        self.output = nn.Linear(in_features=512 * 6 * 6,
                                out_features=2)
        self.dp1 = nn.Dropout(p=0.5)


    def forward(self,x):
        x = self.pool(F.relu(self.conv1(x)))
        x = self.pool(F.relu(self.conv2(x)))
        x = self.pool(F.relu(self.conv3(x)))
        x = self.pool(F.relu(self.conv4(x)))
        x = self.pool(F.relu(self.conv5(x)))
        temp = x.view(x.shape[0], -1)
        x = self.dp1(x)
        output = self.output(temp)
        return output, x
```

9.3.3　编译网络

这里以训练 VGG 网络为例介绍编译网络。首先需要初始化模型，如代码 9-7 所示。

代码 9-7　初始化模型

```
model = MYVGG().to(device)
```

选择优化器及优化算法，这里选择 Adam。另外，利用控制变量法进行调试，在 Epoch=3 的情况下，学习率 lr 等于 0.00004 时的效果较好，如代码 9-8 所示。

代码 9-8　优化器及优化算法

```
optimizer = optim.Adam(model.parameters(), lr=0.00004)
```

选择学习率 lr，是一个不断尝试的过程，即 0.1、0.01、0.001，以此类推，一个数量级接着一个数量级地尝试即可，直到找到最优的学习率。

接下来选择损失函数，这里选用交叉熵，如代码 9-9 所示。

代码 9-9 损失函数

```
criterion = nn.CrossEntropyLoss().to(device)
```

对 batch 中的数据，先将它们转成能被 GPU 计算的类型，如代码 9-10 所示。

代码 9-10 数据转换成能被 GPU 计算的类型

```
data, target = Variable(data).to(device), Variable(
                target.long()).to(device)
```

配置梯度清零、前向传播、计算误差、反向传播及更新参数，如代码 9-11 所示。

代码 9-11 配置参数

```
optimizer.zero_grad()  # 梯度清零
output = model(data)[0]  # 前向传播
loss = criterion(output, target)  # 计算误差
loss.backward()  # 反向传播
optimizer.step()  # 更新参数
```

9.3.4 训练网络

1. 迭代次数

训练网络时，可以通过迭代次数 epoch 来调整网络的训练程度，每一轮迭代时所有训练样本被传入网络训练一轮。当迭代次数的值设置得较小时，训练得到的模型效果较差，可以适当增加迭代次数，从而优化网络的训练效果。当迭代次数的值过大，则会导致网络过拟合、训练时间过长等问题。因此，需要多次尝试来设置一个合适的迭代次数。

在迭代训练的过程中，损失值会随着迭代次数的变化而变化。在迭代次数增加的过程中，损失值可能会呈现波动变化趋势，即有增有减；也存在损失值随迭代次数的增加而减小的情况，如果到达一定的迭代次数后损失值已基本稳定在一个值附近，此时继续训练可能会导致过拟合。

2. 批训练

为了充分利用 GPU 或 CPU 的计算能力，一般在网络的训练过程中会同时计算多个样本，这种训练方式被称为批训练。运用批训练的好处主要有以下 3 点。

① 内存利用率提高，大矩阵乘法的并行化效率提高。

② 跑完一次数据集所需的迭代次数减小，对于相同数据量的处理速度进一步加快。

③ 通常在合理的范围内，训练中使用的批量越大，其确定的下降方向越准确，引起训练的震荡越小。

可以根据当前计算机的硬件指标来设置批量参数的大小，一般根据计算机的 GPU 显存资源或 CPU 性能来设置，若设置的值太大，当显存不足时，可能会导致训练终止；若设置的值太小，没有充分利用 GPU 或 CPU 的计算能力，则训练时间会较长。

9.3.5 性能评估

训练模型时，需要观察损失和分类精度等评价指标的变化，即性能评估，以便调整模

型而取得更好的效果，通常使用准确率进行性能评估。

使用准确率进行性能评估如代码 9-12 所示。

代码 9-12　使用准确率进行性能评估

```
from sklearn import metrics
print('训练集准确率：',round(metrics.accuracy_score(y_train,lr_y_train)*100,2),'%') # 训练集
print('测试集准确率：',round(metrics.accuracy_score(y_test,lr_y_test)*100,2),'%') # 预测集
```

【任务设计】

构建卷积神经网络实现图像识别，所使用的数据集是手写数字数据集 MNIST。

MNIST 数据集是由 0 到 9 的数字图像构成的，训练图像有 6 万张，测试图像有 1 万张，由 250 个人手写而成。

每一张图像都有对应的标签数字，训练图像供研究人员训练出合适的模型；测试图像供研究人员测试模型的性能。

手写数字图像的大小都是 28×28，灰度图像，如图 9-21 所示。

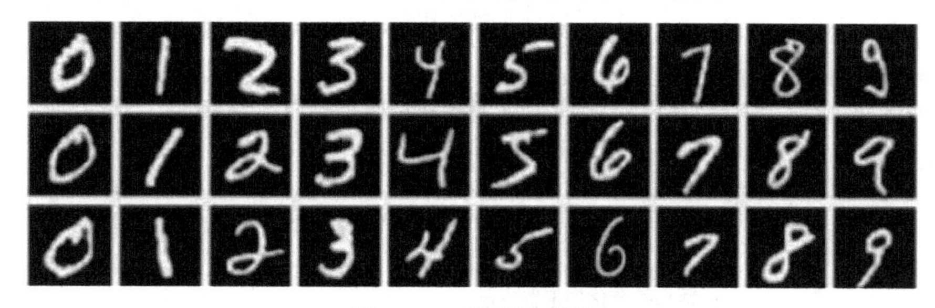

图 9-21　手写数字图像

本任务的目标是保证模型对于测试集的预测准确率达到 75%以上。

任务流程图如图 9-22 所示，任务具体步骤如下。

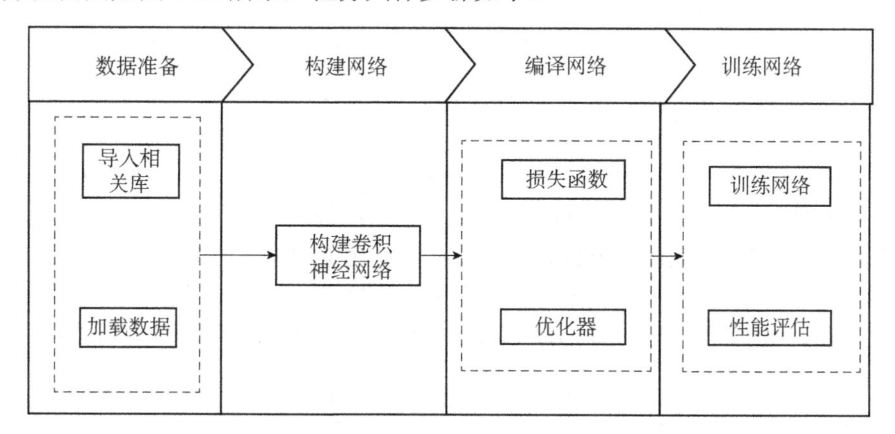

图 9-22　任务流程图

（1）数据准备。导入相关库之后，加载 MNIST 数据集。

（2）构建网络。构建卷积神经网络。

（3）编译网络。构建损失函数和优化器。

（4）训练网络。训练网络并进行性能评估，用测试集数据评估网络对于测试集的准确率。

【任务实施】

搭建卷积神经网络实现对手写数字数据集的图像识别，任务的具体实施步骤和结果如下。

（1）数据准备。导入相关库 torch 和 torchvision。导入相关库之后利用 DataLoader()对手写数字数据集进行读取和预处理，即将数据集规范化到正态分布，数据准备如代码 9-13 所示。

代码 9-13　数据准备

```
import torch
import torch.nn as nn  # pytorch 中最重要的模块，封装了神经网络相关的函数
import torch.nn.functional as F  # 提供了一些常用的函数，如 softmax()
import torch.optim as optim  # 优化模块，封装了求解模型的一些优化器，如 Adam()
from torch.optim import lr scheduler  # 学习率调整器，在训练过程中合理变动学习率
from torchvision import transforms  # pytorch 视觉库中提供了一些数据变换的接口
from torchvision import datasets  # pytorch 视觉库提供了加载数据集的接口


# 预设网络超参数，超参数即可以人为设定的参数
BATCH SIZE = 64  # 由于使用批训练的方法，需要定义每批的训练样本数目

# 加载训练集
train loader = torch.utils.data.DataLoader(
    datasets.MNIST('../data/', train=True, download=True,
                   transform=transforms.Compose([
                       transforms.ToTensor(),
                       # 数据规范化到正态分布
                       transforms.Normalize(mean=(0.5,), std=(0.5,))
                   ])),
    # 指明批量大小，打乱，这是处于后续训练的需要
    batch size=BATCH SIZE, shuffle=True)

test loader = torch.utils.data.DataLoader(
    datasets.MNIST('../data/', train=False, transform=transforms.Compose([
        transforms.ToTensor(),
        transforms.Normalize((0.5,), (0.5,))
    ])),
    batch_size=BATCH_SIZE, shuffle=True)
```

（2）构建网络。构建卷积神经网络。卷积层输入图像的通道数为 1，因为手写数字数据集是单通道的黑白图像，输出通道数为 32。批量归一化层的输入通道数与卷积层的输出通道数一致。池化层采用最大池化层，池化窗口大小为（2×2），步长大小为 2。最后设置 3 个全连接层，全连接层的输出通道数即为分类的类别数 10。构建卷积神经网络如代码 9-14 所示。

代码 9-14　构建卷积神经网络

```
# 让 torch 判断是否使用 GPU，建议使用 GPU，训练速度比 CPU 快
DEVICE = torch.device("cuda" if torch.cuda.is_available() else "cpu")
```

```
    # 构建网络
    class ConvNet(nn.Module):
        def __init__(self):
            super(ConvNet, self).__init__()
            # 提取特征层
            self.features = nn.Sequential(
                # 卷积层
                # 输出通道为 32（代表使用 32 个卷积核），一个卷积核产生一个单通道的特征图
                # 卷积核 kernel_size 的尺寸为 3 * 3, stride 代表每次卷积核的移动像素个数为 1
                # padding 填充，为 1 表示图像长宽都多了两个像素
                # ((28-3+2*1)/1)+1=28  28*28*1 》 28*28*32
                nn.Conv2d(in_channels=1,  out_channels=32,  kernel_size=3,  stride=1,
padding=1),

                # 批量归一化，与上一层的 out_channels 大小相等，以下的通道规律也是必须要对应好的
                nn.BatchNorm2d(num_features=32),  #28*28*32 》 28*28*32

                # 激活函数，inplace=true 表示直接进行运算
                nn.ReLU(inplace=True),
                #  ((28-3+2*1)/1)+1=28
                nn.Conv2d(32, 32, kernel_size=3, stride=1, padding=1),
                nn.BatchNorm2d(32),
                nn.ReLU(inplace=True),

                # 最大池化层
                # 经过这一步，即 28 * 28 -》 14 * 14
                nn.MaxPool2d(kernel_size=2, stride=2),
                nn.Conv2d(32, 64, kernel_size=3, padding=1),
                nn.BatchNorm2d(64),
                nn.ReLU(inplace=True),
                nn.Conv2d(64, 64, kernel_size=3, padding=1),
                nn.BatchNorm2d(64),
                nn.ReLU(inplace=True),
                # ((14-2)/2)+1, 14 * 14 -》7 * 7
                nn.MaxPool2d(kernel_size=2, stride=2)
            )
            # 分类层
            self.classifier = nn.Sequential(
                # Dropout 层
                # p = 0.5 代表该层的每个权重有 0.5 的可能性为 0
                nn.Dropout(p=0.5),
                # 这里通道数是 64，图像大小是 7 * 7，然后输入 512 个神经元中
                nn.Linear(64 * 7 * 7, 512),
                nn.BatchNorm1d(512),
                nn.ReLU(inplace=True),
                nn.Dropout(p=0.5),
                nn.Linear(512, 512),
                nn.BatchNorm1d(512),
                nn.ReLU(inplace=True),
                nn.Dropout(p=0.5),
                nn.Linear(512, 10),
```

```
        )
    # 前向传递函数
    def forward(self, x):
        # 经过特征提取层
        x = self.features(x)
        # 输出结果必须展平成一维向量
        x = x.view(x.size(0), -1)
        x = self.classifier(x)
        return x
```

（3）编译网络。设置损失函数和优化器，损失函数采用 CrossEntropyLoss()，优化器采用 Adam()，学习率设置为 0.001，编译网络如代码 9-15 所示。

代码 9-15　编译网络

```
learning_rate = 0.001  # 设定初始的学习率
# 初始化模型，将网络操作移动到 GPU 或者 CPU
ConvModel = ConvNet().to(DEVICE)
# 定义交叉熵损失函数
criterion = nn.CrossEntropyLoss().to(DEVICE)
# 定义模型优化器，输入模型参数，定义初始学习率
optimizer = torch.optim.Adam(ConvModel.parameters(), lr=learning_rate)
# 定义学习率调度器，输入包装的模型，定义学习率衰减周期 step_size，gamma 为衰减的乘法因子
exp_lr_scheduler = lr_scheduler.StepLR(optimizer, step_size=6, gamma=0.1)
# 官网上的解释。如果初始学习率 lr 为 0.05，衰减周期 step_size 为 30，衰减乘法因子 gamma 为 0.01
# Assuming optimizer uses lr = 0.05 for all groups
# lr = 0.05, if epoch < 30
# lr = 0.005, if 30 <= epoch < 60
# lr = 0.0005, if 60 <= epoch < 90
```

（4）训练网络。设置迭代次数为 3，训练网络时需要添加学习率调度器用于更新学习率。添加反向传播算法用于更新网络的权值与偏置项，最后对网络模型做性能评估，输出网络模型对于测试集的预测准确率，如代码 9-16 所示。

代码 9-16　训练网络

```
EPOCHS = 3  # 总共迭代的次数
def train(num_epochs, _model, _device, _train_loader, _optimizer, _lr_scheduler):
    _model.train()  # 设置模型为训练模式
    _lr_scheduler.step() # 设置学习率调度器开始准备更新
    for epoch in range(num_epochs):
        # 从迭代器抽取图像和标签
        for i, (images, labels) in enumerate(_train_loader):
            samples = images.to(_device)
            labels = labels.to(_device)
            # 此时样本是一批图像，在 CNN 的输入中，需要将其转变为四维
            # reshape 第一个-1 代表自动计算批量图像的数目 n
            # 最后 reshape 得到的结果是 n 张图像，每一张图像都是单通道的 28 * 28，得到四维张量
            output = _model(samples.reshape(-1, 1, 28, 28))
            # 计算损失函数值
            loss = criterion(output, labels)
```

```
        # 优化器内部参数梯度必须为0
        optimizer.zero_grad()
        # 损失值后向传播
        loss.backward()
        # 更新模型参数
        optimizer.step()
        if (i + 1) % 100 == 0:
            print("Epoch:{}/{}, step:{}, loss:{:.4f}".format(epoch + 1,
                                                            num_epochs,
                                                            i + 1,
                                                            loss.item()))


def test(_test_loader, _model, _device):
    # 设置模型进入预测模式 evaluation
    _model.eval()
    loss = 0
    correct = 0
    # 如果不需要 backward更新梯度，那么就要禁用梯度计算，减少内存和计算资源浪费
    with torch.no_grad():
        for data, target in _test_loader:
            data, target = data.to(_device), target.to(_device)
            output = ConvModel(data.reshape(-1, 1, 28, 28))
            # 添加损失值
            loss += criterion(output, target).item()
            # 找到概率最大的下标，为输出值
            pred = output.data.max(1, keepdim=True)[1]
            # .cpu()表示将参数迁移到cpu
            correct += pred.eq(target.data.view_as(pred)).cpu().sum()

    loss /= len(_test_loader.dataset)

    print('\nAverage loss: {:.4f}, Accuracy: {}/{} ({:.3f}%)\n'.format(
        loss, correct, len(_test_loader.dataset),
        100. * correct / len(_test_loader.dataset)))


for epoch in range(1, EPOCHS + 1):
    train(epoch, ConvModel, DEVICE, train_loader, optimizer, exp_lr_scheduler)
    test(test_loader,ConvModel, DEVICE)
    test(train_loader,ConvModel, DEVICE)
```

运行代码 9-17 输出结果如下。可以看到，经过 3 次迭代之后，构建的卷积神经网络对于测试集的预测准确率可以达到 99.615%。

```
Epoch:3/3, step:100, loss:0.0011
Epoch:3/3, step:200, loss:0.0122
Epoch:3/3, step:300, loss:0.0236
Epoch:3/3, step:400, loss:0.0066
Epoch:3/3, step:500, loss:0.0600
```

```
Epoch:3/3, step:600, loss:0.0070
Epoch:3/3, step:700, loss:0.0148
Epoch:3/3, step:800, loss:0.0555
Epoch:3/3, step:900, loss:0.0574

Average loss: 0.0003, Accuracy: 9946/10000 (99.460%)


Average loss: 0.0002, Accuracy: 59769/60000 (99.615%)
```

【任务评价】

填写表 9-3 所示任务过程评价表

表 9-3 任务过程评价表

任务实施人姓名______________ 学号________________ 时间___________

评价项目及标准		分值	小组评议	教师评议
技术能力	1. 基本概念熟悉程度	12		
	2. 数据准备	12		
	3. 构建卷积神经网络的代码编写	12		
	4. 设置损失函数及优化器的代码编写	12		
	5. 训练网络的代码编写	12		
执行能力	1. 出勤情况	5		
	2. 遵守纪律情况	5		
	3. 是否主动参与，有无提问记录	5		
	4. 有无职业意识	5		
社会能力	1. 能否有效沟通	5		
	2. 使用基本的文明礼貌用语情况	5		
	3. 能否与组员主动交流、积极合作	5		
	4. 能否自我学习及自我管理	5		
		100		
评定等级：				
评价意见		学习意见		

评定等级：A：优，得分＞90；B：好，得分＞80；C：一般，得分＞60；D：有待提高，得分＜60。

小结

本任务介绍了卷积神经网络的基本原理及基于 PyTorch 框架的代码实现；卷积神经网络的常用网络层，如卷积层、池化层、归一化层和全连接等；常用的卷积神经网络，如 LeNet、

AlexNet 和 VGG 等；深度学习的通用流程，即数据加载、构建网络、编译网络、训练网络和性能评估。

任务 9 练习

1. 选择题

（1）卷积神经网络中池化层的作用是（　　）。

A. 减少特征图的尺寸　　B. 权值初始化

C. 填充数据　　D. 提取输入的不同特征

（2）下列说法错误的是（　　）。

A. 卷积神经网络通过一组神经元共享同一个权重的方式来减少参数的数量

B. 卷积神经网络每层的神经元是按照三维排列的，有宽度、高度和深度

C. 卷积神经网络中，一个卷积层可以自由设定 filter 的数量

D. 对于图像识别任务来说，全连接神经网络通过尽可能保留重要的参数，去掉大量不重要的参数，来达到更好的学习效果

2. 判断题

（1）卷积神经网络可以对一个输入数据进行多种变换（旋转、平移、缩放等）。（　　）

（2）卷积神经网络大致过程为卷积、非线性映射、池化、全连接和输出。（　　）

3. 填空题

（1）在卷积神经网络中，设置正则化器的目的是________。

（2）在卷积神经网络中，随着全连接层中神经元的个数________，网络的________越强。

4. 简答题

简述卷积层的两个基本特性。

5. 案例题

在构建卷积神经网络时，存在一个困扰大多初学者的问题是隐藏层的神经元设置。请基于手写数字数据集 MNIST 构建一个含有多层卷积层的卷积神经网络。

（1）读取图像数据为 DataLoader 格式。

（2）构建卷积神经网络，并设置输入层的神经元个数为 3，因为图像为 3 通道的彩色图像。

（3）设置学习率、损失函数和优化器。

（4）训练模型。

任务 10

基于 ResNet50 实现限速牌识别

【任务要求】

了解残差网络的基本原理；根据限速牌数据集，利用 PyTorch 框架构建 ResNet50 网络实现限速牌识别。

【相关知识】

10.1 残差网络

ResNet 于 2015 年由微软亚洲研究院的学者们提出。CNN 面临的一个问题就是，随着层数的增加，CNN 的性能会遇到瓶颈，甚至会不增反降。这往往是由梯度爆炸或者梯度消失引起的。ResNet 就是为了解决这个问题而提出的，能够帮助训练层数更大的网络。它引入了一个 Residual Block（残差块），其结构如图 10-1 所示。

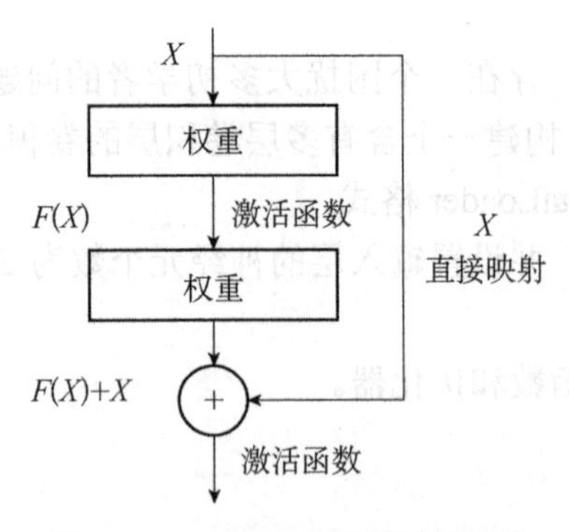

图 10-1 ResNet 中的残差块结构

在图 10-1 中，假设 X 为残差块结构的输入，其中 $F(X)$ 为希望学习到的理想映射。但是，在模型训练的前向传输过程中，随着层数的加深，网络输出所包含的图像信息会逐层减少，使得 $F(X)$ 变得难以学习。通过构建 X 的直接映射，使得 $H(X)=F(X)+X$，即可得

到残差 $F(X)=H(X)-X$。通过使残差 $F(X)=0$ 得到从 X 到 $H(X)$ 的映射会比直接求从 X 到 $F(X)$ 的映射简单。

在 ResNet 中，网络可以达到 152 层，具有“超深”的网络结构。有趣的是，仅在前两层之后，空间大小便从 224×224 压缩到 56×56。在普通网络中单纯增加层数会导致更高的训练和测试误差。ResNet 网络是目前拥有最佳分类性能的 CNN 架构，是残差学习理念的重大创新。

10.2 ResNet50 网络结构

ResNet 已经被广泛运用于各种特征提取，当深度学习网络层数越大时，理论上表达能力会越强，但是 CNN 网络达到一定的深度后，再加深，分类性能不会提高，而是会导致网络收敛更缓慢，准确率也随之降低，即使增大数据集，解决过拟合的问题，分类性能和准确率也不会提高。

ResNet50 的网络结构如图 10-2 所示。设输入的图像尺寸为 3×224×224；进入第一个卷积层，卷积核大小为 7×7，卷积核个数为 64，步长为 2，padding 为 3；输出应该为（224−7+2×3）÷2+1=112.5，向下取整得到 112，即 64×112×112。

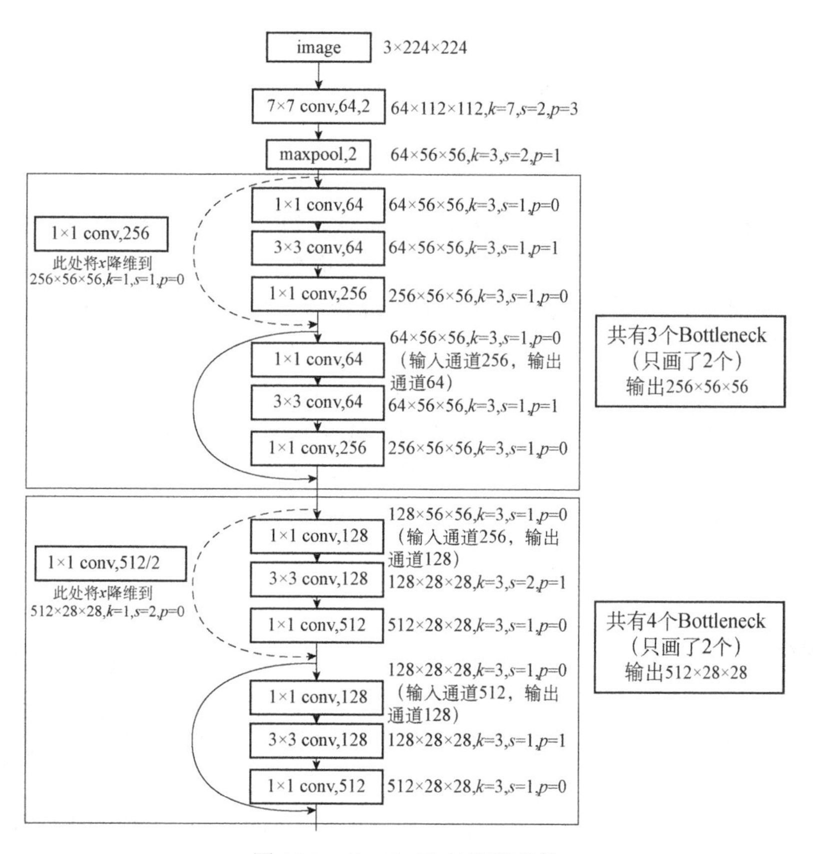

图 10-2 ResNet50 的网络结构

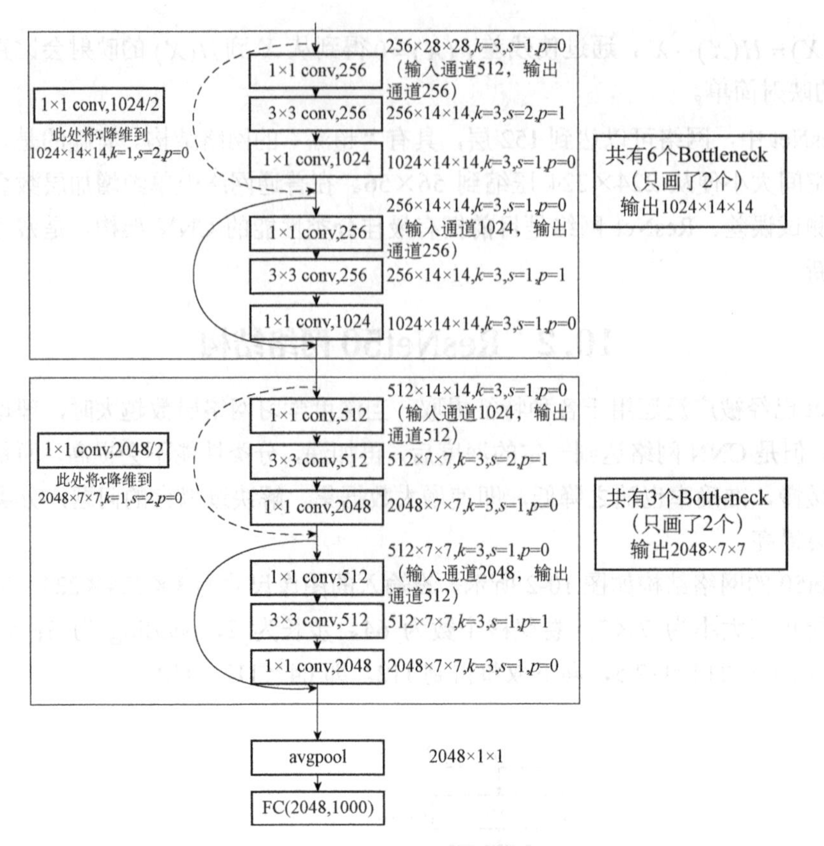

图 10-2　ResNet50 的网络结构（续）

由图 10-2 可知，ResNet50 主要包含了 4 大模块，每个模块的特征大小分别为 n×56×56、n×28×28、n×14×14、n×7×7，其中 n 为通道数。通过不同大小的特征可以获得图像不同层级的信息。4 大模块由若干个 Bottleneck 模块组成，Bottleneck 模块可以理解为拥有两个 1×1 卷积层、一个 3×3 卷积层的残差结构。当映射前的输入和卷积后的输出具有不同的维度时，会对输入进行 1×1 卷积使两者具有相同的结构。在图 10-2 中以虚线的形式表示需要对输入进行降维的映射，以实线的形式表示无须降维的映射。

3×244×244 的图像经过 4 大模块后的维度为 2048×7×7，对输出的特征下采样到 2048×1×1，最后连接一个 FC（2048,1000）的全连接层。1000 表示样本的类别数，可以根据实际情况进行调整。

【任务设计】

构建 ResNet50 网络实现图像识别，所使用的数据集是限速牌数据集。

限速牌数据集中包含 8 类限速牌图像，用于训练 ResNet 网络，限速牌如图 10-3 所示。

构建并训练完 ResNet50 网络之后，需要利用测试集数据查看模型对于测试集的预测准确率。

图 10-3　限速牌

本任务的目标是使模型对数据测试集的预测准确率达到 75%以上。

任务流程图如图 10-4 所示，任务具体步骤如下。

（1）数据准备。导入相关库之后，读取限速牌数据集并做相关的预处理。

（2）构建网络。构建 ResNet50 网络。

（3）编译网络。设置损失函数和优化器。

（4）训练网络。设置迭代次数对网络进行训练，并对训练完的网络模型进行性能评估。

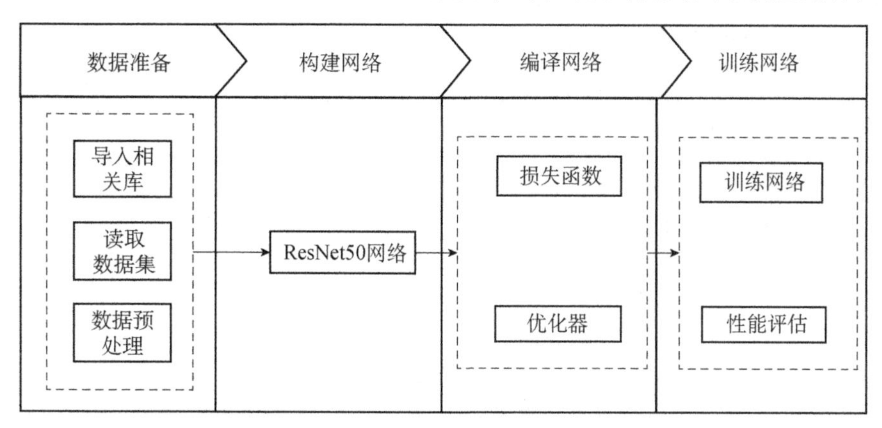

图 10-4　任务流程图

【任务实施】

搭建 ResNet50 网络实现对限速牌数据集的图像识别，任务的具体实施步骤和结果如下。

（1）数据准备。导入相关库之后，读取限速牌数据集。构建 classes_txt()用于提取所有图像所在的路径名，构建 MyDataset()用于读取提取路径下的图像。对读取的图像做大小变换和灰度化处理，数据准备如代码 10-1 所示。

代码 10-1　数据准备

```
import os
import cv2
import torch
import torch.nn as nn
import torchvision.transforms as transforms
import torch.nn.functional as F
from torch.utils.data import DataLoader, Dataset
from torchsummary import summary
from PIL import Image
from torch.optim import lr_scheduler


# 定义关于图像路径 txt 文件的函数
def classes_txt(root, out_path, num_class=None):
    # 列出根目录下所有类别所在文件夹名
    dirs = os.listdir(root)
    # 不指定类别数量就读取所有
```

```
    if not num_class:
        num_class = len(dirs)
    # 输出文件路径不存在就新建
    if not os.path.exists(out_path):
        f = open(out_path, 'w')
        f.close()
  # 如果文件中本来就有一部分内容，只需要补充剩余部分
  # 如果文件中数据的类别数比需要的多就跳过
    with open(out_path, 'r+') as f:
        try:
            end = int(f.readlines()[-1].split('/')[-2]) + 1
        except:
            end = 0
        if end < num_class - 1:
            dirs.sort()
            dirs = dirs[end:num_class]
            for dir in dirs:
                files = os.listdir(os.path.join(root, dir))
                for file in files:
                    f.write(os.path.join(root, dir, file) + '\n')


# 定义读取并变换数据格式的类
class MyDataset(Dataset):
    def __init__(self, txt_path, num_class, transforms=None):
        super(MyDataset, self).__init__()
        # 存储图像的路径
        images = []
        # 图像的类别名，在本例中是数字
        labels = []
        # 打开上一步生成的 txt 文件
        with open(txt_path, 'r') as f:
            for line in f:
                # 只读取前 num_class 个类
                if int(line.split('\\')[-2]) >= num_class:
                    break
                line = line.strip('\n')
                images.append(line)
                labels.append(int(line.split('\\')[-2]))
        self.images = images
        self.labels = labels
        # 图像需要进行格式变换，如 ToTensor()等
        self.transforms = transforms


    def __getitem__(self, index):
        # 用 PIL.Image 读取图像
        image = Image.open(self.images[index]).convert('RGB')
        label = self.labels[index]
        if self.transforms is not None:
            # 进行格式变换
```

```
            image = self.transforms(image)
        return image, label


    def __len__(self):
        return len(self.labels)


# 首先将训练集和测试集文件以 txt 格式保存在一个文件夹中，路径自行定义
root = '../data'  # 文件的存储位置
classes_txt(root + '/Train', root+'/train.txt')
classes_txt(root + '/Test', root+'/test.txt')

# 由于数据集图像尺寸不一，因此要进行 resize（重设大小）
# 将图像大小重设为 64 * 64
# device = torch.device('cuda')
# device = torch.device('cpu')
device = torch.device('cuda')
transform = transforms.Compose([transforms.Resize((64, 64)),
                                transforms.Grayscale(),
                                transforms.ToTensor()])

# 提取训练集和测试集图像的路径生成 txt 文件
# num_class 选取 100 种汉字，提出图像和标签
train_set = MyDataset(root + '/train.txt',
                      num_class=8,
                      transforms=transform)
test_set = MyDataset(root + '/test.txt',
                     num_class =8,
                     transforms = transform)
# 放入迭代器中
train_loader = DataLoader(train_set, batch_size=1, shuffle=True)
test_loader = DataLoader(test_set, batch_size=328, shuffle=True)
for step, (x,y) in enumerate(test_loader):
    test_x, labels_test = x.to(device), y.to(device)
```

（2）构建网络。构建 ResNet50 网络，如代码 10-2 所示。Block()中包含 2 个二维卷积层 Conv2d 和 2 个批量归一化层 BatchNorm2d，激活函数采用 ReLU()。

代码 10-2　构建网络

```
class Block(nn.Module):
    def  init  (self, in channels, filters, stride=1, is 1x1conv=False):
        super(Block, self).  init  ()
        filter1, filter2, filter3 = filters
        self.is 1x1conv = is 1x1conv
        self.relu = nn.ReLU(inplace=True)
        self.conv1 = nn.Sequential(
            nn.Conv2d(in channels, filter1, kernel size=1, stride=stride,bias=False),
            nn.BatchNorm2d(filter1),
            nn.ReLU()
        )
        self.conv2 = nn.Sequential(
```

```
            nn.Conv2d(filter1, filter2, kernel size=3, stride=1, padding=1,  bias=False),
            nn.BatchNorm2d(filter2),
            nn.ReLU()
        )
        self.conv3 = nn.Sequential(
            nn.Conv2d(filter2, filter3, kernel size=1, stride=1,  bias=False),
            nn.BatchNorm2d(filter3),
        )
        if is 1x1conv:
            self.shortcut = nn.Sequential(
                nn.Conv2d(in channels, filter3, kernel size=1, stride=stride,  bias=False),
                nn.BatchNorm2d(filter3)
            )
    def forward(self, x):
        x shortcut = x
        x = self.conv1(x)
        x = self.conv2(x)
        x = self.conv3(x)
        if self.is 1x1conv:
            x shortcut = self.shortcut(x shortcut)
        x = x + x shortcut
        x = self.relu(x)
        return x

Layers = [3, 4, 6, 3]
class ResNet50(nn.Module):

    def  init  (self):
        super(ResNet50,self).  init  ()
        self.conv1 = nn.Sequential(
            nn.Conv2d(1, 64, kernel size=7, stride=2, padding=3),
            nn.BatchNorm2d(64),
            nn.ReLU(),
        )
        self.maxpool = nn.MaxPool2d(kernel size=3, stride=2, padding=1)
        self.conv2 = self. make layer(64, (64, 64, 256), Layers[0])
        self.conv3 = self. make layer(256, (128, 128, 512), Layers[1], 2)
        self.conv4 = self. make layer(512, (256, 256, 1024), Layers[2], 2)
        self.conv5 = self. make layer(1024, (512, 512, 2048), Layers[3], 2)
        self.avgpool = nn.AdaptiveAvgPool2d((1, 1))
        self.fc = nn.Sequential(
            nn.Linear(2048, 8)
        )
    def forward(self, input):
        x = self.conv1(input)
        x = self.maxpool(x)
        x = self.conv2(x)
        x = self.conv3(x)
        x = self.conv4(x)
        x = self.conv5(x)
        x = self.avgpool(x)
        x = torch.flatten(x, 1)
        x = self.fc(x)
        return x
    def  make layer(self, in channels, filters, blocks, stride=1):
        layers = []
        block 1 = Block(in channels, filters, stride=stride, is 1x1conv=True)
        layers.append(block 1)
        for i in range(1, blocks):
            layers.append(Block(filters[2], filters, stride=1, is 1x1conv=False))

        return nn.Sequential(*layers)
```

```
# 查看网络结构
model = ResNet50().to(device)
summary(model, (1, 64, 64))
```

（3）编译网络。设置损失函数和优化器，损失函数采用 CrossEntropyLoss()，优化器采用梯度下降法 SGD()，学习率设置为 0.001，并设置学习率调度器，如代码 10-3 所示。

代码 10-3　编译网络

```
# 编译网络
# 优化器
optimizer = torch.optim.Adam(model.parameters(), lr=0.001)
# 损失函数
loss_func = nn.CrossEntropyLoss()
# 设置学习率调度器,输入包装的模型，设置学习率衰减周期 step_size，gamma 为衰减的乘法因子
exp_lr_scheduler = lr_scheduler.StepLR(optimizer, step_size=6, gamma=0.1)
```

（4）训练网络。设置迭代次数为 1，并构建反向传播算法。PyTorch 的反向传播（tensor.backward()）是通过 autograd 包来实现的，autograd 包会根据 tensor 进行过的数学运算来自动计算其对应的梯度。如果没有进行反向传播的话，梯度值将会是 None，因此 loss.backward()要写在 optimizer.step()之前。训练完网络之后输出网络的预测准确率，如代码 10-4 所示。

代码 10-4　训练网络

```
# 训练模型
EPOCH = 1
for epoch in range(EPOCH):
    for step, (x,y) in enumerate(train_loader):
        picture, labels = x.to(device), y.to(device)
        output = model(picture)
        loss = loss_func(output, labels)
        optimizer.zero_grad()
        loss.backward()
        optimizer.step()
        exp_lr_scheduler.step()

        # 性能评估
        if step % 50 == 0:
            test_output = model(test_x)
            pred_y = torch.max(test_output, 1)[1].data.squeeze()
            accuracy = ((pred_y == labels_test).sum().item() /
                   labels_test.size(0))
            # 输出迭代次数、训练误差、测试准确率
            print('迭代次数:', epoch,
                '| 训练损失:%.4f' % loss.data,
                '| 测试准确率:', accuracy)

print('完成训练')
```

运行代码 10-4，输出结果如下。可以看到经过 1 次迭代之后，构建的 ResNet50 网络对

于限速牌数据集的预测准确率可以达到100%。

```
迭代次数: 0 | 训练损失:1.4528 | 测试准确率: 1.0
迭代次数: 0 | 训练损失:0.0000 | 测试准确率: 1.0
迭代次数: 0 | 训练损失:0.0000 | 测试准确率: 1.0
完成训练
```

【任务评价】

填写表10-1所示任务过程评价表。

表10-1 任务过程评价表

任务实施人姓名______________　　学号______________　　时间______________

评价项目及标准		分值	小组评议	教师评议
技术能力	1. 基本概念熟悉程度	10		
	2. 数据准备	10		
	3. 构建ResNet50网络的代码编写	10		
	4. 设置损失函数及优化器的代码编写	10		
	5. 设置反向传播算法的代码编写	10		
	6. 训练网络的代码编写	10		
执行能力	1. 出勤情况	5		
	2. 遵守纪律情况	5		
	3. 是否主动参与，有无提问记录	5		
	4. 有无职业意识	5		
社会能力	1. 能否有效沟通	5		
	2. 使用基本的文明礼貌用语情况	5		
	3. 能否与组员主动交流、积极合作	5		
	4. 能否自我学习及自我管理	5		
		100		
评定等级：				
评价意见		学习意见		

评定等级：A：优，得分＞90；B：好，得分＞80；C：一般，得分＞60；D：有待提高，得分＜60。

小结

本任务主要介绍了基于ResNet50实现限速牌识别，首先介绍残差网络的提出，通过残差结构解决梯度爆炸或者梯度消失问题，然后介绍ResNet50的网络结构。

任务 10 练习

1. 选择题

（1）ResNet 为解决随着层数的增加造成 CNN 的性能遇到瓶颈的问题，其引入了（　　）。

A. 卷积层　　B. 残差块　　C. 归一化层　　D. 池化层

（2）在残差网络中，建立直接映射时，若两者的维度不一致需进行什么操作？（　　）

A. 卷积　　B. 下采样　　C. 归一化　　D. 正则化

2. 判断题

（1）ResNet 网络是目前拥有最佳分类性能的 CNN 架构，是残差学习理念的重大创新。（　　）

（2）ResNet 是于 2015 年由微软亚洲研究院的学者们提出的。（　　）

3. 填空题

（3）在 ResNet 中，网络可以达到________层，具有“超深”的网络结构。

（4）在普通网络中单纯增加层数会导致更高的________和________。

4. 简答题

为什么 ResNet50 的最后一个全连接层的神经元个数为 1000，可以改变其个数吗？

5. 案例题

在构建残差网络时，会在残差模块中构建一个由输入到输出的直接映射，若输入数据的维度和输出数的维度不同，将无法进行相加操作。请构建一个简单的残差结构，观察输入数据的维度变化，最终实现自动将输入和输入维度统一的功能。

（1）构建一个简单的残差模块，修改模型的输出为输入的数据和经过卷积的数据。

（2）在残差模块中增加一个 1×1 的卷积用于改变数据维度。

（3）查看模型输出数据的维度。

第 3 篇　工业机器视觉与应用

任务 11

实现零件的自动分拣

【任务要求】

在工业 4.0 时代，传统的制造模式需要向自动化生产模式进行转变，转向智能制造。机械臂是工业领域常见的设备，是智能制造装备的重要发展方向。机械臂能够大大降低人力成本，提高生产效率。请基于机智过人教学实训平台实现零件自动分拣。

【相关知识】

11.1　自动分拣简介

自动分拣系统是智能制造物料搬运系统的一个重要分支，广泛应用于各个行业的生产物流系统或物流配送中心，是智能制造装备的重要组成部分。自动分拣系统在生产生活中的应用越来越多，如物流自动分拣、垃圾自动分拣等。

在物流自动分拣方面，较著名的企业有日本的安川电机、德国的 KUKA、中日合资的安川首钢机械臂公司等。如图 11-1 所示为 MOTOMAN MPK2 机械臂。该机械臂是安川首钢机械臂公司研发的性能较好的一款机械臂产品，主要功能是实现对工厂物料的分拣任务，其硬件平台由 MOTOMAN MPK2 机器臂、传送装置、视觉系统等组成。MOTOMAN MPK2 机械臂硬件平台的工作原理是通过视觉系统采集一帧图像并利用视觉算法检测出工件的位置，然后机械臂通过跟踪工件的位置变化，依据当前位置完成抓取任务。

图 11-1　MOTOMAN MPK2 机器臂

图 11-2　Max-AI 机械臂

在垃圾自动分拣方面，较为著名的企业有德国的 STEUNERT 公司、法国的贝蓝科公司和美国的 BulkHandingSystem 公司等。美国的 BulkHanding System 公司利用深度学习技术，研发了能够分类多种垃圾的 Max-AI 机械臂，并部署在分拣流水线上。如图 11-2 所示，Max-AI 机械臂通过前端配备的摄像头，对经过的塑料瓶进行实时拍摄，准确识别垃圾并将其吸附再丢入相应的收容筐内，完成垃圾的自动分类抓取。该机械臂能够每分钟持续“抓取”60～70 次，其效率远远高于人工操作。

传统的人工分拣方式有许多缺点：工人长时间分拣导致劳动强度大，且在高温、高压或有毒的环境中不适宜采用人工分拣；人工分拣不能在短时间内完成工作量大、时间紧急的分拣任务；人工分拣不能实时、快速地将分拣数据进行收集和反馈到分拣设备中等。而自动分拣设备有着分拣效率高、准确率高、节省人力、实时存储分拣数据、可在危险环境中进行分拣等优点，相比于人工分拣有着更大的优势。

目前，市场上的主流自动分拣设备在操作过程中，某些环节还需要有人工的参与，且作业强度依旧不小，暂时不能完全由机械完成分拣作业。同时，对于分拣物品的要求高，需要指定物品规格，且排列整齐，称为“有序分拣”。而为了实现全自动化拆零分拣，提高拆零分拣的效率，考虑使用工业机械臂全流程替代人工完成分拣工作，不限定被分拣物品的规格与排列，称为“无序分拣”。如图 11-3 所示，其中（a）为有序分拣，（b）为无序分拣。

(a) 有序分拣

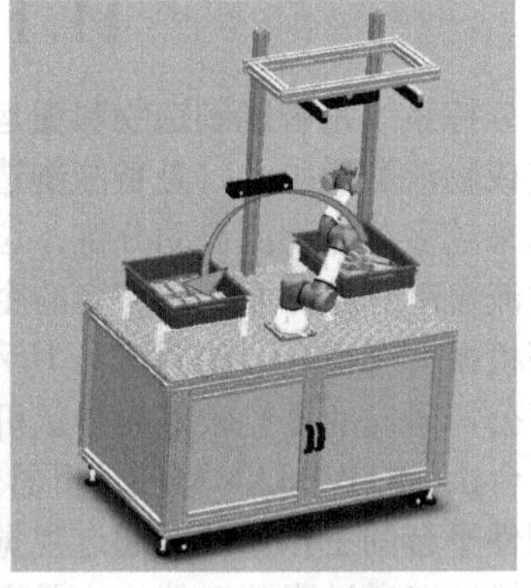

(b) 无序分拣

图 11-3　有序分拣和无序分拣

11.2　自动分拣系统的基本组成

机械臂在箱体中抓取散乱堆放的物体的系统在学术上被称为 RBP（Random Bin Picking）系统。典型的 RBP 系统主要分为三个部分：视觉检测部分、计算机控制单元和机械臂本体。视觉检测部分主要是负责目标物体的信息采集与算法处理，得到目标物体的位姿信息；计算机控制单元负责控制机械臂运动，根据算法处理得到目标物体的位姿信息，利用机械臂末端执行器对目标物体进行分拣。

自动分拣系统的组成可分为硬件和软件两个部分，如图 11-4 所示，硬件部分主要包括相机和机械臂等，相机相当于分拣系统的“眼”，通过拍摄物体，获取物体的相关信息；机械臂相当于分拣系统的“手”，通过相机提供物体的大小、位置等信息，实现抓取物体的动作。而智能分拣系统的软件部分包括图像获取、图像预处理、构建模型和模型训练、模型评估 5 个部分，主要通过对获取的图像进行处理，采用机器学习技术或深度学习技术训练模型，用于识别物体，也可使用预训练好的模型进行识别。

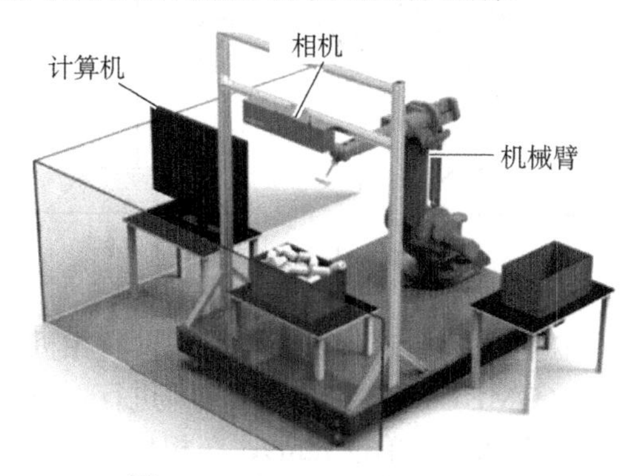

图 11-4 自动分拣系统的组成

自动分拣系统的原理即通过相机拍摄物体，获取图像并进行预处理等操作，使用模型进行识别，给机械臂提供物体的相关信息进行抓取，实现分拣操作，如图 11-5 所示。

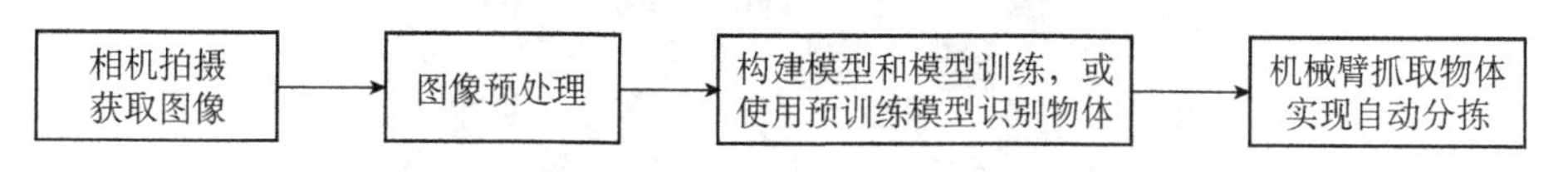

图 11-5 自动分拣系统的原理

11.3 零件自动分拣的流程

零件自动分拣的流程可分为硬件设置（系统标定和机械臂的抓取设置）和软件设置（图像获取、图像预处理、构建模型、训练模型和模型评估）两个部分，如图 11-6 所示。

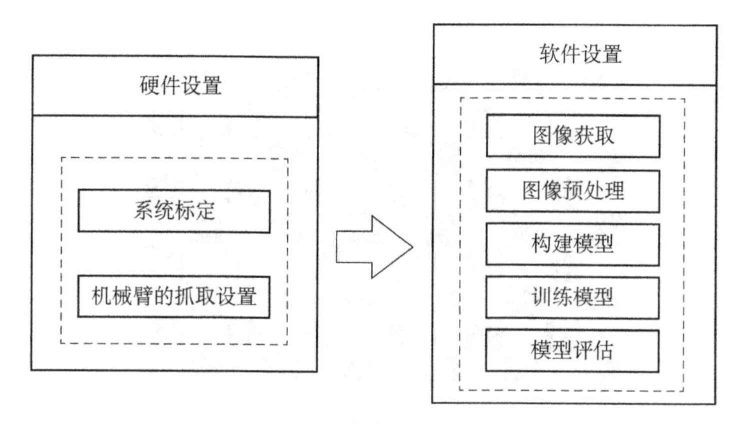

图 11-6 零件自动分拣的流程

11.3.1 硬件设置

自动分拣系统的硬件设置包括系统标定（包括相机标定和机械臂标定）和机械臂的抓取设置。一般的自动分拣系统在实际应用中，由于相机和机械臂的固定位置不同，导致相机拍摄的图像中的物体位置信息等并不等同于机械臂抓取物体的信息，如图 11-7 所示，这两者有着各自的坐标系，只有获取视觉坐标系与机械臂坐标系之间的转换关系，才能实现自动分拣零件的任务，所以需要对相机和机械臂进行标定。

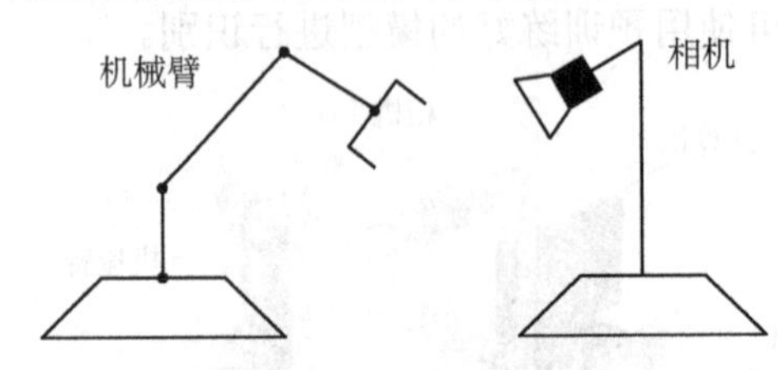

图 11-7 相机和机械臂

系统标定是对相机和机械臂进行标定，以获取机械臂和相机之间的坐标转换关系。相机标定可通过相机标定工具（GML Camera Calibration）进行，或通过输入棋盘标定板水平和竖直方向的角点数，设置角点间距（单位 mm），在相机界面绘制棋盘角点，保存相机标定参数，如图 11-8 所示。

图 11-8 相机标定

机械臂标定可通过设置机械臂在棋盘标定板上对应的角点来实现，如图 11-9 所示。

图 11-9 机械臂标定

机械臂的抓取设置主要包括抓取范围设置、抓取点高度设置、过渡点高度设置、工件存放点设置 4 个部分，如图 11-10 所示。可通过手动的方式移动机械臂进行相关的设置，其目的是给机械臂提供抓取物体的范围大小、抓取物体达到的停留高度、抓取物体在停留高度的旋转角度和抓取物体的存放位置范围。

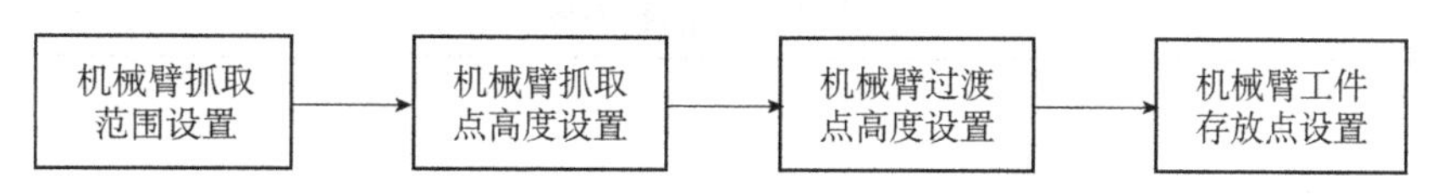

图 11-10　机械臂的抓取设置

11.3.2　软件设置

自动分拣系统的软件设置可分为图像获取（数据准备）、图像预处理（数据预处理）、构建模型、训练模型和模型评估 5 个部分。

1. 图像获取

图像获取包括图像采集和加载图像两个步骤。图像采集的目的是通过相机采集零件图像，并进行初步处理后保存为.pkl 文件；加载图像的目的是从.pkl 文件中加载图像及相应标签。

1）图像采集

图像采集是通过相机拍摄零件得到零件图像，再对图像进行处理，将处理的图像分割为大小 100×100 的图片，如图 11-11 所示。在模型的验证阶段，图像的采集稍有不同，在每次图像采集时，都剪裁出 2000 张图片，其目的是确保每次都能有零件存在图像中。

图 11-11　剪切得到的图片

2）加载图像

在图像采集时，采集到 2000 张大小为 100×100 的图片，设定有零件和没有零件这两种标签的图片各 1000 张，并使用 pickle 模块将它们进行序列化，保存为后缀名为.pkl 的文件，存放在../data/目录下。

在拟合模型时，将.pkl 文件加载至内存，加载的数据包含 train_img 和 train_label，其中 train_img 是图像像素矩阵，train_label 是标签，并对数据进行打乱次序（shuffle）操作，如代码 11-1 所示。

代码 11-1　加载图像

```
import numpy as np
import pickle
import pandas as pd
image_list=[]  # 初始化图像列表，用于存储加载的图像数据
label_list=[]   # 初始化标签列表，用于存储加载的标签数据
for i in range(2):
    # 读取文件，进行反序列化操作
    with open('../data/dataset'+str(i)+'.pkl','rb') as f:
        dataset = pickle.load(f)
    image_list += np.ndarray.tolist(dataset['train_img'])
    label_list += np.ndarray.tolist(dataset['train_label'])
dataset['train_img'] = np.array(image_list)  # 将图像列表转为 numpy 数组的形式
dataset['train_label'] = np.array(label_list)  # 将标签列表转为 numpy 数组的形式
# 数据洗牌操作
def shuffle_dataset(train,label):
    permutation=np.random.permutation(train.shape[0])# 获得洗牌的序号
    if(train.ndim==2):            # 进行展平
        train=train[permutation,:]  # 根据序号对图像进行洗牌
    else:
        train=train[permutation,:,:]
    # lable 与 train 变换之后的对应关系仍是不变的，两者都是根据洗牌序号进行调整的
    label=label[permutation]   # 根据序号对标签进行洗牌
    return train,label         # 返回洗牌之后的数据
# 对数据进行洗牌
dataset['train_img'],dataset['train_label']=shuffle_dataset(dataset['train_img'
],dataset['train_label'])
```

2. 图像预处理

图像预处理包括图像归一化和标签热编码两个步骤。

1）图像归一化

图像的像素值分布在 0～255 之间，对图像的像素值进行归一化可以把像素值变换到一个较小的区间内，其目的是防止图像受到仿射变换和几何变换的影响，而且在训练神经网络模型时，图像归一化可加速梯度下降求解最优解的速度。

图像归一化有两种方法，一种是 min_max 标准化，称为离差标准化，是对原始数据的线性变换，使结果值映射到 0～1，即[0,1]；第二种是 Z-score 标准化，这种方法按照原始

数据的均值（mean）和标准差（standard deviation）进行数据的标准化。这里采用离差标准化方法对图像进行归一化，如代码 11-2 所示。

代码 11-2　图像归一化

```
# 图像归一化
# 对图像数据进行归一化处理，有利于加快训练网络的收敛性
def normalized(data):
    data = data.astype(np.float32)
    data /= 255.0 # 由于图像像素值范围固定，可以直接除以 255 进行归一化
    return data
dataset['train_img']=normalized(dataset['train_img'])
```

2）标签热编码

标签热编码的目的是使图像符合模型的输出形式，若不进行变换，则可能会对模型的输出结果产生影响。在使用神经网络模型解决分类问题时，为了让输出更加规范，通常需要对标签进行热编码。

将图像的标签转换成[1,0]或[0,1]的热编码格式，预测时将在对应位置给出某一类别的概率值，如代码 11-3 所示。需要注意的是，加载数据时进行过打乱数据的操作，所以输出的结果并不一定与代码的输出结果一致。通过代码 11-3 可以看出，原始标签为 0，即没有完整零件的图像转换成[1,0]；原始标签为 1，即有完整零件的图像转换成[0,1]。

代码 11-3　标签热编码

```
# 导入 sklearn 库的热编码库
from sklearn.preprocessing import OneHotEncoder
def one_hot(label):
    onehot_encoder = OneHotEncoder(sparse=False) # 初始化热编码对象
    label = label.reshape(len(label), 1)
    dataset['train_label'] = onehot_encoder.fit_transform(label)# 对标签进行热编码
    return dataset['train_label'] # 返回热编码后的数据
dataset['train_label'] =one_hot(dataset['train_label'] )
print("热编码后的标签：",dataset['train_label'])
```

运行代码 11-3 的结果如下。

```
热编码后的标签： [[0. 1.]
 [1. 0.]
 [1. 0.]
 ...
 [1. 0.]
 [1. 0.]
 [0. 1.]]
```

注：由于结果内容过多此处已省略部分内容。

使用 train_test_split()按照 80%的数据作为训练样本、20%的数据作为测试样本的比例对数据集进行随机划分，如代码 11-4 所示。

代码 11-4 划分数据集

```
    # 划分数据集
    from sklearn.model_selection import train_test_split
    x_train,  x_test,  y_train,  y_test  =  train_test_split(dataset['train_img'],
dataset['train_label'],

test_size=0.2,stratify=dataset['train_label'])
```

3. 构建模型

TensorFlow 是深度学习的框架之一，针对深度神经网络提供了许多接口，下面仅对构建卷积神经网络时所用到的 tf.nn 接口中的类进行简单介绍。本任务使用 1.15.0 版本的 TensorFlow 搭建卷积神经网络，包括 3 个卷积层、3 个池化层和 2 个全连接层，构建卷积神经网络的 tf.nn 接口中的相关类及其说明如表 11-1 所示。

表 11-1 tf.nn 接口中的相关类及其说明

类名称	说明
tf.nn.conv2d	使用 conv2d()创建一个卷积核，该卷积核对层输入进行卷积，以生成输出张量，用于构建卷积层
tf.nn.max_pool	max_pool()对图像进行最大值池化，用于定义最大池化层
tf.nn.relu	用于定义卷积神经网络的激活函数
tf.nn.dropout	为了防止或减小过拟合而使用的函数，一般用在全连接层后
tf.nn.softmax_cross_entropy_with_logits	用于计算交叉熵，即衡量各互斥类别中预测估计值与真实标签值之间的概率误差

由于卷积层和全连接层都需要定义权重和偏差，这里先定义权重和偏差的初始化函数，如代码 11-5 所示。

代码 11-5 权重和偏差的初始化函数

```
# 权重初始化函数
def weight_variable(shape):
    initial = tf.truncated_normal(shape, stddev = 0.1)
return tf.Variable(initial)

# 偏差初始化函数
def bias_variable(shape):
    initial = tf.constant(0.1, shape = shape)
    return tf.Variable(initial)
```

定义卷积神经网络模型的卷积和池化操作函数，如代码 11-6 所示。

代码 11-6 卷积与池化操作函数

```
# 定义卷积层
def conv2d(x, W):
return tf.nn.conv2d(x, W, strides = [1, 1, 1, 1], padding = 'SAME')
```

```
    # 定义池化层
    def max_pool_2_2(x):
        return tf.nn.max_pool(x, ksize = [1, 2, 2, 1], strides = [1, 2, 2, 1], padding
= 'SAME')
```

定义卷积神经网络模型的前向传播、损失函数及优化方法，如代码 11-7 所示。

代码 11-7　卷积神经网络模型的结构

```
    # 初始化必要的参数
    import tensorflow as tf
    iters_num = 1000  # 迭代次数
    train_size = x_train.shape[0]
    batch_size = 64            # 设置 batch size

    iter_per_epoch = 10

    train_loss_list = []
    train_acc_list = []
    test_acc_list = []
    x_train = x_train.reshape([-1, 100, 100, 1])
    x_test = x_test.reshape([-1, 100, 100, 1])
    img_size = 100 # 图像大小设定
    # 定义网络结构
    x_ = tf.placeholder(tf.float32,[None,img_size,img_size,1])
    y_ = tf.placeholder(tf.float32,[None,2])

    # 定义第一个卷积层
    W_conv1 = weight_variable([5, 5, 1, 32])
    b_conv1 = bias_variable([32])
    h_conv1 = tf.nn.relu(conv2d(x_, W_conv1) + b_conv1)
    h_pool1 = max_pool_2_2(h_conv1)

    # 定义第二个卷积层
    W_conv2 = weight_variable([3, 3, 32, 64])
    b_conv2 = bias_variable([64])
    h_conv2 = tf.nn.relu(conv2d(h_pool1, W_conv2) + b_conv2)
    h_pool2 = max_pool_2_2(h_conv2)

    # 定义第三个卷积层
    W_conv3 = weight_variable([3, 3, 64, 64])
    b_conv3 = bias_variable([64])
    h_conv3 = tf.nn.relu(conv2d(h_pool2, W_conv3) + b_conv3)
    h_pool3 = max_pool_2_2(h_conv3)

    # 定义一个全连接层
    W_fc1 = weight_variable([13 * 13 * 64, 128])
    b_fc1 = bias_variable([128])
    print(h_pool3.shape)
    h_pool3_flat = tf.reshape(h_pool3, [-1, 13 * 13 * 64])
    h_fc1 = tf.nn.relu(tf.matmul(h_pool3_flat, W_fc1) + b_fc1)
```

```
    # dropout
    h_fc1_drop = tf.nn.dropout(h_fc1, 0.5)

    W_fc2 = weight_variable([128, 2])
    b_fc2 = bias_variable([2])
    logits = tf.matmul(h_fc1_drop, W_fc2) + b_fc2

    # 定义损失函数和优化算法
    cross_entropy=tf.reduce_mean(tf.nn.softmax_cross_entropy_with_logits(logits=log
its,labels=y_))
    optimizer = tf.train.AdamOptimizer(learning_rate = 0.0001)
    train_step = optimizer.minimize(cross_entropy)

    # 准确率
    correct_prediction = tf.equal(tf.argmax(logits, 1), tf.argmax(y_, 1))
    accuracy = tf.reduce_mean(tf.cast(correct_prediction, tf.float32))
```

4. 训练模型

模型结构初始化之后，使用训练数据集对构建好的卷积神经网络模型进行训练，更新参数，并使用测试数据集对训练好的模型进行评估。训练模型时的迭代次数设置为 1000，batch_size 大小设置为 64，使用测试数据集对模型进行评估。每迭代 10 次之后，输出模型在训练集和测试集上的准确率和损失值的情况，如代码 11-8 所示。

代码 11-8 训练卷积神经网络

```
    init = tf.global_variables_initializer()
    saver = tf.train.Saver()
    # 开始训练
    with tf.Session() as sess:
        sess.run(init)
        for i in range(iters_num+1):
            # 随机从 1600 个样本中获得序号
            batch_mask=np.random.choice(train_size,batch_size)
            x_batch=x_train[batch_mask]
            y_batch=y_train[batch_mask]
            # 训练模型

loss,_=sess.run([cross_entropy,train_step],feed_dict={x_:x_batch,y_:y_batch})
            train_loss_list.append(loss)
            # 每训练 10 次，输出训练数据集和测试数据集上的准确率
            if(i % iter_per_epoch == 0):

train_accuracy=accuracy.eval(session=sess,feed_dict={x_:x_train,y_:y_train})
                test_accuracy = accuracy.eval(session=sess,feed_dict={x_:x_test, y_: y_test})
                print ("step %d,loss %.4f, training accuracy %.4f, test accuracy %.4f"%(i,
loss, train_accuracy, test_accuracy))
                train_acc_list.append(train_accuracy)
```

```
        test_acc_list.append(test_accuracy)

    res_conv=sess.run(logits,feed_dict={x_:x_test})
```

使用 Matplotlib 库绘制模型在训练数据集上训练过程中的损失值情况，如代码 11-9 所示，得到的结果如图 11-12 所示。

代码 11-9 训练数据集上损失值情况

```
import matplotlib.pyplot as plt
x = np.arange(len(train_loss_list))
plt.plot(x, train_loss_list, label = 'train loss')
plt.xlabel("epochs")
plt.ylabel("loss")
plt.ylim(0, 1.0)
plt.legend(loc = 'upper right')
plt.savefig('../tmp/loss.jpg')
plt.show()
```

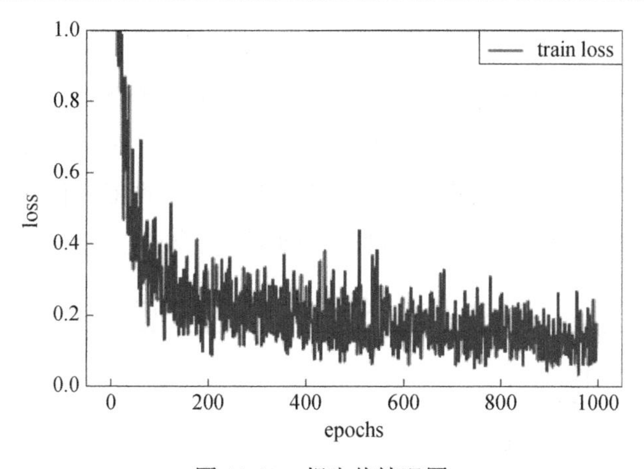

图 11-12 损失值情况图

使用 Matplotlib 库绘制模型在训练数据集和测试数据集中，每迭代 10 次的训练准确率和预测准确率的情况，如代码 11-10 所示，得到的结果如图 11-13 所示。

代码 11-10 准确率情况

```
import matplotlib.pyplot as plt
x = np.arange(len(train_acc_list))
plt.plot(x, train_acc_list, label = 'train_acc')
x1 = np.arange(len(test_acc_list))
plt.plot(x1, test_acc_list, label = 'test_acc')
plt.xlabel("epochs")
plt.ylabel("acc")
plt.ylim(0, 1.0)
plt.legend(loc = 'lower right')
plt.savefig('../tmp/acc.jpg')
plt.show()
```

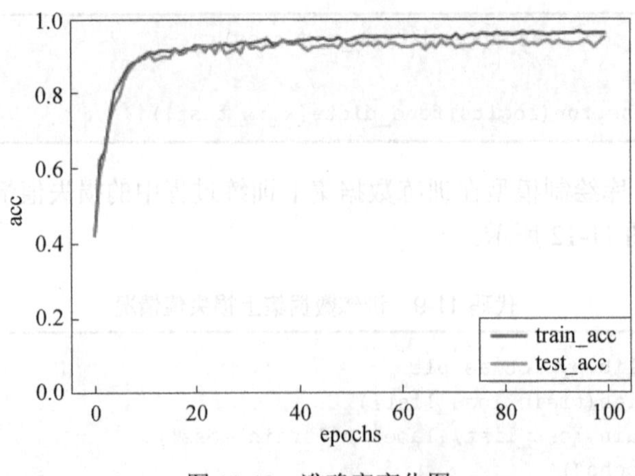

图 11-13　准确率变化图

根据图 11-12 所示的损失值情况图以及图 11-13 所示的准确率变化图可知，模型训练过程中损失值随着迭代次数的增加慢慢地减小，训练数据集和测试数据集的准确率都超过 0.9，表明模型收敛情况良好，基本不存在过拟合问题。

5. 模型评估

基于训练得到的 CNN 模型，若直接用准确率度量模型性能，并不是很严谨，为进一步评估模型的性能，利用测试样本对模型效果进行评分，采用准确率、ROC（Receiver Operating Characteristic）曲线、精准度及召回率等指标进行性能评估。在测试数据集上绘制 ROC 曲线，如代码 11-11 所示，得到的结果如图 11-14 所示。

代码 11-11　CNN 模型的 ROC 曲线

```
import numpy as np
import matplotlib as mpl
import matplotlib.pyplot as plt
from sklearn.metrics import roc_curve # 导入 ROC 曲线函数

# 计算得到 CNN 模型对应的 ROC 曲线上的点的坐标数据
fpr_cnn,tpr_cnn,thresholds=roc_curve(np.argmax(y_test,1),np.argmax(res_conv,1),
pos_label=1)
# 开始画图，在同一张图上绘制模型的 ROC 曲线
plt.plot(fpr_cnn,tpr_cnn,  color='black', linestyle='-',label='ROC of CNN')
plt.legend() # 显示图例
plt.xlabel('False Positive Rate') # 坐标轴名称
plt.ylabel('True Positive Rate')
plt.savefig('../tmp/photo.jpg') # 保存图像
plt.show()   # 显示图像
```

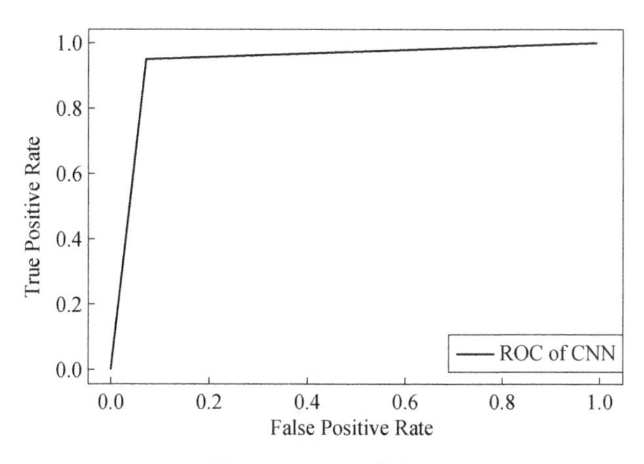

图 11-14　ROC 曲线图

计算并输出模型的准确率、精准度、召回率和 F1 值四个指标，如代码 11-12 所示。

代码 11-12　评估指标

```
from sklearn.metrics import confusion_matrix
from sklearn.metrics import accuracy_score # 准确率
from sklearn.metrics import precision_score # 精准度
from sklearn.metrics import recall_score  # 召回率
from sklearn.metrics import f1_score  # F1 值

print("卷积神经网络的准确率、精准度、召回率、F1 值：")
print(accuracy_score(np.argmax(y_test,1),np.argmax(res_conv, 1)))
print(precision_score(np.argmax(y_test,1),np.argmax(res_conv, 1)))
print(recall_score(np.argmax(y_test,1),np.argmax(res_conv, 1)))
print(f1_score(np.argmax(y_test,1),np.argmax(res_conv, 1)))
```

运行代码 11-12 的结果如下。

```
卷积神经网络的准确率、精准度、召回率、F1 值：
0.9375
0.8994082840236687
0.95
0.9240121580547113
```

得到卷积神经网络模型的准确率、ROC 曲线、精准度、召回率及 F1 值如表 11-2 所示。

表 11-2　模型性能

指标 模型	准确率	ROC 曲线	精准度	召回率	F1 值
卷积神经网络	0.9375	距左上角近	0.8994	0.95	0.924

由表 11-2 可得到结论，卷积神经网络在各个指标上的表现情况都比较好，可将得到的模型发布给机械臂，验证模型并实现机械臂自动抓取零件。

【任务设计】

请基于机智过人实训平台实现零件自动分拣并生成实训报告，生成的实训报告如图 11-15 所示。

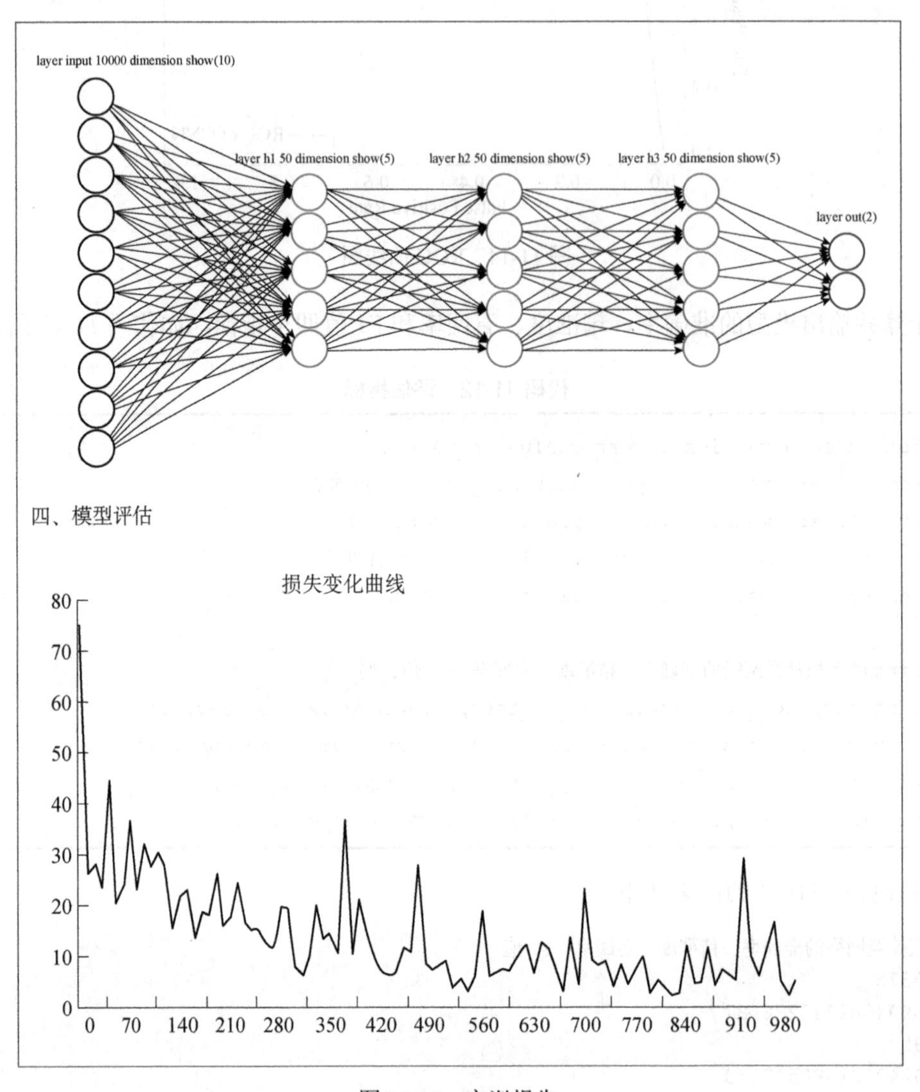

图 11-15　实训报告

任务的具体设计步骤如下。

（1）硬件设置。打开实训平台，连接机械臂进行系统标定和机械臂抓取设置。

（2）数据准备。选择并加载数据。

（3）数据预处理。导入数据预处理脚本，对加载的数据进行预处理。

（4）构建模型。导入神经网络脚本，构建网络模型。

（5）训练模型。进入训练模型界面，输入训练次数、模型名称，对构建的模型进行训练。

（6）零件自动分拣。选择训练完成的模型，发布到机械臂，验证模型实现零件自动分拣并生成报告。

任务流程图如图 11-16 所示。

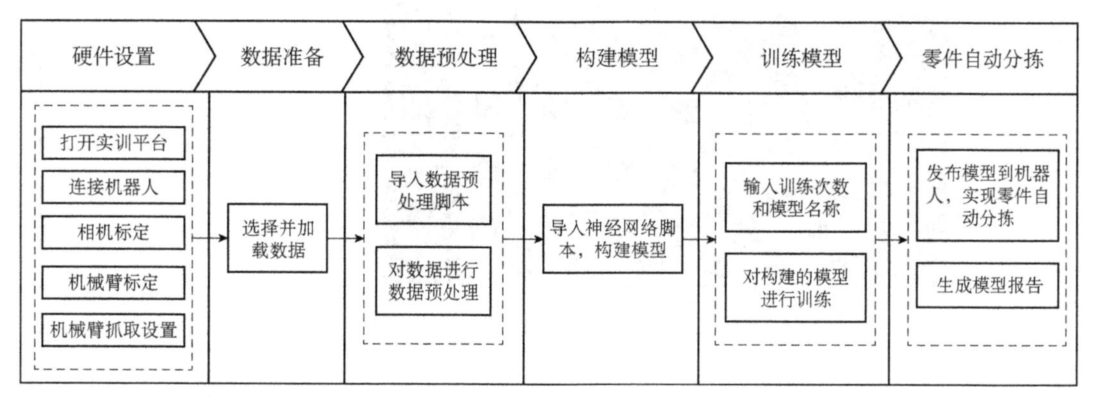

图 11-16　任务流程图

【任务实施】

基于机智过人实训平台实现零件自动分拣，任务的具体实施步骤和结果如下。

（1）硬件设置。打开机智过人实训平台，如图 11-17 所示，单击“连接”按钮，连接至机械臂，连接以后机械臂自动归零，同时将机械臂移动至左侧，而后通过系统自动拍摄图像并进行分割，生成若干 100×100 大小的图片。单击“操作面板”按钮，找到“相机标定”面板，输入棋盘标定板水平和竖直方向的角点数，设置角点间距（单位 mm）后单击“标定”按钮，在相机界面绘制棋盘角点，在相机标定界面中显示标定的平均误差，单击“保存”按钮后保存相机标定参数，如图 11-18 所示。

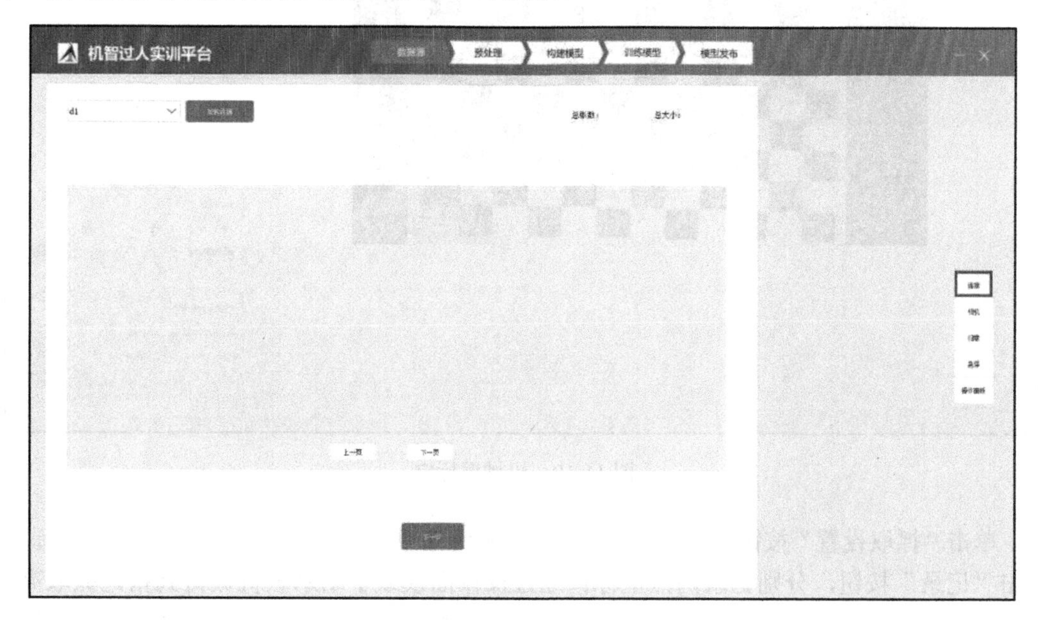

图 11-17　连接机械臂

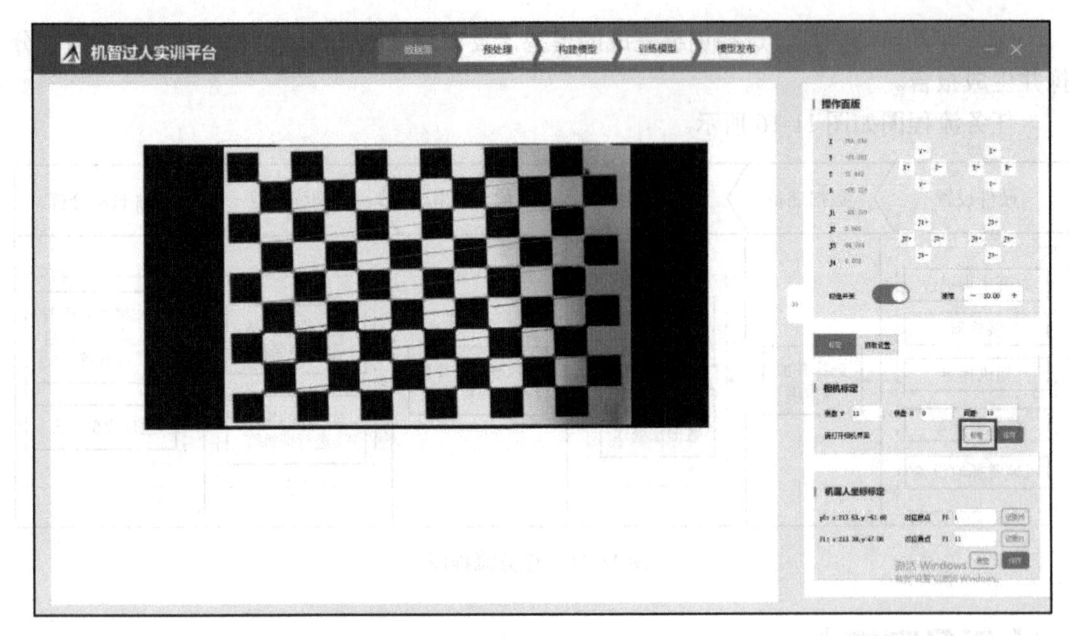

图 11-18　相机标定

进行机械臂标定，通过设置机械臂对应的角点，按动机械臂电机解锁开关进入手持示教模式，或通过操作面板将机械臂末端移动到标定板对应点并记录坐标，单击“保存”按钮后记录机械臂标定参数，如图 11-19 所示。

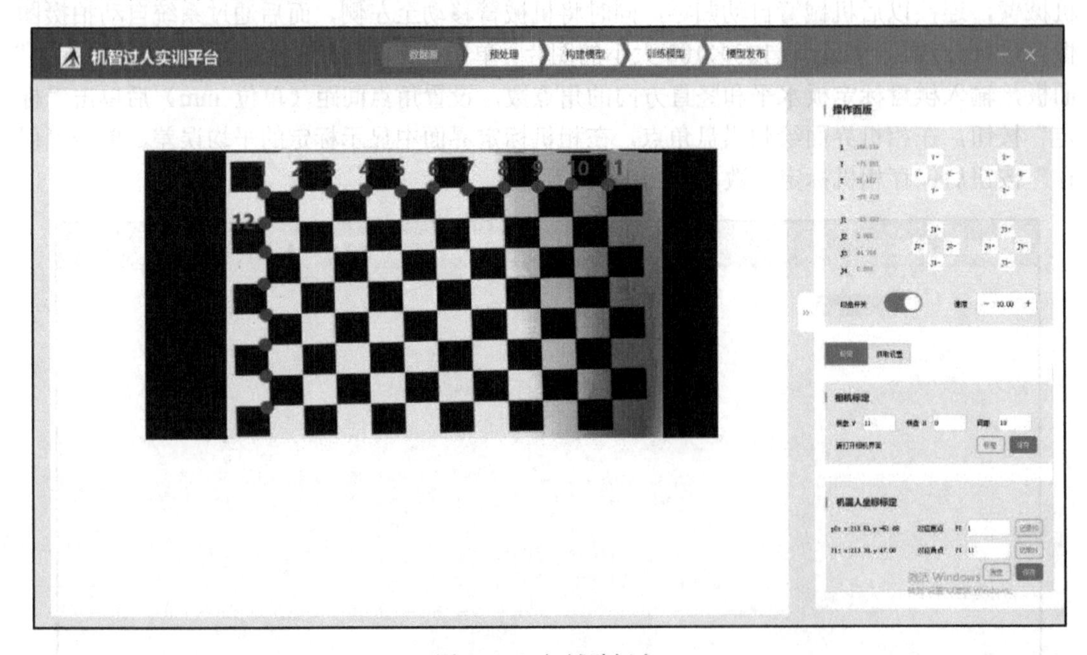

图 11-19　机械臂标定

单击“抓取设置”按钮，使用操作面板或手持示教机械臂到抓取范围两个对角坐标点，单击“记录”按钮，分别记录两点坐标；通过操作面板或手动示教机械臂到指定抓取高度设置抓取点高度，单击“记录”按钮记录抓取点高度；通过操作面板或手动示教机械臂到指定过渡高度设置过渡点高度，单击“记录”按钮记录过渡点高度；通过操作面板或手动示教机械臂到指定工件存放点设置工件存放点，单击“记录”按钮记录工件的存放点；最后单击“保存”按钮，保存上述机械臂抓取设置参数，如图 11-20 所示。

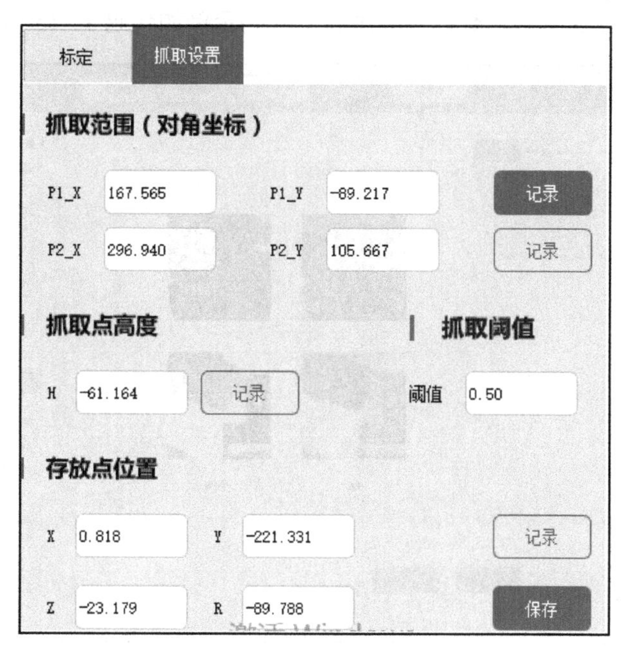

图 11-20　机械臂抓取设置

（2）数据准备。单击“加载数据”按钮前方的下拉选项框，选择任一数据，在下方会显示对应数据源的数据，通过翻页可以查看到所有的数据，如图 11-21 所示。

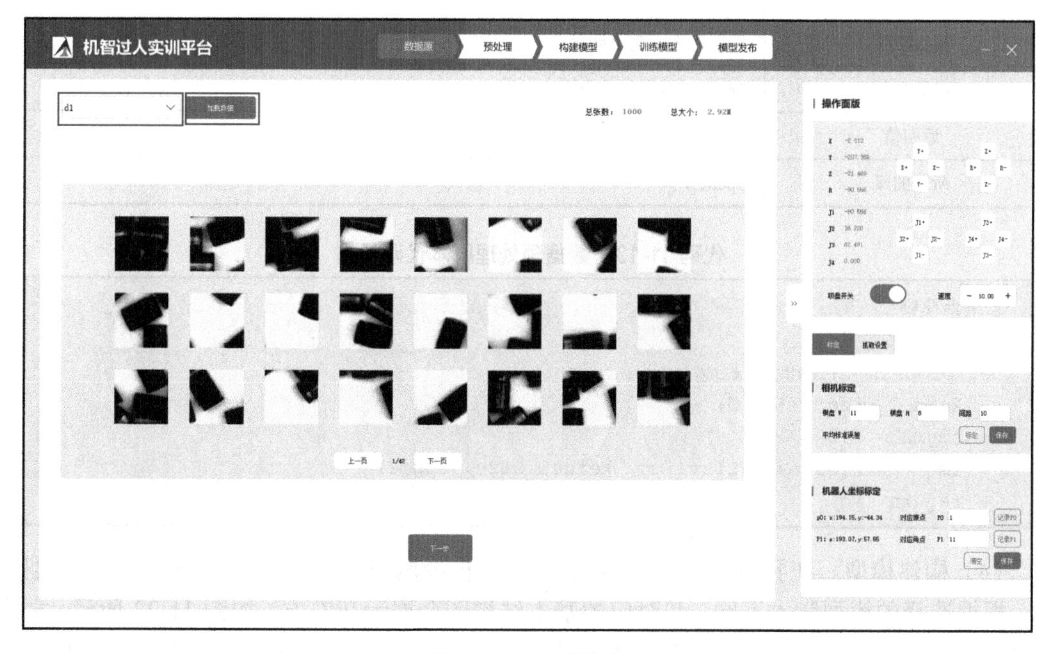

图 11-21　加载数据

（3）数据预处理。在数据源界面单击“下一步”按钮，进入预处理界面，单击“选择预处理方法”按钮，导入数据预处理脚本。预处理后的结果范例会展示在右方，如图 11-22 所示。如果需要自定义新的数据预处理脚本，可根据数据预处理脚本的要求进行。数据预处理脚本的要求如表 11-3 所示，数据预处理脚本代码示例如代码 11-13 所示。

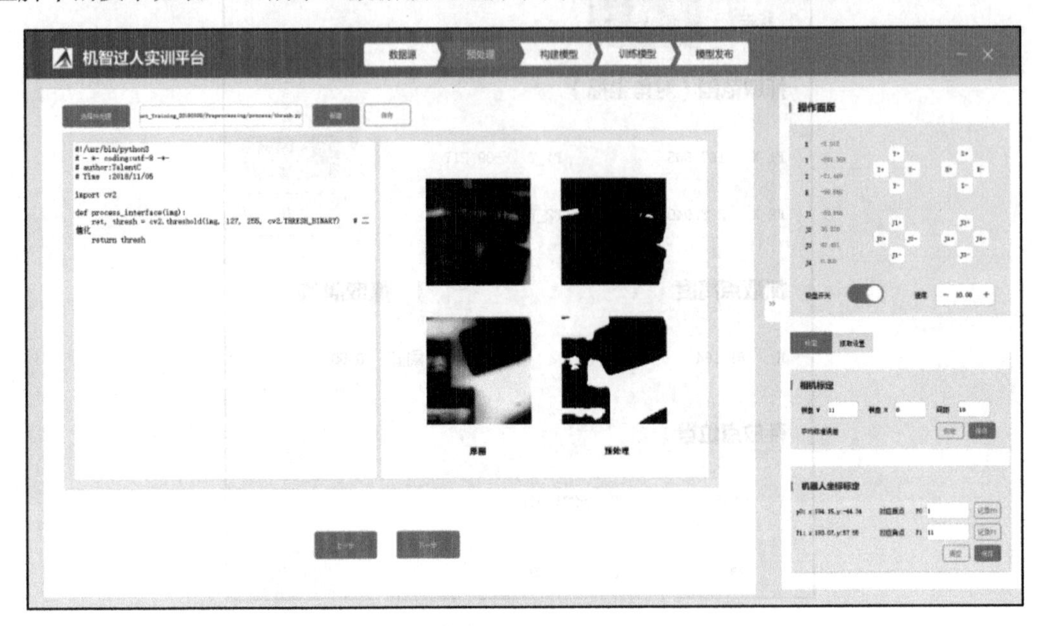

图 11-22　数据预处理

表 11-3　数据预处理脚本的要求

名称	要求
函数名称	符合 Python 定义即可
函数参数	OpenCV 读取的单个图片对象
返回值	OpenCV 返回的单个图片对象
所用的库	OpenCV 库

代码 11-13　数据预处理脚本代码示例

```
# 高斯模糊
import cv2
def process_interface(img):
    kernel_size = (9, 9)
    sigma = 1.5
    img = cv2.GaussianBlur(img, kernel_size, sigma)
    return img
```

（4）构建模型。在预处理界面，单击“选择神经网格”按钮，导入神经网络模型脚本，根据选择的模型脚本不同，其对应的基本结构图会展示在右方，如图 11-23 所示。如果需要自定义新的模型脚本，可根据模型脚本的要求进行。构建模型脚本的要求如表 11-4 所示，构建模型脚本代码示例如代码 11-14 所示。

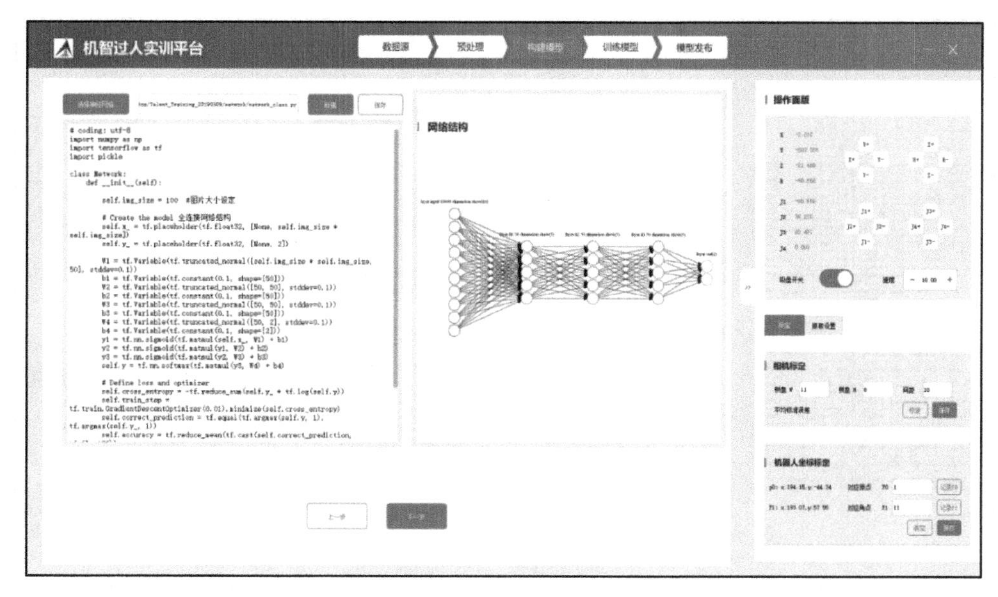

图 11-23　构建模型

表 11-4　构建模型脚本的要求

名称	要求
类名	Network
构建脚本位置	__init__方法中
__init__方法参数	无
图片大小设置	100
生成网络结构图构建语句模板	w1 = tf.Variable(tf.truncated_normal([self.img_size * self.img_size, 50], stddev=0.1)) b1 = tf.Variable(tf.constant(0.1, shape=[50]))
所用的库	TensorFlow、pickle、numpy、Python 自带库

代码 11-14　构建模型代码示例

```
import numpy as np
import tensorflow as tf
import pickle
class Network:
    def __init__(self):
        self.img_size = 100  #图片大小设定
        # Create the model 全连接网络结构
        self.x_ = tf.placeholder(tf.float32, [None, self.img_size * self.img_size])
        self.y_ = tf.placeholder(tf.float32, [None, 2])
        w1 = tf.Variable(tf.truncated_normal([self.img_size * self.img_size, 1000],
stddev=0.1))
        b1 = tf.Variable(tf.constant(0.1, shape=[1000]))
```

（5）训练模型。在构建模型界面单击“下一步”按钮，进入训练模型界面。输入训练次数、模型名称，单击“训练”按钮，开始训练。训练过程中训练数据集的损失、训练数据集准确率、测试数据集准确率会实时展现在界面中，动态展现随着训练次数的增加模型逐渐收敛的过程，如图 11-24 所示。

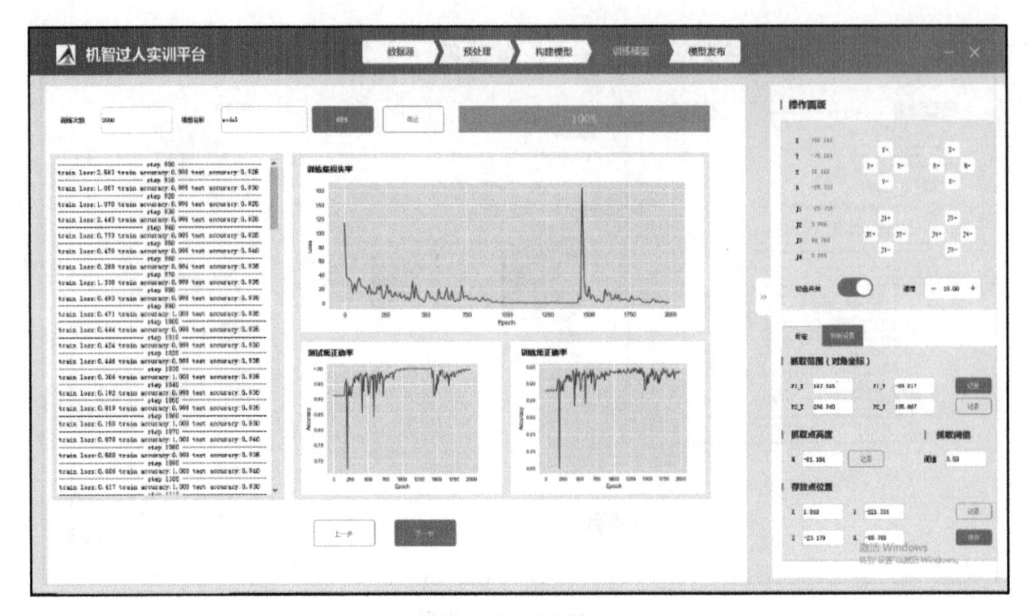

图 11-24　训练模型

（6）零件自动分拣。训练完成后在模型训练界面单击“下一步”按钮，进入模型发布界面。选择训练完成的模型，单击“发布到机械臂”按钮，开始对构建的模型及其训练结果进行验证，实现零件自动分拣。首先相机会拍摄物料盒内所有零件，而后系统会使用模型计算最有可能被抓取到的点的位置，然后给机械臂下指令，使机械臂抓取指定位置的零件。每抓取一次，是否成功抓取将通过光电感应开关实现自动标注。抓取的准确率和模型预测的准确率也会展现在界面中，如图 11-25 所示。最后单击“生成报告”按钮，系统会弹出一个界面，在界面中展示生成的报告，如图 11-26 所示。

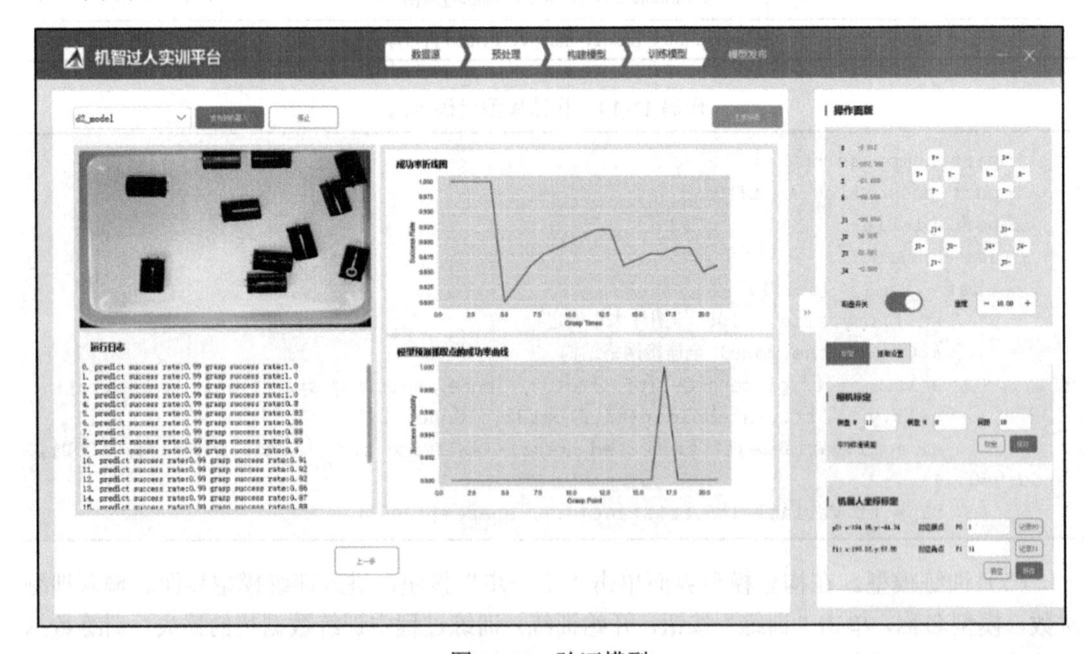

图 11-25　验证模型

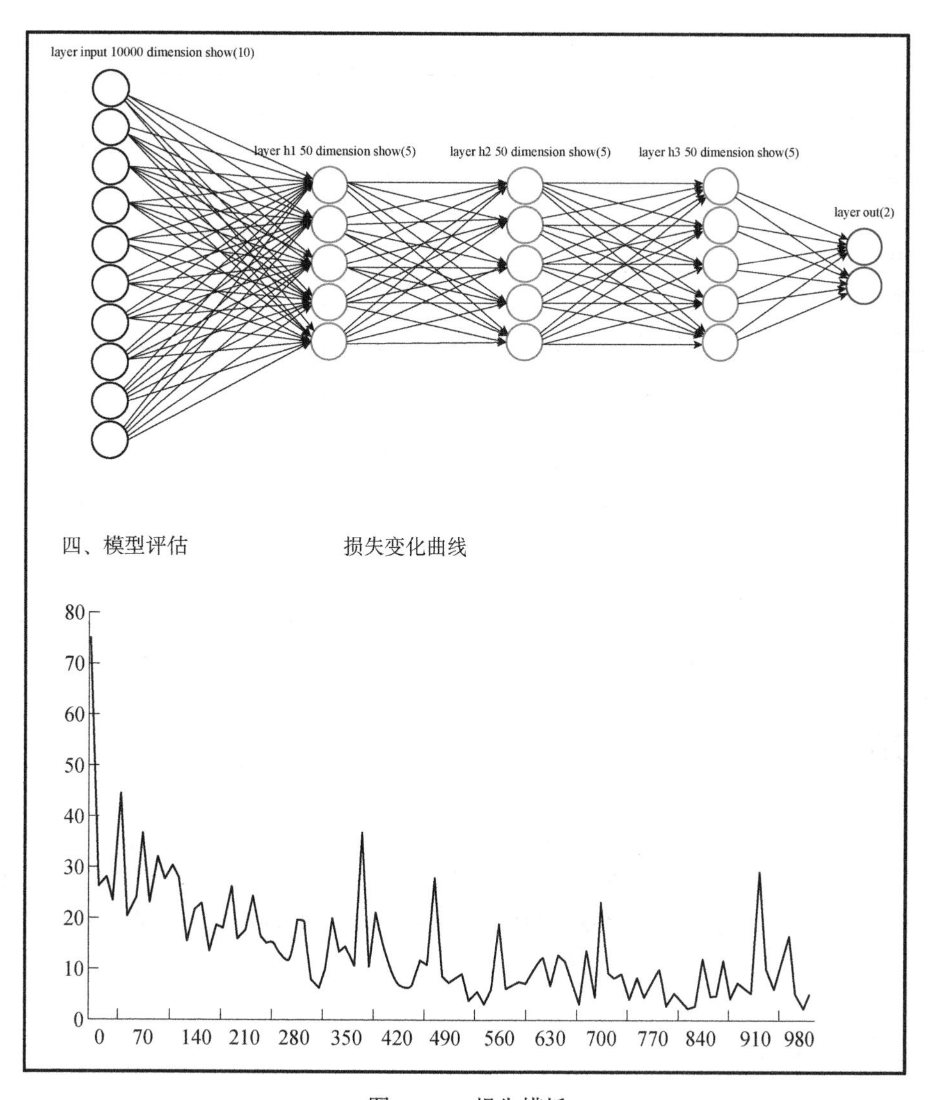

图 11-26　报告模板

【任务评价】

填写表 11-5 所示任务过程评价表。

表 11-5　任务过程评价表

任务实施人姓名_______________　　学号_________________　　时间____________

评价项目及标准		分值	小组评议	教师评议
技术能力	1. 基本概念熟悉程度	5		
	2. 硬件设置	10		
	3. 数据准备	5		
	4. 数据预处理	10		
	5. 构建模型	10		
	6. 训练模型	10		
	7. 零件自动分拣实现与报告生成	10		

续表

评价项目及标准		分值	小组评议	教师评议
执行能力	1. 出勤情况	5		
	2. 遵守纪律情况	5		
	3. 是否主动参与，有无提问记录	5		
	4. 有无职业意识	5		
社会能力	1. 能否有效沟通	5		
	2. 能否使用基本的文明礼貌用语情况	5		
	3. 能否与组员主动交流、积极合作	5		
	4. 能否自我学习及自我管理	5		
		100		
评定等级：				
评价意见		学习意见		

评定等级：A：优，得分>90；B：好，得分>80；C：一般，得分>60；D：有待提高，得分<60。

小结

本任务首先介绍了自动分拣系统在实际生产生活中的应用、人工分拣与自动分拣的对比、有序分拣和无序分拣的相关概念；其次介绍了自动分拣系统的基本组成，包括 RBP 系统的概念和基本组成、自动分拣系统的基本组成和自动分拣系统的基本实现原理；最后介绍了自动分拣的基本流程和实现过程。

任务 11 练习

1. 选择题

（1）传统的人工分拣方式有哪些缺点？（　　）

A. 不适宜在高温、高压甚至有毒的环境中进行分拣

B. 不能够短时间内完成数量大、时间紧急的分拣任务

C. 不能实时地对分拣数据进行收集和反馈

D. 以上都是

（2）以下关于 TensorFlow 的接口说明不正确的是（　　）。

A. tf.nn.conv2d 用于构建卷积层

B. tf.nn.relu 用于定义激活函数

C. tf.nn.softmax_cross_entropy_with_logits 用于计算准确率

D. tf.nn.max_pool 用于定义最大池化层

（3）以下属于模型评价指标的是（　　）。

A. ROC 曲线　　　　B. 召回率

C. F1 指标　　　　　　　　　　　　　　D. 以上都是

2. 判断题

（1）“有序分拣”需要指定物品规格，且排列整齐。（　　）
（2）标签热编码的目的是使图像符合模型的输出形式。（　　）
（3）dropout()是为了防止或减轻欠拟合而使用的函数。（　　）

3. 填空题

（1）典型的 RBP 系统主要分为三个部分：________、________、________。
（2）图像归一化有两种方法，分别是________、________。

4. 简答题

对图像的像素值进行归一化的目的是什么？

5. 案例题

LeNet50 主要由 2 个卷积层、2 个下采样层（二次采样、池化层）和 2 个全连接层构成，是用于手写数字识别的卷积神经网络，也是早期卷积神经网络中最有代表性的应用之一。请根据图 11-27，使用 TensorFlow 构建 LeNet50 模型。

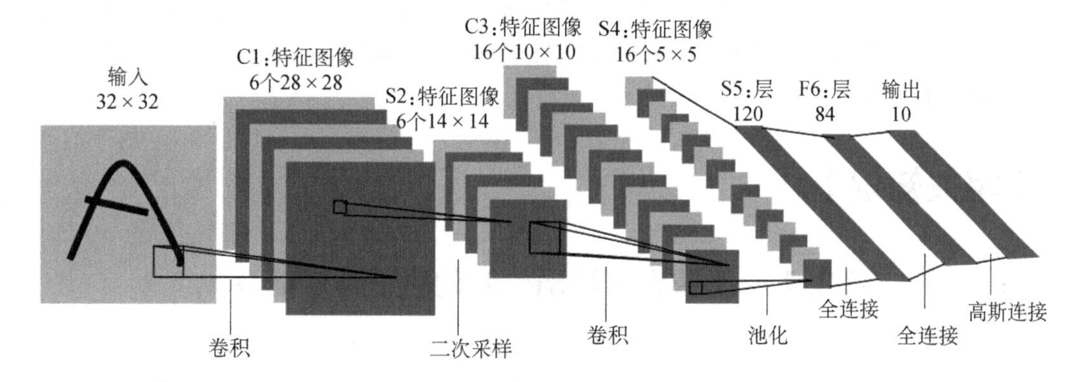

图 11-27　LeNet50 的网络结构

（1）构建初始化权重和偏差函数。
（2）构建卷积与池化操作函数。
（3）定义网络结构。
（4）构建第一个卷积层和池化层。
（5）构建第二个卷积层和池化层。
（6）构建第一个全连接层。
（7）构建全连接输出层。

任务 12

实现工业钢材的缺陷检测

【任务要求】

在工业生产过程中，为了保证产品的合格率和可靠的质量，必须进行产品表面缺陷检测。 制造业的全面智能化发展对工业产品的质量检测提出了新的要求。基于深度学习的工业缺陷检测逐渐成为智能制造时代的主要技术。请基于 MobileNet V2 深度学习网络完成工业钢材的缺陷检测任务。

【相关知识】

12.1　工业钢材缺陷检测的应用背景简介

国家钢铁工业发展水平的重要标志之一是钢板的生产技术。钢材被广泛用于汽车、航空航天、机械和电子等领域，据相关研究人员统计，近年来客户对钢材质量的不满多数与表面缺陷相关。因此，如何检测与控制钢材表面缺陷并改善钢材表面质量已成为冶金企业的主要质量改进任务。

由于钢材制造过程中许多技术因素的影响，如原材料冶炼技术、乳制技术等，其表面会有诸多类型的缺陷产生，这些缺陷会在不同程度上影响钢材的性能，如耐磨与抗疲劳性等。在生产过程中，表面缺陷不仅易造成严重的生产事故，如传送带断裂等，还可能导致轧辊磨损等，从而造成严重事故和产生不可估量的损失。因此，进行钢材表面质量的检测很重要。

在工业生产的过程中，需要对金属材料的表面缺陷进行识别分类，提高产品的质量。根据钢材表面缺陷的图片数据，钢材包含十种类型的表面缺陷，即冲孔（Pu）、焊接线（Wl）、月牙形间隙（Cg）、水斑(Ws)、油斑(Os)、丝斑(Ss)、夹杂物(In)、轧制坑(Rp)、折痕(Cr)、腰部折痕（Wf)。进行工业钢材缺陷检测模型的训练，可实现对钢材表面缺陷的判断。通过深度学习对生产原材料进行缺陷检测，可以有效提高生产线的整体质量和效率，大大节省人力资源成本及降低人工出错的概率。

12.2　工业钢材的数据采集

GC10-DET 是在真实工业生产中收集的表面缺陷数据集，使用相机对不同缺陷类型的钢板表面进行拍摄而得到。该数据集包括 3570 张灰度图像。

在 GC10-DET 数据集中有 train 和 val 两个文件夹，每个文件夹中包含十个不同缺陷类型的子文件夹，文件夹的名称即表示文件夹内图片所属的缺陷类型，如图 12-1 所示。

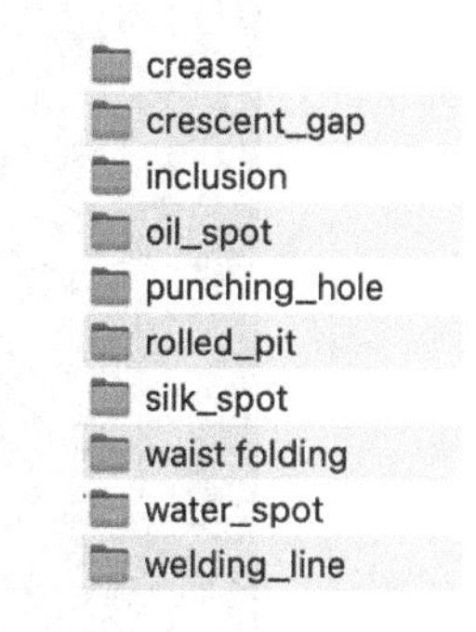

图 12-1　GCI0-DET 数据集的文件夹

不同类型钢材缺陷的具体说明如下。

冲孔：在钢带的生产线上，钢带需要根据产品规格进行冲孔，机械故障可能产生不必要的冲孔，从而导致冲孔缺陷，如图 12-2 所示。

图 12-2　冲孔

焊接线：当钢带被更换时，需要对钢带的连接处进行焊接，焊接线就产生了。严格来说，这不是缺陷，但需要自动检测和跟踪，以便在后续切割中规避，如图 12-3 所示。

图 12-3　焊接线

月牙形间隙：在钢带生产中，切割时会产生缺陷，就像半个圆，如图 12-4 所示。

图 12-4　月牙形间隙

水斑：是由于生产中的干燥而产生的。在不同的产品和工艺生产中，对这种缺陷的要求是不同的。一般，由于水斑的对比度较低，并且与油斑等其他缺陷相似，所以它们通常会被误测，如图 12-5 所示。

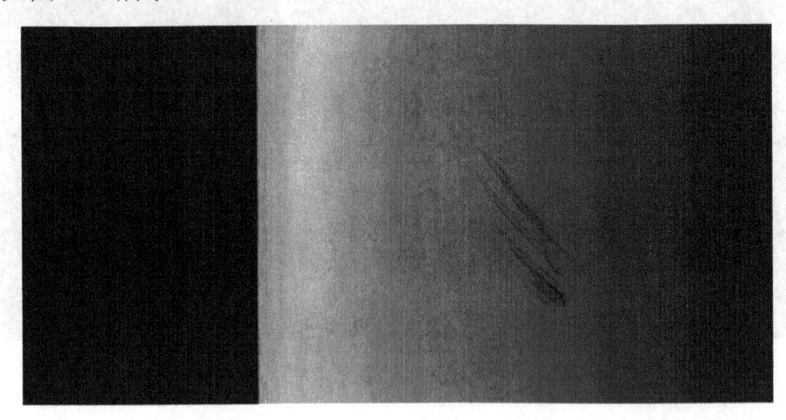

图 12-5　水斑

油斑：通常是由于机械润滑剂的污染而引起的，油斑将影响产品的外观，如图 12-6 所示。

图 12-6　油斑

丝斑：钢带表面局部或连续的波浪状斑块，可能出现在上、下表面，在整个钢带长度方向上密度不均匀。一般来说，产生丝斑的主要原因是辊子的温度不均匀和压力不均匀，如图 12-7 所示。

图 12-7　丝斑

夹杂物：是钢带表面典型的一种缺陷，通常表现为小斑点，呈鱼鳞状、条状、块状，不规则地分布在钢带的上、下表面，并常伴有粗糙的麻点。有些夹杂物是松散物，容易脱落，有的则被压入板中，如图 12-8 所示。

图 12-8　夹杂物

轧制坑：是钢板表面的周期性隆起或凹坑，呈点状、片状或条状。轧制坑通常分布在钢带整个长度或截面上，主要是由工作辊或张力辊损坏造成的，如图 12-9 所示。

图 12-9　轧制坑

折痕：是一种垂直的横向折痕，有规则的或不规则的间距，横跨钢带，或在钢带的边缘。造成折痕的主要原因是在开卷过程中，沿钢带移动方向产生局部屈服，如图 12-10 所示。

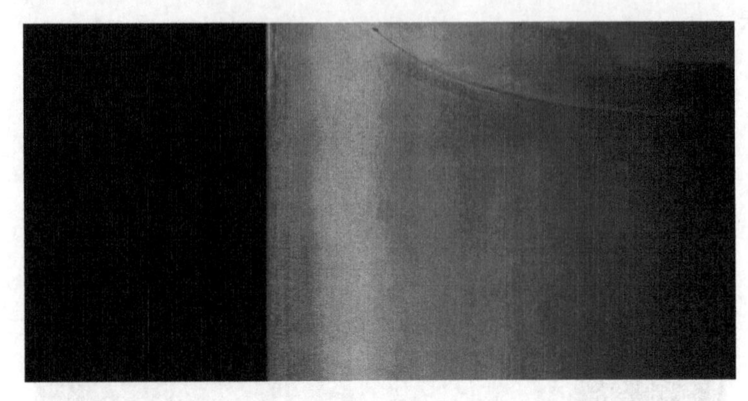

图 12-10　折痕

腰部折痕：缺陷部位有明显的褶皱，有点像皱纹，说明缺陷的局部变形太大。造成腰部折痕的原因是钢材中含碳量低，如图 12-11 所示。

图 12-11　腰部折痕

12.3　基于深度学习的工业钢材缺陷检测流程

随着机器视觉、工业自动化技术的快速发展，工业 4.0 的概念已经被提上日程。传统的工业钢材缺陷检测采用人工分拣的方法，不仅需要消耗大量的人力和工时，误识率也比较高，因此传统的人工分拣渐渐地被机器所替代。

基于机器自动化的缺陷检测可分为基于传统机器学习的视觉检测和基于深度学习的视觉检测两种类型。传统机器学习需要人工设计特征，好的特征提取算法通常依赖于大量实验并需要手工选择验证，特征提取算法种类繁多且复杂，常造成选择困难。对不同种类的缺陷可能需要采用不同的特征提取算法，会极大增加算法时间复杂度和空间复杂度，导致检测算法不够稳定且不够鲁棒等问题，难以实时对缺陷进行检测。

基于深度学习的视觉检测可以学习到高层次的特征、人眼很难直接量化的特征，不需要人工进行特征设计，对于不同应用场景的适应性也更强，准确率更高。因此基于深度学习进行工业钢材的缺陷检测逐渐成为工业生产中的主流技术。下面将首先介绍 MobileNet V2 深度学习网络中使用到的核心技术，以及网络的整体架构，然后用代码实现基于深度学习的工业钢材缺陷检测。

12.3.1 深度可分离卷积

一些轻量级的网络，如 MobileNet，会有深度可分离卷积，用来提取特征。相比常规的卷积操作，其参数数量少、运算成本比较低。

深度可分离卷积主要分为两个过程，分别为逐通道卷积（Depthwise Convolution）和逐点卷积（Pointwise Convolution）。

1）逐通道卷积

首先，对输入图像进行逐通道卷积运算，即对每个通道分别进行卷积运算。对于一幅 12×12×3 的输入图像而言，使用大小为 5×5 的卷积核进行逐通道卷积运算，运算方式如图 12-12 所示。

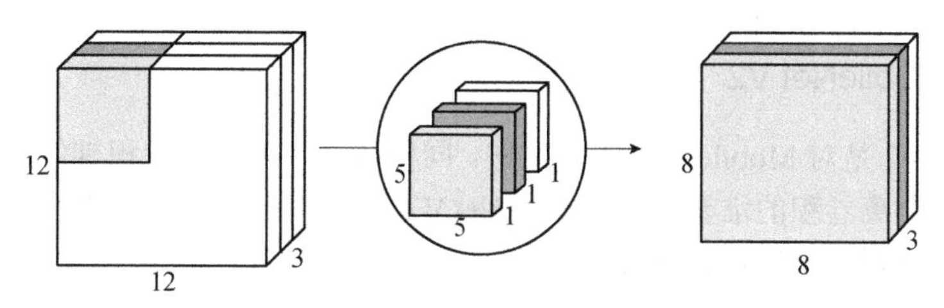

图 12-12 逐通道卷积运算方式

这里其实就是使用 3 个 5×5×1 的卷积核分别提取输入图像中 3 个通道（Channel）特征，每个卷积核计算完成后，会得到 3 个 8×8×1 的输出特征图，将这些特征图堆叠在一起就可以得到大小为 8×8×3 的最终输出特征图。通过分析可以发现逐通道卷积运算的一个缺点：缺少通道间的特征融合，并且运算前后通道数无法改变。因此，接下来就需要补充一个逐点卷积来弥补该缺点。

2）逐点卷积

使用逐通道卷积运算已完成了从一幅 12×12×3 的输入图像中得到 8×8×3 的输出特征图，并且发现仅使用深度卷积无法实现不同通道间的特征融合，而且也无法得到与标准卷积运算一致的 8×8×256 的特征图。那么，接下来介绍如何进行逐点卷积运算。

逐点卷积其实就是 1×1 卷积，因为其会遍历每个点，所以称之为逐点卷积。使用一个 3 通道的 1×1 卷积对上文得到的 8×8×3 的特征图进行运算，可以得到一个 8×8×1 的输出特征图，如图 12-13 所示。这样，使用逐点卷积就实现了 3 个通道间特征的融合。

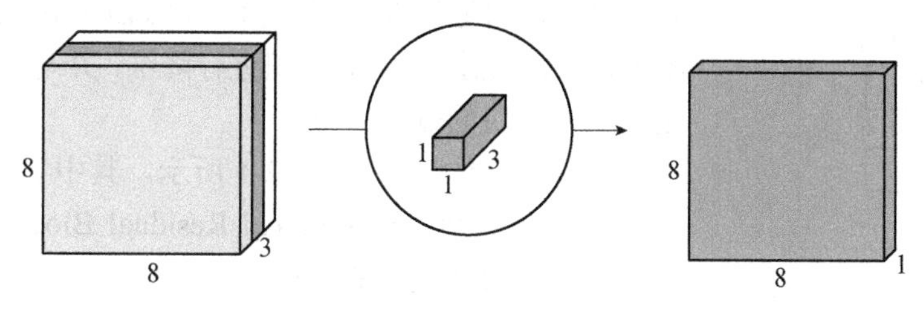

图 12-13 输出通道为 1 的逐点卷积

此外，可以创建256个3通道的1×1卷积对上文得到的8×8×3的特征图进行运算，这样，就可以得到与标准卷积运算一致的8×8×256的特征图，如图12-14所示。

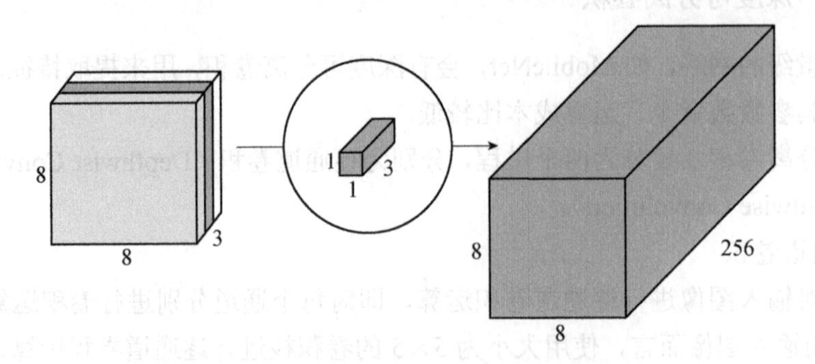

图12-14 输出通道为256的逐点卷积

12.3.2 MobileNet V2

MobileNet V2是对MobileNet V1的改进，同样是一个轻量级卷积神经网络。MobileNet V1只是深度可分离卷积的堆叠，但MobileNet V2借鉴了ResNet的思想，在网络中添加了倒残差块，进一步加强了网络的性能。

类似于ResNet中的Residual Block（残差块），MobileNet V2在MobileNet V1的深度可分离卷积的基础上添加了Residual Connection，形成了Inverted Residual Block（倒残差块）。之所以叫作Inverted Residual Block，是因为在Residual Block中，feature map的通道数是先减少再增加的，而在Inverted Residual Block中，feature map的通道数是先增加再减少的，如图12-15所示。

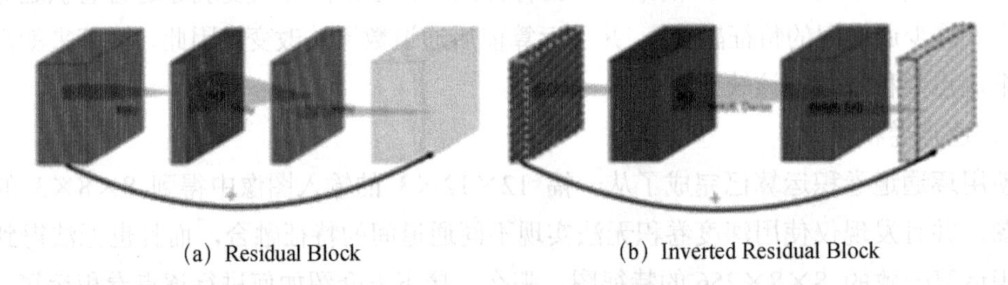

(a) Residual Block　　(b) Inverted Residual Block

图12-15 Residual Block和Inverted Residual Block结构

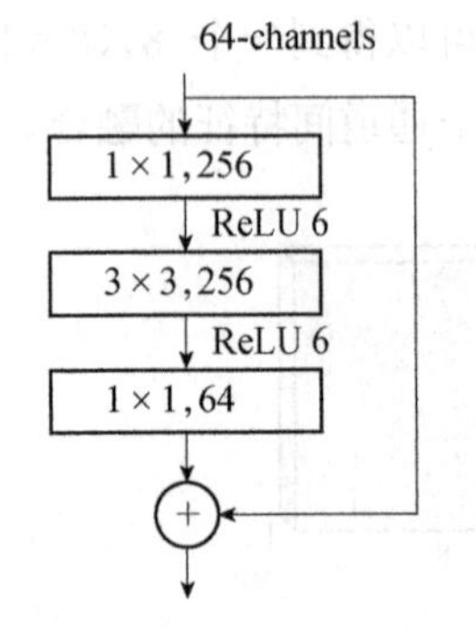

图12-16 倒残差块结构模块

图12-16是一个简单的倒残差块结构模块，一个64通道的特征图，首先经过一个1×1卷积和ReLU6激活函数进行升维操作，再通过3×3的卷积和ReLU6激活函数提取高层特征，最后通过1×1的卷积进行降维，并与输入的特征进行相加作为模块的输出结果。

网络的具体架构如表12-1所示，其中字母的解释如下。

t：扩展系数，即Inverted Residual Block中第一个1×1卷积核的个数是输入的通道数的多少倍，也就是中间部分的通道数是输入的通道数的多少倍。

n：该模块的重复次数。

c：输出通道数。

s：该模块第一次出现时的步长（后面重复该模块时步长都是 1）。

表 12-1　网络的具体架构

Input	Operator	t	c	n	s
$224^2\times3$	conv2d	—	32	1	2
$112^2\times32$	bottleneck	1	16	1	1
$112^2\times16$	bottleneck	6	24	2	2
$56^2\times24$	bottleneck	6	32	3	2
$28^2\times32$	bottleneck	6	64	4	2
$14^2\times64$	bottleneck	6	96	3	1
$14^2\times96$	bottleneck	6	160	3	2
$7^2\times160$	bottleneck	6	320	1	1
$7^2\times320$	conv2d 1×1	—	1280	1	1
$7^2\times1280$	avgpool 7×7	—	—	1	—
1×1×1280	conv2d 1×1	—	K	—	

注：bottleneck 指的是 Inverted Residual Block。

根据图 12-17 所示的网络第一层结构，输入一个 224×224×3 的图像，经过一个 kenel-size 为 3×3、步长 s=2 的卷积操作后，输出的特征图通道数为 32 (使用了 32 个卷积核)，输出 112×112×32 的特征图。

$224^2\times3$	conv2d	–	32	1	2

图 12-17　网络第一层结构

根据图 12-18 所示的网络第二层结构，输入一个 112×112×32 的特征图经过 bottleneck 操作，输出 112×112×16 的特征图。其中，bottleneck 的第一层 1×1 卷积的个数是输入通道数×t, 即 32×1＝32；第二层的 3×3 卷积不改变通道数，个数也为 32；第三层 1×1 卷积核个数为 16，输出 112×112×16 的特征图。由于此时输入与输出的通道数不一致，因此没有跳线连接。

$112^2\times32$	bottleneck	1	16	1	1

图 12-18　网络第二层结构

以此类推，完成整个网络框架的搭建。

12.3.3　图像预处理和数据集格式化

1. 图像预处理

图像预处理的主要目的是进行图像大小和格式的调整，以及进行数据的标准化处理。然后根据数据集文件，生成一个数据集加载器，可以通过加载器获取对应的训练数据及标签。

图像预处理主要使用的应用程序接口（API，Application Program Interface）介绍如下。

transforms.Resize(x)：将图像短边缩放至 x，长宽比保持不变。

transforms.RandomHorizontalFlip()：以给定的概率随机水平旋转图像，默认为 0.5，可以增加模型的旋转不变性。

transforms.CenterCrop(x)：将图像从中间裁剪成 x×x 大小。

transforms.Normalize(mean, std)：功能：逐通道地对图像进行标准化（均值变为 0，标准差变为 1），可以加快模型的收敛。

output = (input - mean) / std。

mean：各通道的均值。

std：各通道的标准差。

注：mean=[0.485, 0.456, 0.406], std=[0.229, 0.224, 0.225] 这一组数据是从 ImageNet 训练集中抽样并计算出来的。

transforms.ToTensor()：将图像转化为 tensor。

图像预处理如代码 12-1 所示。

代码 12-1　图像预处理

```
from torchvision import transforms, datasets
    # 对图像进行预处理
    data_transform = {
        "train": transforms.Compose([transforms.Resize(224),
                                    transforms.RandomHorizontalFlip(),
                                    transforms.ToTensor(),
                                    transforms.Normalize([0.485, 0.456, 0.406], [0.229,
                                    0.224, 0.225])]),
        "val": transforms.Compose([transforms.Resize(256),
                                    transforms.CenterCrop(224),
                                    transforms.ToTensor(),
                                    transforms.Normalize([0.485, 0.456, 0.406], [0.229,
                                    0.224, 0.225])])}
```

2. 数据集格式化

首先使用 datasets.ImageFolder(root, transform)获取数据集。ImageFolder()是一个通用的数据加载器，使用 ImageFolder ()的前提是所有的文件按文件夹保存，每个文件夹下存储同一个类别的图像，文件夹名为类名，其构造函数如代码 12-2 所示。

代码 12-2　ImageFolder()

```
ImageFolder(root, transform=None, target_transform=None, loader=default_loader)
```

ImageFolder()的参数介绍如下。

root：在 root 指定的路径下寻找图像。

transform：对 PIL Image 进行转换操作，transform 的输入是使用 loader 读取的图像的返回对象。

target_transform：对标签的转换。

loader：给定路径后如何读取图像，默认读取 RGB 格式的 PIL Image 对象。

ImageFolder()返回的是一个由数据和标签组成的数组。

数据集格式化如代码 12-3 所示。

代码 12-3　数据集格式化

```
train_dataset = datasets.ImageFolder(root=os.path.join(image_path, "train"),
                                     transform=data_transform["train"])

validate_dataset = datasets.ImageFolder(root=os.path.join(image_path, "val"),
                                        transform=data_transform["val"])
```

得到的 train_dataset，其结构是[(img_data,class_id),(img_data,class_id),…]，即由数据和类别 id 组成的数组。类别 id 默认为 0～9，数据集所有类别的文件夹排列如图 12-20 所示。

图 12-20　数据集所有类别的文件夹排列

类别 id 与缺陷类型的映射关系如代码 12-4 所示。

代码 12-4　类别 id 与缺陷类型的映射关系

```
{
    "0": "crease",
    "1": "crescent_gap",
    "2": "inclusion",
    "3": "oil_spot",
    "4": "punching_hole",
    "5": "rolled_pit",
    "6": "silk_spot",
    "7": "waist folding",
    "8": "water_spot",
    "9": "welding_line"
}
```

然后使用上面制作的数据集，生成按照 batch 进行数据分割的数据集加载器。

torch.utils.data.DataLoader(dataset, batch_size,shuffle, num_workers)的参数介绍如下。

dataset: 输入的数据。

batch_size：每次神经网络读取的数据个数。

shuffle：在每次迭代训练时是否将数据洗牌，默认设置为 False。

num_workers: 使用多少个子进程来导入数据。

生成数据集加载器如代码 12-5 所示。

代码 12-5 生成数据集加载器

```
nw = min([os.cpu_count(), batch_size if batch_size > 1 else 0, 8]) # number of workers
print('Using {} dataloader workers every process'.format(nw))

train_loader = torch.utils.data.DataLoader(train_dataset,
                                           batch_size=batch_size, shuffle=True,
                                           num_workers=nw)
val_num = len(validate_dataset)
validate_loader = torch.utils.data.DataLoader(validate_dataset,
                                              batch_size=batch_size, shuffle=False,
                                              num_workers=nw)
```

12.3.4 构建模型

根据前文介绍的 MobileNet V2 网络模型，可以使用 PyTorch 进行模型搭建，具体过程如下。

首先需要搭建 MobileNet V2 的倒残差块结构，如代码 12-6 所示。

代码 12-6 倒残差块结构的搭建

```
# 将卷积层、BN 层和激活函数合并定义为一个函数操作，方便重复调用
class ConvBNReLU(nn.Sequential):
    def __init__(self, in_channel, out_channel, kernel_size=3, stride=1, groups=1):
        padding = (kernel_size - 1) // 2
        super(ConvBNReLU, self).__init__(
            nn.Conv2d(in_channel, out_channel, kernel_size, stride, padding, groups=groups,
bias=False),
            nn.BatchNorm2d(out_channel),
            nn.ReLU6(inplace=True)
        )

# 倒残差块结构的模型搭建
class InvertedResidual(nn.Module):
    def __init__(self, in_channel, out_channel, stride, expand_ratio):
        # in_channel: 输入通道, out_channel: 输出通道, stride: 步距, expand_ratio: 扩展
因子, 即需要对输入特征层通道数进行扩增的倍率
        super(InvertedResidual, self).__init__()
        # 倒残差块结构中间层的通道数
        hidden_channel = in_channel * expand_ratio
        # use_shortcut 是否具有短连接,stride 为 1 且输入、输出通道数一致时才有
        self.use_shortcut = stride == 1 and in_channel == out_channel

        layers = []
        if expand_ratio != 1:
            # 1x1 pointwise conv
```

```
            # 假如扩展因子等于 1，就不需要第一个 1*1 的卷积层
            layers.append(ConvBNReLU(in_channel, hidden_channel, kernel_size=1))
        layers.extend([
            # 3x3 depthwise conv
            ConvBNReLU(hidden_channel, hidden_channel, stride=stride, groups=hidden_channel),
            # 1x1 pointwise conv(linear)
            nn.Conv2d(hidden_channel, out_channel, kernel_size=1, bias=False),
            nn.BatchNorm2d(out_channel),
        ])

        self.conv = nn.Sequential(*layers)

    def forward(self, x):
        # 判断是否需要将卷积后的特征层与输入进行相加，即短连接操作
        if self.use_shortcut:
            return x + self.conv(x)
        else:
            return self.conv(x)
```

然后搭建整体模型结构，如代码 12-7 所示。

代码 12-7　整体模型搭建

```
class MobileNetV2(nn.Module):
    def __init__(self, num_classes=1000, alpha=1.0, round_nearest=8):
        super(MobileNetV2, self).__init__()
        block = InvertedResidual
        # _make_divisible 函数主要是将传入的 32 * alpha 调整为 round_nearest=8 的整数倍，如
alpha = 1.2 时，就不是 8 的整数倍
        # 调整后能够有利于 gpu 的分布式运算
        input_channel = _make_divisible(32 * alpha, round_nearest)
        last_channel = _make_divisible(1280 * alpha, round_nearest)

        # 网络架构表中对应的参数
        inverted_residual_setting = [
            # t, c, n, s
            [1, 16, 1, 1],
            [6, 24, 2, 2],
            [6, 32, 3, 2],
            [6, 64, 4, 2],
            [6, 96, 3, 1],
            [6, 160, 3, 2],
            [6, 320, 1, 1],
        ]

        features = []
        # 第一层的卷积
        features.append(ConvBNReLU(3, input_channel, stride=2))
        # 用 for 循环搭建后续的倒残差块结构串联
        for t, c, n, s in inverted_residual_setting:
```

```
            output_channel = _make_divisible(c * alpha, round_nearest)
            for i in range(n):
                stride = s if i == 0 else 1
                features.append(block(input_channel, output_channel, stride, expand_ratio=t))
                # 更新 input_channel 为上一层的 output_channel
                input_channel = output_channel
        # 最后一层卷积层
        features.append(ConvBNReLU(input_channel, last_channel, 1))
        # 将前面的操作传入 Sequential 序列化
        self.features = nn.Sequential(*features)

        # 进行池化，Dropout 和全连接后进行输出，输出个数是 num_classes
        self.avgpool = nn.AdaptiveAvgPool2d((1, 1))
        self.classifier = nn.Sequential(
            nn.Dropout(0.2),
            nn.Linear(last_channel, num_classes)
        )

        # 初始化权重
        for m in self.modules():
            if isinstance(m, nn.Conv2d):
                nn.init.kaiming_normal_(m.weight, mode='fan_out')
                if m.bias is not None:
                    nn.init.zeros_(m.bias)
            elif isinstance(m, nn.BatchNorm2d):
                nn.init.ones_(m.weight)
                nn.init.zeros_(m.bias)
            elif isinstance(m, nn.Linear):
                nn.init.normal_(m.weight, 0, 0.01)
                nn.init.zeros_(m.bias)

    # 前向传播
    def forward(self, x):
        x = self.features(x)
        x = self.avgpool(x)
        x = torch.flatten(x, 1)
        x = self.classifier(x)
        return x
```

最后对网络进行实例化，由于选用的数据集一共有十个类别，将 num_classes = 10 传入构造函数，实例化出一个十分类的 MobileNetV2 网络，如代码 12-8 所示。

代码 12-8 网络实例化

```
net = MobileNetV2(num_classes = 10)
```

12.3.5 训练模型

针对分类问题，可以选择交叉熵损失函数 CrossEntropyLoss()，优化器选择 Adam()优化器，设置初始的学习率为 0.0001，最后选择 epochs 为 40，进行数据的输入及反向传播，更新网络参数完成 40 次迭代的训练即可。每轮训练完网络之后，在验证集上衡量模型的准确率，保存验证集准确率最优的网络模型权重文件，保存名称为“MobileNetV2.pth”，如代码 12-9 所示。

代码 12-9　模型训练

```
epochs = 40
#选取 CrossEntropyLoss()作为损失函数
    loss_function = nn.CrossEntropyLoss()

    # 创建 Adam 优化器
    params = [p for p in net.parameters() if p.requires_grad]
    optimizer = optim.Adam(params, lr=0.0001)

    best_acc = 0.0
    save_path = './MobileNetV2.pth'
    train_steps = len(train_loader)

    tloss = []
    tacc = []
    vloss = []
    vacc = []
    '''
    for i, (image, label) in enumerate(train_loader):
        print(image.shape)
    '''
    for epoch in range(epochs):
        # 开始训练
        net.train()
        running_loss = 0.0
        train_bar = tqdm(train_loader)
        for step, data in enumerate(train_bar):
            images, labels = data
            optimizer.zero_grad()  #梯度清零
            logits = net(images.to(device))  #将图像输入网络，获取输出的结果
            loss = loss_function(logits, labels.to(device))  # 计算损失函数
            loss.backward()  # 梯度的反向传播
            optimizer.step()  # 使用优化器更新网络参数

            # print statistics
            running_loss += loss.item()

            train_bar.desc = "train epoch[{}/{}] loss:{:.3f}".format(epoch + 1,
                                                                     epochs,
                                                                     loss)

        # 模型评估阶段
        net.eval() #设置模型状态为评估状态，此时不需要进行梯度的反向传播及模型的参数更新
        acc = 0.0  # accumulate accurate number / epoch
        with torch.no_grad():
```

```
            val_bar = tqdm(validate_loader)
            for val_data in val_bar:
                val_images, val_labels = val_data
                outputs = net(val_images.to(device))
                # 获取预测的结果
                predict_y = torch.max(outputs, dim=1)[1]
                # 计算准确率
                acc += torch.eq(predict_y, val_labels.to(device)).sum().item()

                val_bar.desc = "valid epoch[{}/{}]".format(epoch + 1,epochs)
        val_accurate = acc / val_num
        print('[epoch %d] train_loss: %.3f  val_accuracy: %.3f' %
              (epoch + 1, running_loss / train_steps, val_accurate))

        # 保存验证集准确率最优的模型权重文件
        if val_accurate > best_acc:
            best_acc = val_accurate
            torch.save(net.state_dict(), save_path)
```

12.3.6　基于模型进行工业钢材缺陷检测的预测

修改 model_weight_path 为训练后的权重文件的路径，导入模型和训练好的权重文件，输入待测试的图像即可获取预测的结果，如代码 12-10 所示。

代码 12-10　工业钢材缺陷检测

```
# 模型和权重文件的载入
model = MobileNetV2(num_classes=10).to(device)
model_weight_path = "./MobileNetV2.pth"
model.load_state_dict(torch.load(model_weight_path, map_location=device))

model.eval()
with torch.no_grad():
    # 进行缺陷预测
    output = torch.squeeze(model(img.to(device))).cpu()
    # 对输出的十个数字进行 softmax 操作，获取每个类别的概率
    predict = torch.softmax(output, dim=0)
    # 选取概率最大的那个作为预测的结果
    predict_cla = torch.argmax(predict).numpy()
```

【任务实施】

（1）下载对应的代码及数据集文件，进入已经搭建好的 PyTorch 环境。

（2）运行 python train.py，开始训练 MobileNet V2 网络。

（3）训练完成后会自动保存最优的模型权重文件。打开 predict.py 文件，修改 img_path 为需要预测的图像的路径，运行 python predict.py 进行钢材缺陷的数据预测，获得预测结果。

（4）可以尝试修改一些网络超参数，看能否提高模型的准确率。

（5）安装好对应的环境和依赖的包，下载好对应的数据集，运行 train.py 文件即可进行模型训练。

【任务评价】

填写表 12-2 所列任务过程评价表。

表 12-2　任务过程评价表

任务实施人姓名______________　　　学号________________　　　时间___________

评价项目及标准		分值	小组评议	教师评议
技术能力	1. 基本概念熟悉程度	10		
	2. 数据准备	10		
	3. 数据预处理	10		
	4. 构建模型	10		
	5. 训练模型	10		
	6. 验证模型	10		
执行能力	1. 出勤情况	5		
	2. 遵守纪律情况	5		
	3. 是否主动参与，有无提问记录	5		
	4. 有无职业意识	5		
社会能力	1. 能否有效沟通	5		
	2. 能否使用基本的文明礼貌用语情况	5		
	3. 能否与组员主动交流、积极合作	5		
	4. 能否自我学习及自我管理	5		
		100		
评定等级：				
评价意见		学习意见		

评定等级：A：优，得分＞90；B：好，得分＞80；C：一般，得分＞60；D：有待提高，得分＜60。

小结

本任务介绍了深度可分离卷积的基本原理和 MobileNet V2 网络的架构，以及基于 PyTorch 框架的代码实现。MobileNet V2 网络是一个很经典的轻量化卷积神经网络，对后续的轻量化网络模型设计提供了很大的参考价值。轻量化的网络便于在嵌入式硬件设备上进行部署。

在代码实现上，运行 MobileNet V2 需要经过数据预处理、构建模型、训练模型和结果预测四个步骤，可利用预测准确率评估网络的性能。

任务12 练习

1. 选择题

下列关于 MobileNet V2 网络，说法正确的是（　　）。

A. 使用深度可分离卷积进行网络轻量化设计

B. 使用倒残差块结构进行特征提取

C. 使用 ReLU6 激活函数

D. 使用膨胀卷积增大感受野

2. 填空题

（1）在使用 MobileNet V2 网络进行分类时选择的损失函数是________。

（2）在 MobileNet V2 网络训练时使用的优化器算法是________。

3. 简答题

深度可分离卷积为什么能够进行网络的轻量化？

4. 案例题

请自行查找其他工业数据集，使用 MobileNet V2 网络进行分类训练。

（1）寻找合适数据集，进行数据预处理。

（2）构建 MobileNet V2 模型。

（3）设置损失函数和优化器，选择合适的超参数。

（4）训练模型，得到模型的权重用于预测，评估训练出的模型的精度。

任务 13

实现医学 X-ray 影像的肺炎检测

【任务要求】

在医学影像分析时，过去主要凭借医生的经验和专业知识并根据 X 光图来对疾病进行判断。但经验有时会出错，因此基于深度学习技术，利用神经网络辅助医生诊断，可大大提高病情诊断的准确率。本任务要求基于 ResNet34 神经网络完成医学影像（肺炎）的检测。

【相关知识】

13.1 医学 X-ray 影像检测的背景

随着医学成像技术和计算机技术的不断发展和进步，医学图像分析已成为医生开展医学研究、临床疾病诊断和治疗不可或缺的一种工具和技术手段。近几年来，深度学习特别是卷积神经网络（CNN）已经迅速发展成为医学图像分析的研究热点，它能够从医学图像大数据中自动分析出隐含的疾病诊断特征。医学图像分析已广泛应用于良恶性肿瘤、脑功能与精神障碍、心脑血管疾病等重大疾病的临床辅助筛查、诊断、分级、治疗决策与引导、疗效评估等方面。医学图像分类与识别、定位与检测、组织器官与病灶分割是当前医学图像分析深度学习的主要应用领域。不同成像原理的医学图像分析和计算机视觉领域中的自然图像分析存在较大的差别。至今为止，国内外学者主要针对 MRI、CT、X 射线、超声波、PET、病理光学显微镜等不同成像原理的医学图像分析任务开展了一系列的深度学习研究工作。

13.2 肺炎检测的数据采集

ChestXRay 数据集包含 train 和 test 两个文件夹，每个文件夹中又包含 NORMAL（正常）和 PNEUMONIA（肺炎）两个子文件夹，文件夹的名称即为标签名，分别对应正常和患有肺炎疾病，如图 13-1 所示。

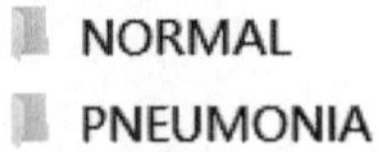

NORMAL

PNEUMONIA

图 13-1　NORMAL 和 PNEUMONIA 子文件夹

正常图像如图 13-2 所示，可以看出正常图像的双肺是非常完整，阴影是非常均匀的。

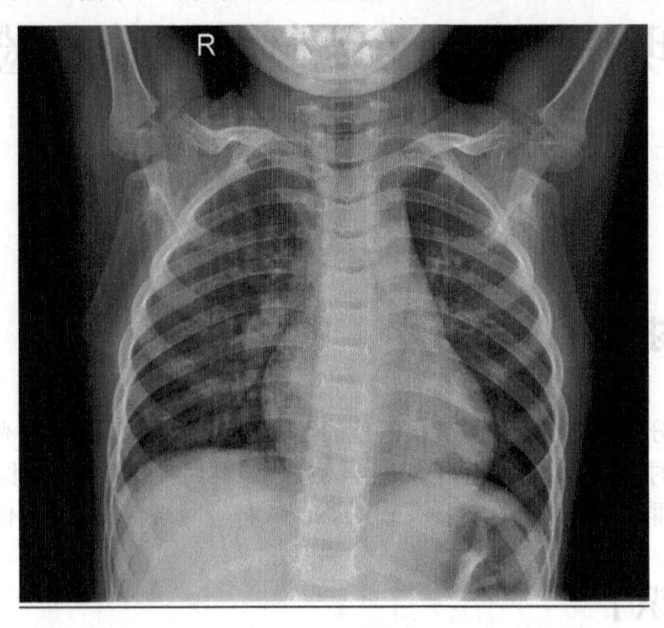

图 13-2　正常图像

肺炎图像如图 13-3 所示，可以看出肺炎图像的双肺阴影不均匀，并且不完整。

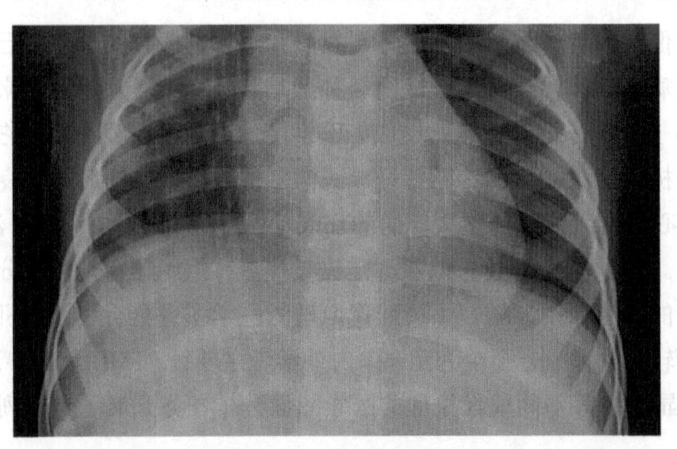

图 13-3　肺炎图像

13.3　基于深度学习的肺炎检测流程

13.3.1　ResNet34 网络

ResNet34 网络结构如图 13-4 所示，该网络除了最开始的卷积池化和最后的池化全连接之外，网络中有很多相同的单元，这些单元的共同点是有个跨层直连的 shortcut。ResNet 中将一个跨层直连的单元称为 Residual Block。在 ResNet34 网络中，Residual Block 的大小也是有规律的，在最开始的 pool 之后，有连续几个相同的 Residual Block 单元，这些单元的通道数一样，我们将拥有多个 Residual Block 单元的结构称为 Layer，ResNet34 共有 4 个 Layer。由图 13-4 可知，ResNet34 网络中各层所含的 Residual Block 数量分别为 3、4、6、3。

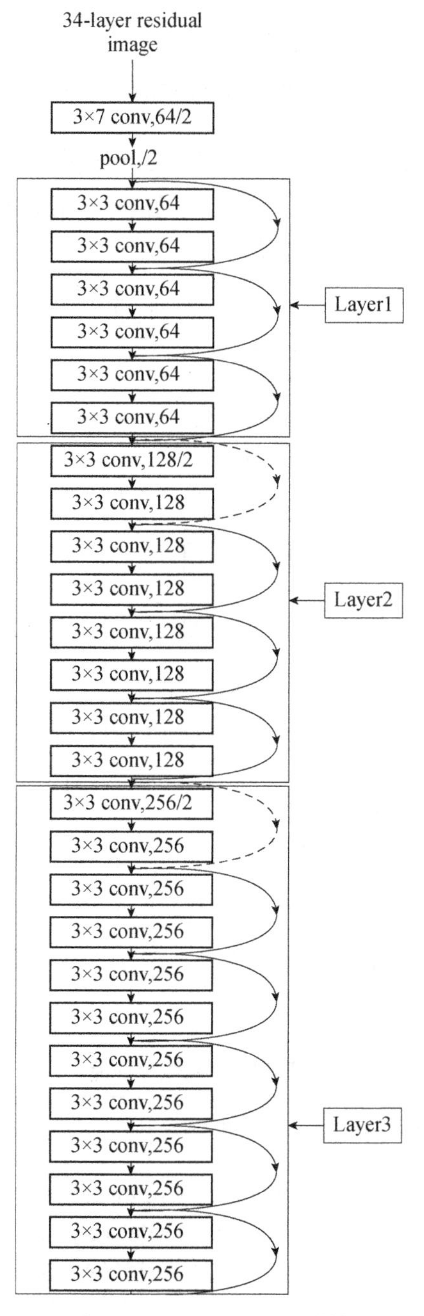

图 13-4　ResNet34 网络结构

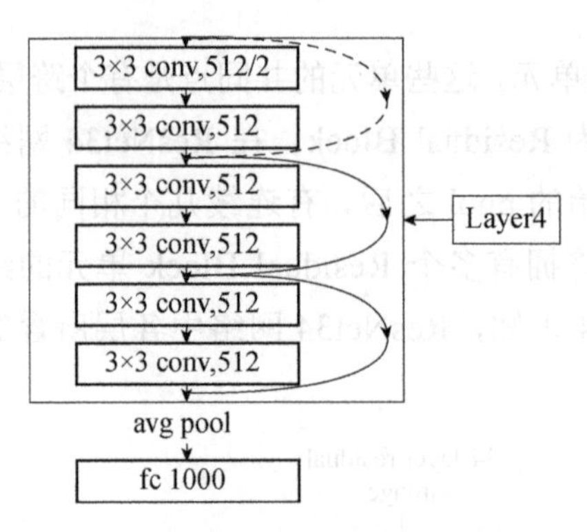

图 13-4 ResNet34 网络结构（续）

ResNet34 网络中的 Residual Block 结构如图 13-5 所示，图中上面部分是普通的卷积网络结构，下面部分是直连的，如果输入和输出的通道不一致，或其步长不为 1，就需要有一个专门的单元将二者转成一致，使其可以相加。

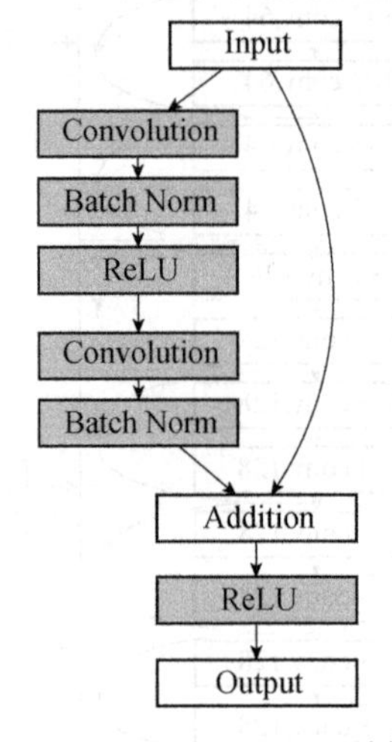

图 13-5 Residual Block 结构

13.3.2 图像预处理和数据集格式化

图像预处理的主要目的是进行图片大小和格式的调整，以及进行数据的标准化处理。然后根据数据集文件，生成一个数据集加载器，可以通过加载器获取对应的训练数据及标签。图像预处理如代码 13-1 所示。

代码 13-1 图像预处理

```
from torchvision import transforms, datasets
data_transform = {
    "train": transforms.Compose([transforms.Resize(224),
                                 transforms.RandomHorizontalFlip(),
                                 transforms.ToTensor(),
                                 transforms.Normalize([0.485,    0.456,    0.406],
[0.229, 0.224, 0.225])]),
```

```
    "val": transforms.Compose([transforms.Resize(256),
                               transforms.CenterCrop(224),
                               transforms.ToTensor(),
                               transforms.Normalize([0.485, 0.456, 0.406], [0.229,
0.224, 0.225])])}
```

数据集格式化如代码 13-2 所示。

代码 13-2　数据集格式化

```
    train_dataset = datasets.ImageFolder(root=os.path.join(image_path, "train"),
                                         transform=data_transform["train"])

    validate_dataset = datasets.ImageFolder(root=os.path.join(image_path, "test"),
                                            transform=data_transform["test"])
```

得到的 train_dataset 的结构是[(img_data,class_id),(img_data,class_id),…]，即由数据和类别 id 组成的数组。类别 id 默认是 0～1，对应数据集所在文件的对应文件夹顺序排列的文件名类别，id 与是否患有肺炎的映射关系如代码 13-3 所示。

代码 13-3　id 与是否患有肺炎的映射关系

```
  {
    "0": "NORMAL",
  "1": "PNEUMONIA",
  }
```

然后使用上面制作的数据集，生成按照 batch 进行数据分割的数据集加载器。生成数据集加载器如代码 13-4 所示。

代码 13-4　生成数据集加载器

```
    nw = min([os.cpu_count(), batch_size if batch_size > 1 else 0, 8])  # number of workers
    print('Using {} dataloader workers every process'.format(nw))

    train_loader = torch.utils.data.DataLoader(train_dataset,
                                               batch_size=batch_size, shuffle=True,
                                               num_workers=nw)
    val_num = len(validate_dataset)
    validate_loader = torch.utils.data.DataLoader(validate_dataset,
                                                  batch_size=batch_size, shuffle=False,
                                                  num_workers=nw)
```

13.3.3　模型构建

根据前文介绍的 ResNet34 网络模型，可以使用 PyTorch 进行模型搭建，具体过程如下。首先需要搭建 ResNet34 的倒残差块结构，实现如代码 13-5 所示。

代码 13-5　倒残差结构搭建

```
#倒残差模块
class BasicBlock(nn.Module):
    expansion = 1

    def __init__(self, in_channel, out_channel, stride=1, downsample=None, **kwargs):
        super(BasicBlock, self).__init__()
        self.conv1 = nn.Conv2d(in_channels=in_channel, out_channels=out_channel,
                               kernel_size=3, stride=stride, padding=1, bias=False)
        self.bn1 = nn.BatchNorm2d(out_channel)
        self.relu = nn.ReLU()
        self.conv2 = nn.Conv2d(in_channels=out_channel, out_channels=out_channel,
                               kernel_size=3, stride=1, padding=1, bias=False)
        self.bn2 = nn.BatchNorm2d(out_channel)
        self.downsample = downsample

    def forward(self, x):
        identity = x
        if self.downsample is not None:
            identity = self.downsample(x)

        out = self.conv1(x)
        out = self.bn1(out)
        out = self.relu(out)

        out = self.conv2(out)
        out = self.bn2(out)

        out += identity
        out = self.relu(out)
        return out
```

然后搭建整体模型结构，实现如代码 13-8 所示。

代码 13-6　整体模型搭建

```
#ResNet 网络模型
class ResNet(nn.Module):
    def __init__(self,
                 block,
                 blocks_num,
                 num_classes=1000,
                 include_top=True,
                 groups=1,
                 width_per_group=64):
        super(ResNet, self).__init__()
        self.include_top = include_top
        self.in_channel = 64

        self.groups = groups
        self.width_per_group = width_per_group
```

```
        self.conv1 = nn.Conv2d(3, self.in_channel, kernel_size=7, stride=2,
                               padding=3, bias=False)
        self.bn1 = nn.BatchNorm2d(self.in_channel)
        self.relu = nn.ReLU(inplace=True)
        self.maxpool = nn.MaxPool2d(kernel_size=3, stride=2, padding=1)
        self.layer1 = self._make_layer(block, 64, blocks_num[0])
        self.layer2 = self._make_layer(block, 128, blocks_num[1], stride=2)
        self.layer3 = self._make_layer(block, 256, blocks_num[2], stride=2)
        self.layer4 = self._make_layer(block, 512, blocks_num[3], stride=2)
        if self.include_top:
            self.avgpool = nn.AdaptiveAvgPool2d((1, 1))  # output size = (1, 1)
            self.fc = nn.Linear(512 * block.expansion, num_classes)

        for m in self.modules():
            if isinstance(m, nn.Conv2d):
                nn.init.kaiming_normal_(m.weight, mode='fan_out', nonlinearity='relu')

    def _make_layer(self, block, channel, block_num, stride=1):
        downsample = None
        if stride != 1 or self.in_channel != channel * block.expansion:
            downsample = nn.Sequential(
                nn.Conv2d(self.in_channel, channel * block.expansion, kernel_size=1,
stride=stride, bias=False),
                nn.BatchNorm2d(channel * block.expansion))

        layers = []
        layers.append(block(self.in_channel,
                            channel,
                            downsample=downsample,
                            stride=stride,
                            groups=self.groups,
                            width_per_group=self.width_per_group))
        self.in_channel = channel * block.expansion

        for _ in range(1, block_num):
            layers.append(block(self.in_channel,
                                channel,
                                groups=self.groups,
                                width_per_group=self.width_per_group))

        return nn.Sequential(*layers)

    def forward(self, x):
        x = self.conv1(x)
        x = self.bn1(x)
        x = self.relu(x)
        x = self.maxpool(x)

        x = self.layer1(x)
        x = self.layer2(x)
```

```
        x = self.layer3(x)
        x = self.layer4(x)

        if self.include_top:
            x = self.avgpool(x)
            x = torch.flatten(x, 1)
            x = self.fc(x)

        return x

#定义一个 resnet34 分类网络
def resnet34(num_classes=1000, include_top=True):
    return ResNet(BasicBlock, [3, 4, 6, 3], num_classes=num_classes, include_top=include_top)
```

最后对网络进行实例化，由于选用的数据集一共有 2 个类别，将 num_classes 设置为 2 传入构造函数，实例化出一个十分类的 ResNet34 网络，如代码 13-7 所示。

代码 13-7 网络实例化

```
net = resnet34(num_classes = 2) #两个类别
```

13.3.4 训练模型

针对分类问题，可选择交叉熵损失函数 CrossEntropyLoss()，优化器选择 Adam()，设置初始的学习率为 0.0001，最后选择 epochs 为 3，进行数据的输入及反向传播，更新网络参数完成 3 次迭代的训练即可。每轮训练完网络之后，在验证集上衡量模型的准确率，保存验证集准确率最优的网络模型权重文件，保存名称为“resNet34.pth”，如代码 13-8 所示。

代码 13-8 模型训练

```
# 定义交叉熵损失函数
loss_function = nn.CrossEntropyLoss()

#优化器选择 Adam()器，初始的学习率为 0.0001
params = [p for p in net.parameters() if p.requires_grad]
optimizer = optim.Adam(params, lr=0.0001)

epochs = 3
best_acc = 0.0
save_path = './resNet34.pth'
train_steps = len(train_loader)
for epoch in range(epochs):
    # train
    net.train()
    running_loss = 0.0
    train_bar = tqdm(train_loader)
    for step, data in enumerate(train_bar):
        images, labels = data
```

```
    optimizer.zero_grad()  #梯度清零
            logits = net(images.to(device))  #将图像输入网络，获取输出的结果
            loss = loss_function(logits, labels.to(device))  # 计算损失函数
            loss.backward()  # 梯度的反向传播
            optimizer.step()  # 使用优化器更新网络参数

            # print statistics
            running_loss += loss.item()

            train_bar.desc = "train epoch[{}/{}] loss:{:.3f}".format(epoch + 1,epochs,loss)
        # 模型评估阶段
        net.eval() #设置模型状态为评估状态，此时不需要进行梯度的反向传播及模型的参数更新
        acc = 0.0  # accumulate accurate number / epoch
        with torch.no_grad():
            val_bar = tqdm(validate_loader)
            for val_data in val_bar:
                val_images, val_labels = val_data
                outputs = net(val_images.to(device))
                # 获取预测的结果
                predict_y = torch.max(outputs, dim=1)[1]
                # 计算准确率
                acc += torch.eq(predict_y, val_labels.to(device)).sum().item()

                val_bar.desc = "valid epoch[{}/{}]".format(epoch + 1,
                                                           epochs)
        val_accurate = acc / val_num
        print('[epoch %d] train_loss: %.3f  val_accuracy: %.3f' %
              (epoch + 1, running_loss / train_steps, val_accurate))

        # 保存验证集准确率最高的模型权重文件
        if val_accurate > best_acc:
            best_acc = val_accurate
            torch.save(net.state_dict(), save_path)

    print('Finished Training')
```

13.3.5　基于模型进行医学疾病的预测

在模型预测阶段，数据图像的预处理方式与模型训练阶段相同。模型加载过程中，修改 model_weight_path 为训练后的权重文件 resNet34.pth 的路径，导入模型和训练好的权重文件，输入待测试的图像即可获取预测的结果，实现如代码 13-9 所示。

代码 13-9　肺炎检测

```
   device = torch.device("cuda:0" if torch.cuda.is_available() else "cpu")

    data_transform = transforms.Compose(
        [transforms.Resize(256),
         transforms.CenterCrop(224),
```

```
        transforms.ToTensor(),
        transforms.Normalize([0.485, 0.456, 0.406], [0.229, 0.224, 0.225])])

    # load image 输入要检测的图像
    img_path = "./bacteria_1.jpeg"
    assert os.path.exists(img_path), "file: '{}' dose not exist.".format(img_path)
    img = Image.open(img_path)
    plt.imshow(img)
    # [N, C, H, W]
    img = data_transform(img)
    # expand batch dimension
    img = torch.unsqueeze(img, dim=0)

    # read class_indict 类别文件路径
    json_path = './class_indices.json'
    assert os.path.exists(json_path), "file: '{}' dose not exist.".format(json_path)

    json_file = open(json_path, "r")
    class_indict = json.load(json_file)

    # create model
    model = resnet34(num_classes=2).to(device)

    # load model weights 将训练好的权重文件输入
    weights_path = "./resNet34.pth"
    assert os.path.exists(weights_path), "file: '{}' dose not exist.".format(weights_path)
    model.load_state_dict(torch.load(weights_path, map_location=device))

    # prediction
    model.eval()
    with torch.no_grad():
        # predict class
        output = torch.squeeze(model(img.to(device))).cpu()
        predict = torch.softmax(output, dim=0)
        predict_cla = torch.argmax(predict).numpy()

    print_res = "class: {}   prob: {:.3}".format(class_indict[str(predict_cla)],
                                                 predict[predict_cla].numpy())
    plt.title(print_res)
    print(print_res)
    plt.show()
```

【任务实施】

（1）下载对应的代码及数据集文件，进入已经搭建好的 PyTorch 环境。

（2）运行 python train.py，开始训练 MobileNet V2 网络。

（3）训练完成后会自动保存最优的模型权重。打开 predict.py 文件，修改 img_path 为需要预测的图像的路径，运行 python predict.py 进行肺炎数据预测，获得预测结果。

（4）可以尝试修改一些网络超参数，看能否提高模型的准确率。

（5）安装好对应的环境和依赖的包，下载好对应的数据集，运行 train.py 文件即可进行模型训练。

【任务评价】

填写表 13-1 所列任务过程评价表。

表 13-1　任务过程评价表

任务实施人姓名＿＿＿＿＿＿＿　　学号＿＿＿＿＿＿＿＿　　时间＿＿＿＿＿＿

评价项目及标准		分值	小组评议	教师评议
技术能力	1. 基本概念熟悉程度	10		
	2. 数据准备	10		
	3. 数据预处理	10		
	4. 构建模型	10		
	5. 训练模型	10		
	6. 验证模型	10		
执行能力	1. 出勤情况	5		
	2. 遵守纪律情况	5		
	3. 是否主动参与，有无提问记录	5		
	4. 有无职业意识	5		
社会能力	1. 能否有效沟通	5		
	2. 能否使用基本的文明礼貌用语情况	5		
	3. 能否与组员主动交流、积极合作	5		
	4. 能否自我学习及自我管理	5		
		100		
评定等级：				
评价意见		学习意见		

评定等级：A：优，得分＞90；B：好，得分＞80；C：一般，得分＞60；D：有待提高，得分＜60。

小结

本任务主要介绍了基于 ResNet34 实现医学 X-ray 影像的肺炎检测任务，主要内容包括 ResNet34 的网络结构，数据预处理、构建网络、训练网络和结果预测四个步骤的代码实现，可利用预测准确率评估网络的性能。

任务 13 练习

1．选择题

下列关于 ResNet34 网络说法正确的是（　　）。

A. 使用深度可分离卷积进行网络轻量化设计
B. 使用倒残差结构进行特征提取
C. 使用 ReLU6 激活函数
D. 使用膨胀卷积增大感受野

2. 填空题

（1）在使用 ResNet34 网络进行分类时选择的损失函数是________。
（2）在 ResNet34 网络训练时使用的优化器是________。

3. 简答题

深度学习中图像预处理通常包含哪些处理步骤？

4. 案例题

请自行查找其他工业数据集，使用 ResNet34 网络进行分类训练。
（1）寻找合适的数据集，进行数据预处理
（2）选择其他分类网络实现图像的分类，并进行比较。
（3）设置损失函数和优化器，选择合适的超参数。
（4）训练网络，得到网络的权重用于预测，评估训练出的网络模型的精度。

第 4 篇　智能机器人视觉与应用

任务 14

实现机器小车的目标跟随

在前面任务中介绍了机器视觉常用算法和人工智能算法，但都没有将它们具体地与控制对象相结合。本任务中将机器视觉算法和人工智能算法应用到具体机器人上，为机器人赋能。本任务的实践平台为一款边缘智能小车EAC，如图14-1所示。

图 14-1　边缘智能小车 EAC

EAC是基于英伟达 Jetson Nano 主控板搭建的一款人工智能小车，主控板上配置了一块128核 Maxwell 架构的GPU，能够满足开发者、学生、工程师等对深度学习模型训练和部署的需求。同时，EAC小车搭载了高分辨率的摄像头、WIFI 模块、微型 OLED 屏、两路电机和电机驱动板等硬件。EAC小车支持许多常见的人工智能框架，可以轻松地将自己喜爱的模型及框架集成到该平台中。该平台可广泛应用于图像分类、目标检测、图像分割、语音处理等领域。

【任务要求】

基于边缘智能小车 EAC 平台，将已训练好的 SSD_MobileNet_COCO 模型部署到平台上，实现目标检测与识别并控制小车跟随目标移动。

【相关知识】

14.1　边缘智能小车 EAC 平台

1. EAC 小车开发环境

EAC 小车需要在场地中自由移动，运行时只能通过无线方式接入到网络进行远程开发。

EAC 小车第一次开机时，需要先将该小车同显示器、键盘和鼠标连接起来，输入的用户名和密码都是“vkrobot”。登录后在 Ubuntu 系统界面中操作，为 EAC 小车设置连接的 WIFI 热点。正确接入无线网络后，OLED 屏会显示出 EAC 小车当前的 IP，最后在 Ubuntu 系统界面中选择关机，拔掉同显示器、鼠标和键盘的连线，重新开机。

开机后等待几十秒钟 EAC 小车启动，直至 OLED 屏正常显示出 EAC 小车当前的 IP。为适应机器人机动灵活的特点，EAC 小车使用 JupterLab 作为开发环境。

JupyterLab 提供了一个基于 Python 的开发环境，用户可以在其中编写代码、运行代码、查看输出、可视化数据并查看结果。JupyterLab 中的每个项目文件称为一个 Notebook（笔记本），里面的代码按独立单元的形式编写，而且这些单元是独立执行的，这让用户可以测试一个项目中的特定代码块，而无须从项目开始处执行代码。

在同一局域网的 PC 机上打开浏览器（推荐 Chrome 浏览器），输入地址 http://<eac_ip_address>:8888，回车，即可看到 EAC 小车上运行的 Jupter 服务的访问页面。在页面的“Password”处输入“vkrobot”，单击“Login”按钮登录 Jupter，如图 14-2 所示。左侧导航栏为 EAC 小车系统中/Notebook 路径下的文件及目录列表，使用鼠标在此处可切换到其他路径下。

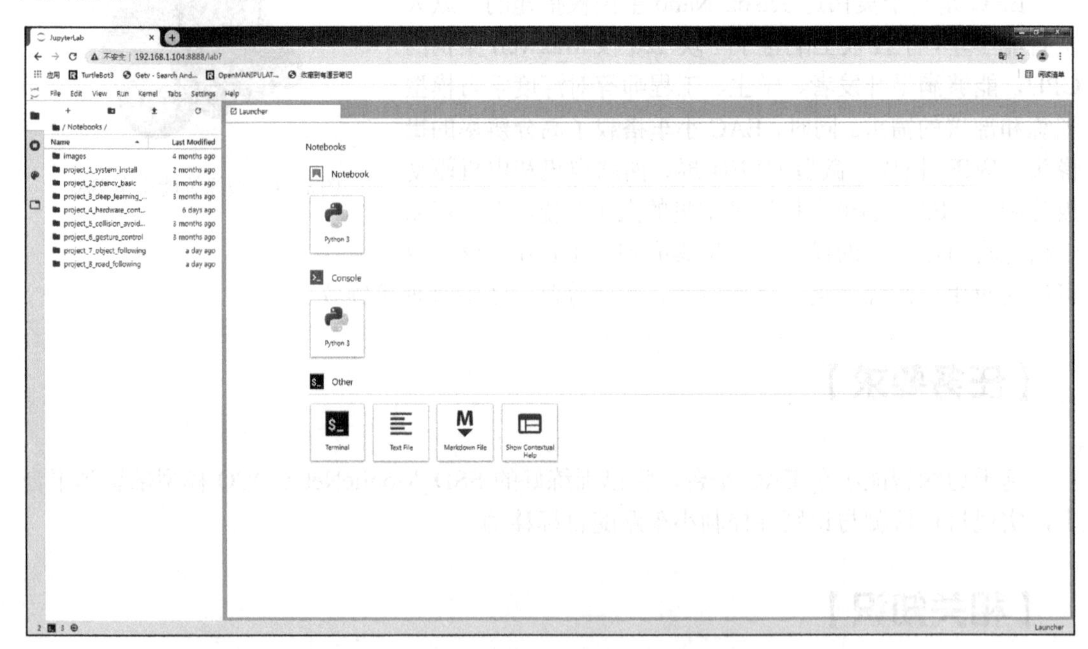

图 14-2　EAC 上的 Jupter 界面

在菜单栏中选择“File”→“New”→“Notebook”或单击主工作区中“Python3”按钮，新建一个 Notebook 文件，如图 14-3 所示。

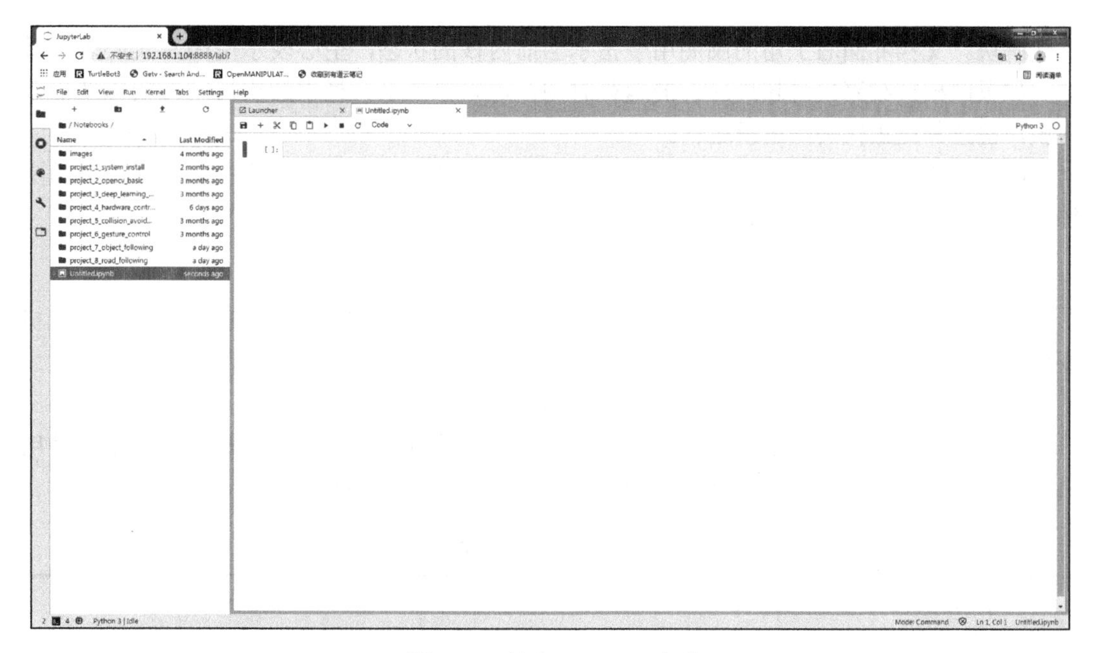

图 14-3　新建 Notebook 文件

单击 Notebook 文档上方工具栏中的“+”按钮，在当前选中的单元下方插入一个单元，在菜单栏的“Code”下拉菜单中选择单元类型，单元的类型可以为 Code、Markdown 和 Raw。Markdown 单元用于写文档，包括程序的开发背景、算法原理、结构分析等注释内容；Code 单元用于写代码。图 14-4 为新建了 Code 和 Markdown 单元的 Notebook 文件。

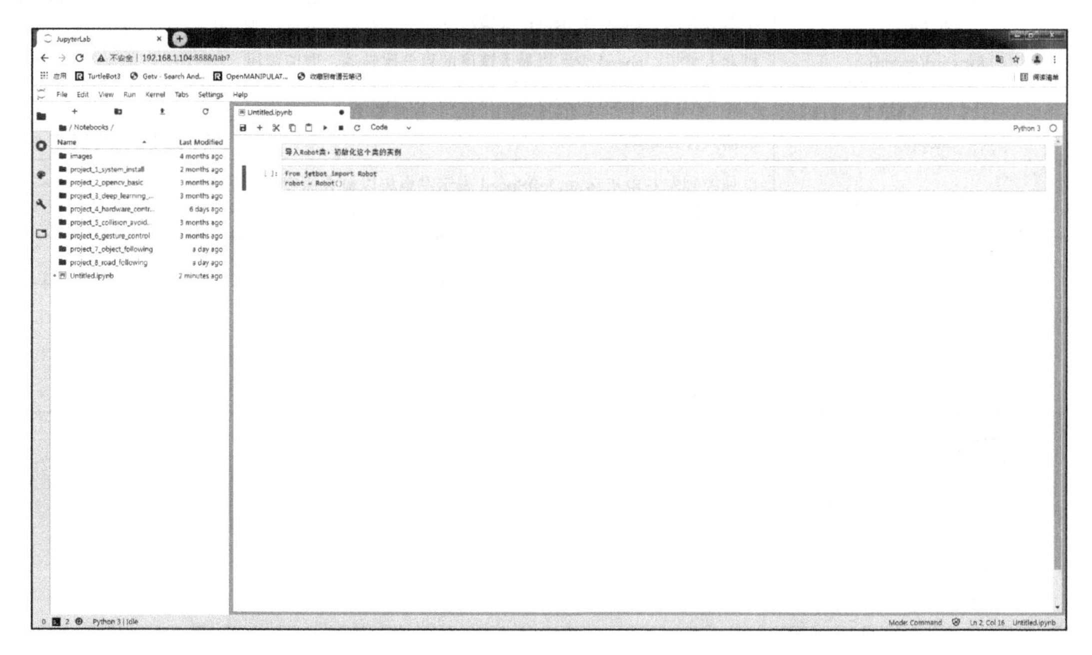

图 14-4　新建了 Code 和 Markdown 单元的 Notebook 文件

选择 Code 单元，按 Ctrl+Enter 组合键或单击工具栏中的运行按钮，即可运行该单元中的代码块。文档界面右上角的圆圈用于指示当前内核的状态，空心表示空闲，实心表示繁忙。如果内核持续繁忙且超过应有的运行时间，可以单击工具栏中的重启动按钮重新启动内核，检查并更正代码，重新运行。

Notebook 文件编写完成后，按 Ctrl+S 组合键或单击工具栏中的保存按钮，保存当前文件，文件格式为.ipynb，下次使用时可以直接双击该文件打开。

2. jetbot 模块

jetbot 模块是边缘智能小车 EAC 平台的外设驱动 Python 接口，包括摄像头驱动、电机驱动、OLED 显示、预设模型加载等。以下介绍 jetbot 模块的常用接口类。

1）Robot()

Robot()是已经预先封装好的电机控制类，最多可以驱动 2 路电机。使用 Robot()驱动电机，需要先导入 Robot()，再创建 Robot()实例对象，如代码 14-1 所示。

代码 14-1　创建 Robot()实例对象

```
from jetbot import Robot
robot = Robot()
```

创建名称为“robot”的 Robot()实例对象后，就可以通过这个实例对象来控制 EAC 小车。Robot()的主要接口如表 14-1 所示。

表 14-1　Robot()的主要接口

接口名称	功能
left(speed)	机器人左转。speed 表示以最大速度的百分比转动，取值范围（0～1）
right(speed)	机器人右转。speed 表示以最大速度的百分比转动，取值范围（0～1）
forward(speed)	机器人前进。speed 表示以最大速度的百分比转动，取值范围（0～1）
backword(speed)	机器人后退。speed 表示以最大速度的百分比转动，取值范围（0～1）
stop()	机器人停止运动
set_motor(leftSpeed, rightSpeed)	单独控制左右电机运动。leftSpeed 表示左电机以最大速度的百分比转动，取值范围（0～1）；rightSpeed 表示右电机以最大速度的百分比转动，取值范围（0～1）

例如，控制 EAC 小车以最大速度的 30%前进 0.5s，然后停止运动，实现如代码 14-2 所示。

代码 14-2　使用 Robot()控制机器人运动示例

```
from jetbot import Robot
import time
robot = Robot()
robot.forward(0.3)
time.sleep(0.5)
robot.stop()
```

2）Camera()

Camera()是已经预先封装好的摄像头接口类。通过 Camera()获取摄像头图像，需要先导入 Camera()，然后创建 Camera()实例对象。Camera()对象初始化时可以设置图像的宽和高参数以确定图像的大小，也可以不设置参数，即为使用默认图像格式，如代码 14-3 所示。

代码 14-3　创建 Camera()实例对象

```
from jetbot import Camera
camera = Camera.instance(width=300, height=300)
```

创建了名称为“camera”的 Camera()实例对象后，就可以使用 camera.value 属性值获取摄像头图像数据。

在使用摄像头时，需要注意，摄像头为独占模式，即只能创建一个 Camera()实例对象，使用完成后，需要通过 camera.stop()接口关闭（释放）摄像头。

3）ObjectDetector()

ObjectDetector()是已经预先封装好的目标检测模型加载类。使用 ObjectDetector()时，先导入 ObjectDetector()，然后创建 ObjectDetector()实例对象，同时将模型保存路径传递进去，如代码 14-4 所示。

代码 14-4　创建 ObjectDetector()实例对象

```
from jetbot import ObjectDetector
model = ObjectDetector('ssd_mobilenet_v2_coco.engine')
```

14.2　目标检测与识别

目标跟随的前提是实现目标检测和识别。目标检测与识别是指从一幅场景中找出目标，包括检测（目标位置）和识别（是什么）两个过程。目标检测与识别是将图像（图片）或者视频中的目标与不感兴趣的部分区分开，判断是否存在目标，若存在目标则确定目标的位置。随着互联网、人工智能技术和智能硬件的迅猛发展，人类生活中存在大量的图像和视频数据，这使得计算机视觉技术在人类生活中发挥着越来越重要的作用，对计算机视觉的研究也越来越火热。目标检测与识别作为计算机视觉领域的基石，其具体应用越来越广泛，如目标跟踪、视频监控、自动驾驶、图像检索、医学图像分析、网络数据挖掘、无人机导航、遥感图像分析等。

目标检测与识别的研究方法主要分为两大类：基于传统图像处理和机器学习算法的目标检测与识别方法，基于深度学习的目标检测与识别方法。

1. 基于传统图像处理和机器学习算法的目标检测与识别方法

基于传统图像处理和机器学习算法的目标检测与识别方法可以表示为目标特征提取→目标识别→目标定位。这里所用到的特征都是人为设计的，如 SIFT（Scale Invariant Feature Transform，尺度不变特征变换匹配算法）、HOG（Histogram of Oriented Gradient，方向梯度直方图特征）、SURF（Speeded Up Robust Features，加速稳健特征）等。通过这些特征对目标进行识别，然后再结合相应的策略对目标进行定位。特征提取、特征描述+机器学习算法分类框图如图 14-5 所示。

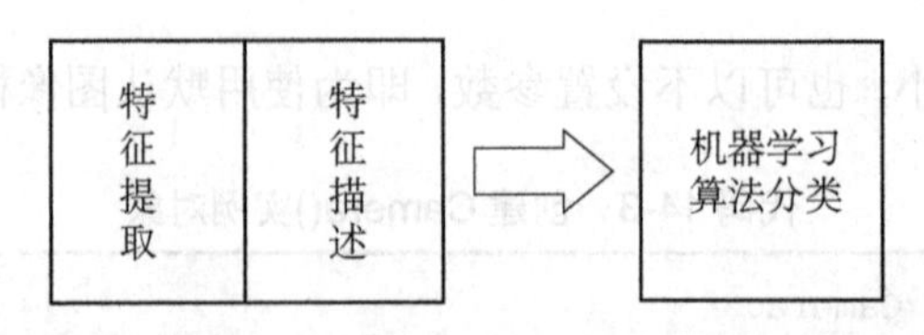

图 14-5　特征提取、特征描述+机器学习算法分类框图

2. 基于深度学习的目标检测与识别方法

目前，基于深度学习的目标检测与识别方法中特征提取由特有的特征提取神经网络来完成，如 VGG、MobileNet，ResNet 等，这些特征提取神经网络往往被称为 Backbone。通常来讲，在 BackBone 后面接全连接层（FC）来执行分类任务。但 FC 对目标的位置识别乏力。经过算法的发展，当前主要以特定的功能网络来代替 FC 的作用，如 Mask-Rcnn、SSD、SSDlite、YOLO 等。神经网络特征提取+SSD 分类框图如图 14-6 所示。

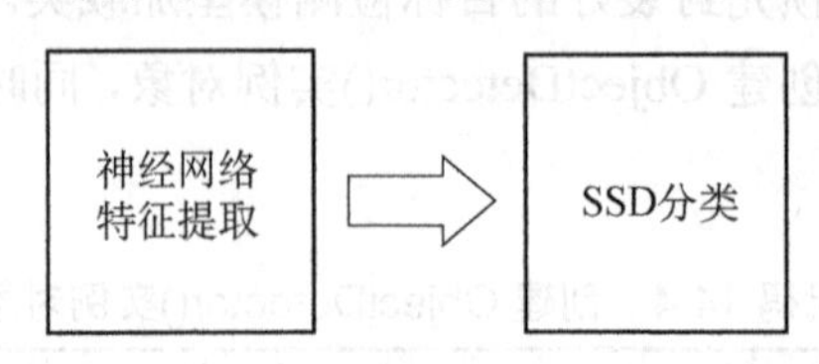

图 14-6　神经网络特征提取+SSD 分类框图

本任务使用基于深度学习的目标检测与识别方法，使用的深度神经网络为 SSD_MobileNet。

14.3　目标检测与识别模型简介及部署

本任务使用已训练好的 SSD_MobileNet_COCO 模型进行目标检测与识别。

1. SSD_MobilNet_COCO 模型

1）SSD 网络

SSD 全称为 Single Shot MultiBox Detector，是 Wei Liu 在 ECCV 2016 大会上提出的一种目标检测算法，是目前主要的检测框架之一。SSD 最重要的设计要点是采用多尺度特征用于目标检测。传统的目标检测只在一层特征图上进行目标检测，但图片中的目标尺寸通常都是不同的，因此多尺度物体的检测效果并不好。浅层特征图具有细节信息，深层特征图具有高级的语义信息，因此 SSD 提出同时使用浅层和深层的特征图进行检测，如图 14-7 所示。SSD 网络生成不同尺度的图片金字塔，在不同尺度图片上对目标进行检测。

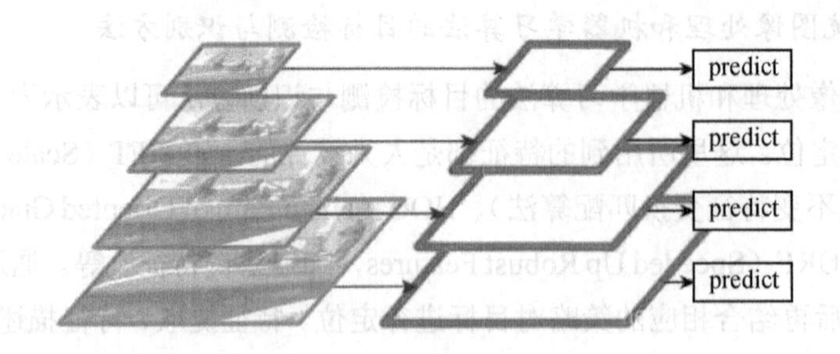

图 14-7　SSD 多尺度特征检测

SSD 网络结构如图 14-8 所示，前端使用 VGG16 作为基础网络，然后在基础网络上添加新的卷积层生成不同尺寸的特征图，最终对 6 个特征图进行分类回归。

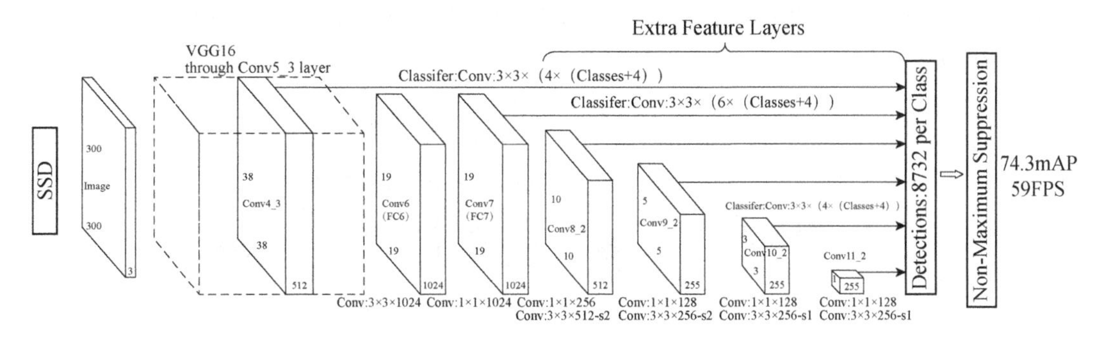

图 14-8　SSD 网络结构

2）MobileNet 网络

MobileNet 网络是谷歌为适配移动终端而开发的一系列模型，是面向有限计算资源环境的轻量级神经网络，包含 MobileNet V1、MobileNet V2、MobileNet V3 和 MobileNet 等。

MobileNet 网络的主要工作是用 depthwise sparable convolutions（深度级可分离卷积）替代过去的 standard convolutions（标准卷积）来解决卷积网络的计算效率和参数量大的问题。MobileNets 模型基于 depthwise sparable convolutions，它可以将标准卷积分解成一个深度卷积和一个点卷积（1×1 卷积核）。深度卷积将每个卷积核应用到每一个通道，而 1×1 卷积核用于组合通道卷积的输出。

3）SSD_MobileNet 网络

SSD_MobileNet 网络是采用 SSD 的思想，使用 MobileNet V2 网络替换原 SSD 网络前端的 VGG16 特征检测网络，其网络结构如图 14-9 所示。SSD_MobileNet 网络模型参数更少，大大减少了模型训练的计算量，同时目标检测效果并没有明显改变。该网络更适合移动终端等计算资源有限的平台使用。

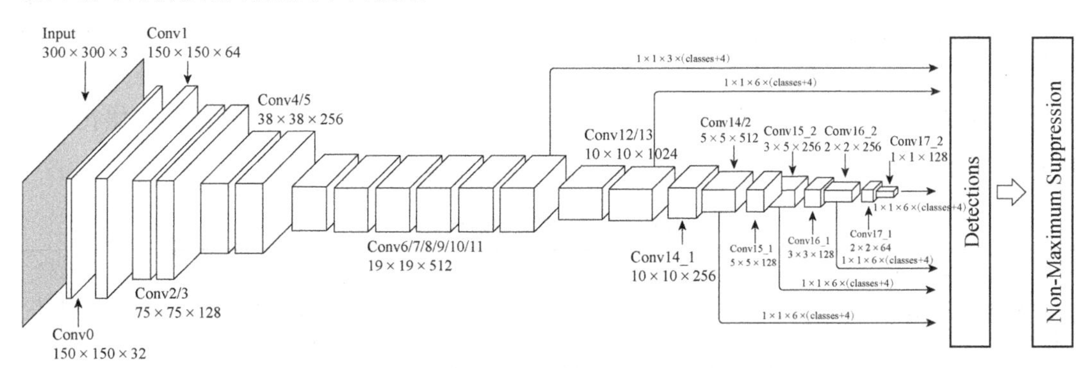

图 14-9　Mobile_SSD 网络结构

4）COCO 数据集

COCO 全称是 Common Objects in Context，是微软团队专为目标检测、图像语义分割、人体关键点检测、字幕生成等应用而开发的数据集。计算机视觉的一个主要任务是理解视觉场景。要理解视觉场景就涉及一系列视觉任务，包括目标检测与识别、图像语义描述、场景分割、场景属性与特征描述等。ImageNet 与 Pascal VOC 数据集主要关注图像分类、目标检测与场景分割，而 COCO 数据集主要关注图像场景与实例分割。COCO 数据集的特点如图 14-10 所示。

(a) 图像分类

(b) 目标检测

(c) 场景与实例分割

(d) 视觉任务

图 14-10　COCO 数据集的特点

COCO 数据集以场景理解（scene understanding）为目标，主要从复杂的日常场景中截取，图像中的目标通过精确的分割（segmentation）进行位置标定。COCO 数据集的图像包括 91 类目标、328,000 个影像和 2,500,000 个 label。到目前为止，有语义分割的最大数据集提供的类别有 80 类，有超过 33 万张图片，其中 20 万张有标注，整个数据集中个体的数目超过 150 万个。

SSD_MobileNet_COCO 模型是已经使用 COCO 数据集训练好的 SSD_MobileNet 网络模型。

2. 模型部署

本任务使用已训练好的 SSD_MobileNet_COCO 模型进行目标检测与识别。进行模型部署前，需要先下载模型文件，模型文件名为 ssd_moblie_v2_coco.engine，接着从 jetbot 模块导入 ObjectDetector()类，通过该类加载模型文件完成模型对象的初始化，如代码 14-5 所示。

代码 14-5　模型部署代码

```
from jetbot import ObjectDetector
model = ObjectDetector('ssd_mobilenet_v2_coco.engine') # 加载 SSD_MobileNet 预训练模型
```

14.4　摄像头数据采集及预处理

SSD_MobileNet_COCO 模型的训练格式与摄像头数据的格式不完全匹配。为此，我们需要做一些预处理，具体步骤如下：

① 从 hwc（hight、width、channel）布局转换为 chw（channel、hight、width）布局。

② 使用与训练期间相同的参数进行标准化（摄像机提供[0,255]范围内的值，缩放到[0,1]范围内的训练加载图像），因此需要缩放 255。

③ 将数据从 CPU 内存传输到 GPU 内存。

④ 添加批处理维度。

摄像头数据采集及预处理代码如代码 14-6 所示。

代码 14-6　摄像头数据采集及预处理代码

```
from jetbot import Camera
import torch
import torchvision
import torch.nn.functional as F
import cv2
import numpy as np
camera = Camera.instance(width=300, height=300)
# 设置图像变换参数
mean = 255.0 * np.array([0.485, 0.456, 0.406])
stdev = 255.0 * np.array([0.229, 0.224, 0.225])
normalize = torchvision.transforms.Normalize(mean, stdev)
# 预处理函数定义
def preprocess(camera_value):
    global device, normalize
    x = camera_value                            # 当前图像数据
    x = cv2.cvtColor(x, cv2.COLOR_BGR2RGB)      # 将图像格式由 BGR 转换为 RGB
    x = x.transpose((2, 0, 1))                  # 将图像布局由 hwc 转换为 chw
    x = torch.from_numpy(x).float()             # 将 numpy 类型转换为 float 类型
    x = normalize(x)                            # 将数据进行归一化处理
    x = x.to(device)                            # 将数据从 CPU 内存传输到 GPU 内存
    x = x[None, ...]
    return x
```

14.5　场景判断及目标跟随

经过预处理的场景图像数据，送入目标检测神经网络模型进行实时推理运算，实现目标检测并显示，目标检测实现代码如代码 14-7 所示，运行结果如图 14-11 所示。

代码 14-7　目标检测代码

```
def detection_center(detection):
    """计算对象的中心 x、y 坐标"""
    bbox = detection['bbox']
    center_x = (bbox[0] + bbox[2]) / 2.0 - 0.5
    center_y = (bbox[1] + bbox[3]) / 2.0 - 0.5
    return (center_x, center_y)

def norm(vec):
    """计算二维向量的长度"""
    return np.sqrt(vec[0]**2 + vec[1]**2)

def closest_detection(detections):
```

```
    """查找最接近图像中心的检测"""
    closest_detection = None
    for det in detections:
        center = detection_center(det)
        if closest_detection is None:
            closest_detection = det
        elif norm(detection_center(det)) < norm(detection_center(closest_detection)):
            closest_detection = det
return closest_detection

def execute(change):
    image = change['new']
    # 计算所有检测到的对象
    detections = model(image)

    # 在图像上绘制所有检测
    for det in detections[0]:
        bbox = det['bbox']
        cv2.rectangle(image, (int(width * bbox[0]), int(height * bbox[1])), (int(width
* bbox[2]), int(height * bbox[3])), (255, 0, 0), 2)

    # 选择匹配所选类标签的检测
    matching_detections = [d for d in detections[0] if d['label'] == int(label_widget.value)]

    # 让检测最接近视野中心并绘制它
    det = closest_detection(matching_detections)
    if det is not None:
        bbox = det['bbox']
        cv2.rectangle(image, (int(width * bbox[0]), int(height * bbox[1])), (int(width *
bbox[2]), int(height * bbox[3])), (0, 255, 0), 5)
  ......
```

图 14-11　目标检测结果

完成目标检测后，接下来跟随目标的运动来控制 EAC 小车的运动，实现代码如代码 14-8 所示。

代码 14-8　目标跟随运动控制代码

```
def execute(change):
  ......
```

```
# 如果没有检测到目标，则停止运动
    if det is None:
        pass
        #robot.forward(float(speed_widget.value))
        robot.stop()
    # 如果检测到目标就控制 Jetbot 跟随设定的对象
    else:
        # 将机器人向前移动，并控制成目标与中心的距离
        center = detection_center(det)
        robot.set_motors(
            float(speed_widget.value + turn_gain_widget.value * center[0]),
            float(speed_widget.value - turn_gain_widget.value * center[0])
        )
```

目标检测模型可以识别多种类型的物体，如杯子、鼠标、汽车、飞机等。为调试目标跟随效果和切换目标跟随对象，我们创建目标跟随参数调试界面，如图 14-12 所示，包含图像显示控件、跟随目标设置控件 tracked label、小车前进速度 speed 和转弯 turn gain 速度两个滑动条，实现如代码 14-9 所示。

图 14-12　目标跟随参数调试界面

代码 14-9　目标跟随参数调试界面代码

```
from IPython.display import display
import ipywidgets.widgets as widgets

image_widget = widgets.Image(format='jpeg', width=300, height=300)
#  将下面这条语句的 value 值改为检测目标物体的对象值，取值范围 0-99，如跟随对象是 Person(人)
```

```
(index 1)，需要将 value 的值改为 1
    # 追踪 bottle(瓶子/矿泉水瓶)，将 value 的值改为 44
    label_widget = widgets.IntText(value=44, description='tracked label')
    speed_widget = widgets.FloatSlider(value=0.5, min=0.0, max=1.0, description='speed')
    turn_gain_widget = widgets.FloatSlider(value=0.8, min=0.0, max=2.0, description='turn gain')

    display(widgets.VBox([
        widgets.HBox([image_widget]),
        label_widget,
        speed_widget,
        turn_gain_widget
    ]))
```

tracked label 为跟随目标的 id 值，可以修改该控件值切换跟随对象。跟随目标的 id 值可在当前文件夹下的 mscoco_labels.txt 文件中查看，如 id 为 44 代表 bottle。speed 和 turn gain 用于控制小车跟随的运动速度和转弯。

为提高识别效果，创建子线程并调用目标跟随执行函数 execute()，实现如代码 14-10 所示。

代码 14-10　创建子线程并调用目标跟随执行函数 execute()

```
import threading
import inspect
import ctypes
'''以下为定义关闭线程函数'''
def _async_raise(tid, exctype):
  """raises the exception, performs cleanup if needed"""
  tid = ctypes.c_long(tid)
  if not inspect.isclass(exctype):
    exctype = type(exctype)
  res = ctypes.pythonapi.PyThreadState_SetAsyncExc(tid, ctypes.py_object(exctype))
  if res == 0:
    raise ValueError("invalid thread id")
  elif res != 1:
    # """if it returns a number greater than one, you're in trouble,
    # and you should call it again with exc=NULL to revert the effect"""
    ctypes.pythonapi.PyThreadState_SetAsyncExc(tid, None)
    raise SystemError("PyThreadState_SetAsyncExc failed")
def stop_thread(thread):
  _async_raise(thread.ident, SystemExit)
'''线程 1 的函数，不断调用检测函数'''
def test():
    while True:
        execute({'new': camera.value})


thread1 = threading.Thread(target=test)
thread1.setDaemon(False)
thread1.start()
```

【任务设计】

机器小车的目标跟随任务可分解为两个子任务，即目标识别、跟随指定目标对象。

（1）选择已训练好的 SSD_MobileNet_COCO 模型来识别日常物体，该模型识别效果好，可省去大量的数据采集及标注工作。

（2）编程实现目标跟随任务，主要功能有模型加载、摄像头数据初始化与预处理、场景判断、创建目标跟随调试界面等。

【任务实施】

机器小车目标跟随任务的实践平台为 EAC 小车，实施步骤如下。

（1）启动 EAC 小车。将 EAC 小车电源开关拨至 ON 状态。小车电源开关和电机挡位开关如图 14-13 所示。启动成功后，EAC 小车上的 OLED 屏会亮起，显示内容如图 14-14 所示。

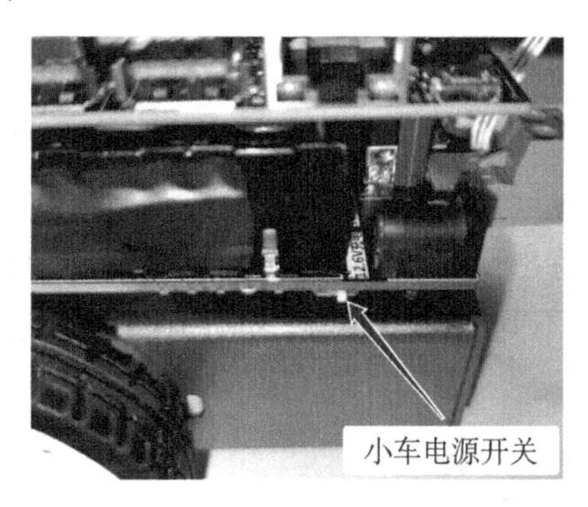

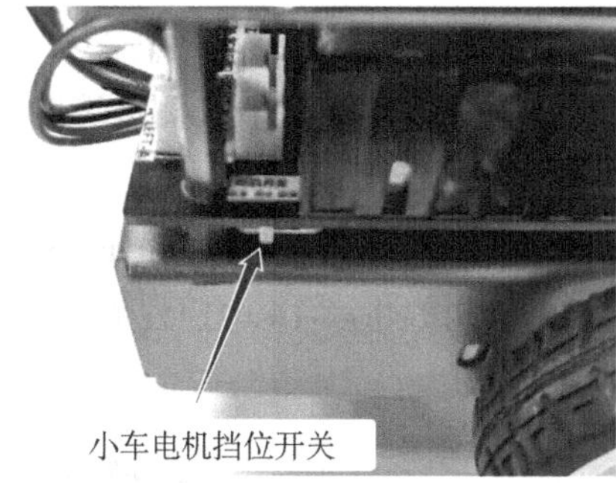

图 14-13　EAC 小车电源开关和电机挡位开关

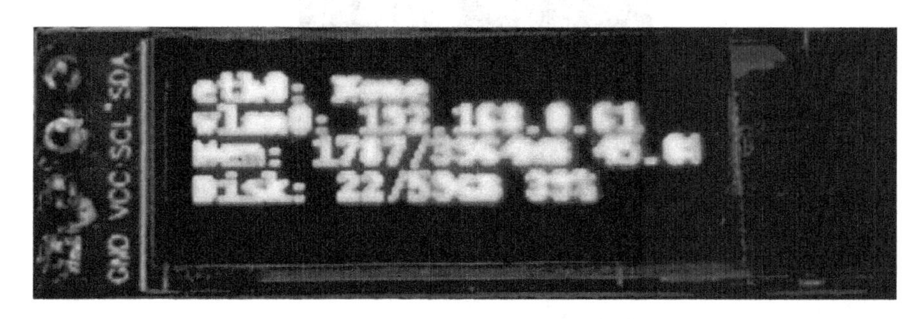

图 14-14　OLED 屏显示内容

（2）远程登录 EAC 小车。首先，请确保 PC 机和 EAC 小车在同一局域网内；然后在 PC 机浏览器中输入网址 http://小车 IP:8888，回车，根据提示输入密码 vkrobot，成功登录后的界面如图 14-15 所示。登录界面的右侧导航窗口显示当前所在路径及当前路径下的子文件夹及文件。

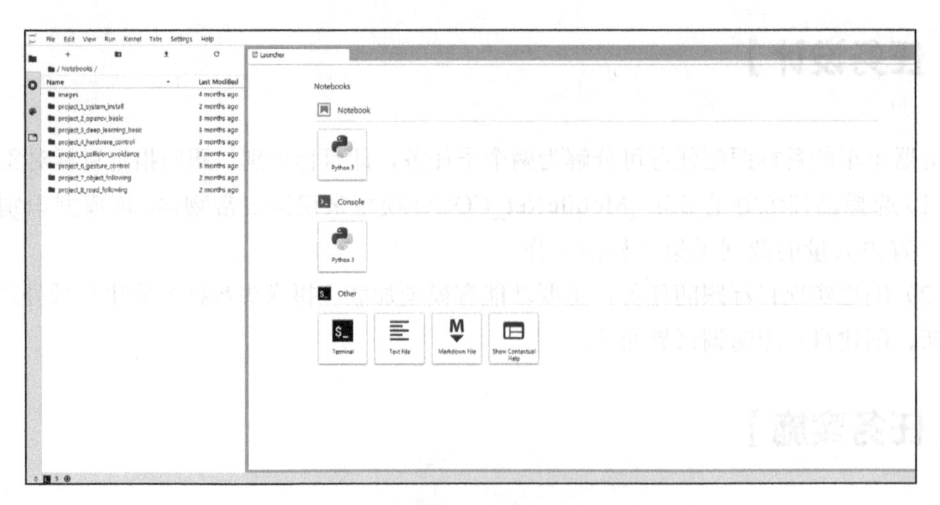

图 14-15　远程成功登录后的界面

（3）新建 Notebook 文件，创建单元，编码实现模型加载，进行摄像头数据采集及预处理、场景判断及目标跟随。

（4）代码运行及调试。

从第一个单元开始运行代码，运行至创建线程单元。启动目标跟随线程后，运行效果如图 14-16 所示。在图 14-16 中，左侧框选的对象为已识别出的物体对象，右侧框选对象为小车跟随目标。

手持跟随目标至机器小车的视野范围内，待出现绿色框后，缓慢移动跟随目标，观察小车的跟随情况。修改图 14-16 中控件值，切换不同的跟随对象，调试小车运动速度，使小车达到最佳跟随效果。

图 14-16　代码运行及运行效果

（5）完成跟随任务后，新建 Code 单元，编码实现关闭子线程和摄像头，实现如代码 14-12 所示。

代码 14-12　关闭子线程和摄像头

```
import time
stop_thread(thread1)
camera.unobserve_all()
time.sleep(1.0)
robot.stop()
camera.stop()
```

【任务评价】

填写表 14-2 所列任务过程评价表。

表 14-2　任务过程评价表

任务实施人姓名________________　　　学号__________________　　　时间____________

评价项目及标准		分值	小组评议	教师评议
技术能力	1. 目标检测实现方法分类	10		
	2. 远程登录边缘智能小车 EAC 平台	10		
	3. 编写目标检测模型加载代码	10		
	4. 显示摄像头图像数据	10		
	5. 修改跟随对象	10		
	6. 边缘智能小车 EAC 跟随目标移动	10		
执行能力	1. 出勤情况	5		
	2. 遵守纪律情况	5		
	3. 是否主动参与，有无提问记录	5		
	4. 有无职业意识	5		
社会能力	1. 能否有效沟通	5		
	2. 能否使用基本的文明礼貌用语情况	5		
	3. 能否与组员主动交流、积极合作	5		
	4. 能否自我学习及自我管理	5		
		100		
评定等级：				
评价意见		学习意见		

评定等级：A：优，得分>90；B：好，得分>80；C：一般，得分>60；D：有待提高，得分<60。

任务 14 练习

1. 选择题

（1）边缘智能小车 EAC 的主控制器采用的是（　　）。

A. 英特尔 NUC　　　　　　　　　　B. 英伟达 jetson nano

C. 树莓派　　　　　　　　　　　　　　　　D. 瑞芯微 RK3399

（2）边缘智能小车 EAC 的控制接口类是（　　）。

A. Robot()　　　　B. Camera()　　　　C. ObjectDetector()

（3）本任务中采用的目标检测模型是基于（　　）数据集训练的。

A. ImageNet　　　　B. COCO　　　　C. MNIST　　　　D. CIFAR-10

2. 判断题

（1）SSD 网络最重要的设计思想是采用多尺度特征用于目标检测。（　　）

（2）在边缘智能小车 EAC 平台开发过程中，可以在同一个文件里定义多个 Camera 对象。（　　）

（3）在目标识别编码中，摄像头数据需要经过对应的预处理才能输入到识别模型当中。（　　）

3. 填空题

（1）目标检测与识别的研究方法主要分为______________和________________两大类。

（2）COCO 是______团队专为目标检测、图像语义分割、人体关键点检测、字幕生成等应用而开发的数据集。

（3）SSD_MobileNet 网络采用了 SSD 的思想，但在前端特征检测部分使用___________网络替换 VGG16 特征检测网络。

4. 简答题

简述基于深度学习的目标检测与识别方法的实现框架。

任务 15

实现机器小车的视觉巡线与自动驾驶

【任务要求】

基于边缘智能小车 EAC 平台，完成小车在特定跑道的自动驾驶。

【相关知识】

15.1　机器小车的自动驾驶实现原理

本任务实现边缘智能小车 EAC 在特定跑道的自动驾驶，自动驾驶跑道如图 15-1 所示。边缘智能小车 EAC 通过摄像头读取实时跑道信息，在经过直道、弯道和十字路口时自动做出运动判断，以恒定速度沿着跑道中心的黄线循环往复运动。

完成本任务需要采集大量的跑道场景图像数据，并根据人类驾驶经验对场景图像数据进行标注。EAC 小车在跑道上遵循的是 x 轴和 y 轴两个维度的运动方向，在数据采集流程中，应实时采集当前场景的图像数据，根据驾驶经验对场景图像数据进行运动方向标注，运动方向信息由变量 x 和 y 来表示，如图 15-2 所示。在不同位置和角度对场景图像数据进行采集和标注，然后将这些带有标注的数据输入深度神经网络进行训练学习，实现场景图像和驾驶方向的映射关系，让边缘智能小车 EAC 学会人类的驾驶经验。

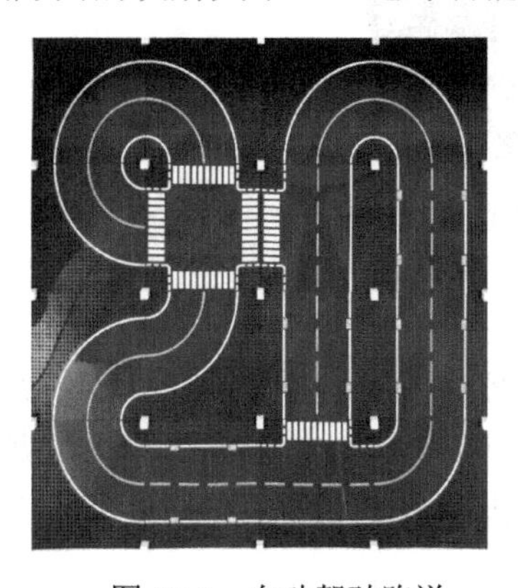

图 15-1　自动驾驶跑道

图 15-2　运动方向信息的 x 和 y 表示

最后将训练好的模型部署到边缘智能小车EAC，实际运行时神经网络的输出会根据当前实时场景图像数据推理出驾驶方向（x和y值），再根据x和y值，通过PD控制策略输出左右轮旋转速度，控制小车完成在特定跑道的自动驾驶功能。

本次任务分为3个子任务，即场景数据的采集与标注、自动驾驶模型训练、自动驾驶模型部署与运行。

15.2 场景数据的采集与标注

数据采集与标注的完整实现代码可参考EAC小车平台上的/Notebooks/project_8_road_following/data_ collection-csi.ipynb文件。

1. 摄像头初始化

初始化摄像头，创建控件显示实时图像，实现如代码15-1所示，运行结果如图15-3所示。

代码15-1 摄像头初始化并显示实时图像

```
import traitlets
import ipywidgets.widgets as widgets
from IPython.display import display
from jetcam.utils import bgr8_to_jpeg
import ipywidgets
from jetbot import Camera #JetBot 摄像头接口
camera = Camera(width=224, height=224) #初始化Camera对象
image_widget = widgets.Image(format='jpeg', width=224, height=224) #定义图像显示控件
traitlets.dlink((camera, 'value'), (image_widget, 'value'), transform=bgr8_to_jpeg)#将摄像头的实时图像变化更新至显示控件上，并转换为jpeg格式
```

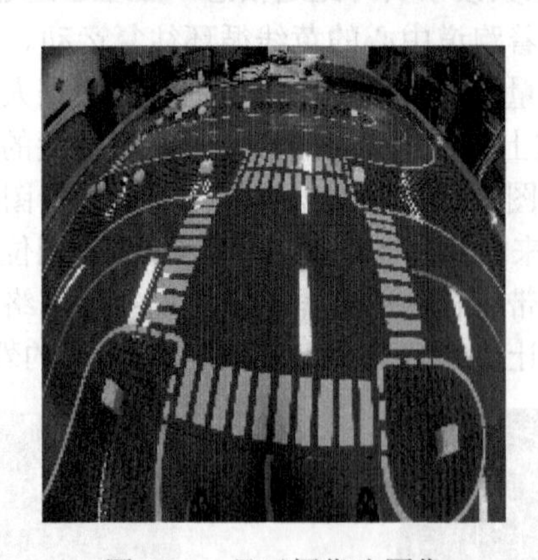

图15-3 显示摄像头图像

2. 建立数据集文件夹

为保存场景图像数据，需要创建一个独立的数据文件夹，图像保存的名称及格式定义为xy_<x value>_<y value>_<uuid>.jpg，其中x_value和y_value为图像的标注数据，uuid为随机生成的通用唯一识别码。建立数据文件夹并实现标注图像的保存，实现代码如代码15-2所示。

代码 15-2 建立数据文件夹并保存图像

```
DATASET_DIR = 'dataset_xy'   #图像数据保存文件夹名称
try:
    os.makedirs(DATASET_DIR)
except FileExistsError:
    print('Directories not created becasue they already exist')
#定义图像名称生成函数，需要输入x，y值
def xy_uuid(x, y):
return 'xy_%03d_%03d_%s' % (x * 50 + 50, y * 50 + 50, uuid1())

#保存图像
def save_snapshot():
    uuid = xy_uuid(x_slider.value, y_slider.value)
    image_path = os.path.join(DATASET_DIR, uuid + '.jpg')
    with open(image_path, 'wb') as f:
    f.write(image_widget.value)
    count_widget.value = len(glob.glob(os.path.join(DATASET_DIR, '*.jpg')))
```

3. 采集场景图像数据及标注

为了高效采集驾驶数据，需要创建一个数据采集及标注界面，如图 15-4 所示。界面中包含实时图像显示控件、*x* 和 *y* 值调试滑动条、已采集的图像数量 count 控件、保存图像按钮“add pic”控件，以及控制小车前后左右运动与停止的控件，实现如代码 15-3 所示。

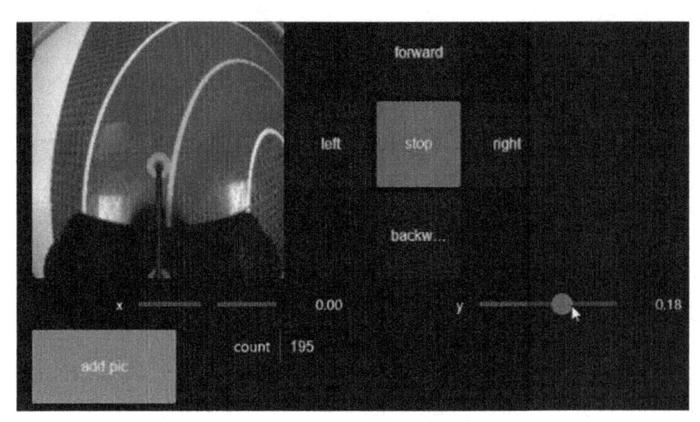

图 15-4 数据采集与标注界面

拖动 *x* 和 *y* 值调试滑动条使绿点放置在跑道中间的黄色线上，完成场景图像数据的标注，然后单击“add pic”按钮保存当前标注的数据。移动小车在跑道的不同位置和不同角度采集图像数据并标注，推荐采集场景图像数据至少 200 张，采集结束后，运行代码 15-4 关闭摄像头。

图像数据采集过程中需要注意以下几个要点：

（1）让位置数据具有多样性，将 EAC 小车放置在跑道上的不同位置（偏离中心、不同角度等）。

（2）在笔直的道路上，可以把采集点放在地平线的远处；

（3）在转弯时，采集点需要放在离机器人更近的地方。

代码 15-3　图像数据采集与标注界面实现代码

```
from jetbot import Robot
import time
robot = Robot()  #定义 Robot 对象实例
#机器人停止运动
def stop(change):
    robot.stop()
#机器人前进 0.5s 后停止
def step_forward(change):
    robot.forward(0.5)
    time.sleep(0.2)
    robot.stop()
#机器人后退 0.5s 后停止
def step_backward(change):
    robot.backward(0.5)
    time.sleep(0.2)
    robot.stop()
#机器人左转 0.5s 后停止
def step_left(change):
    robot.left(0.5)
    time.sleep(0.2)
    robot.stop()
#机器人右转 0.5s 后停止
def step_right(change):
    robot.right(0.5)
    time.sleep(0.2)
    robot.stop()
#定义前后左右运动及停止五个按钮控件
stop_button = widgets.Button(description='stop', button_style='danger', layout=button_layout)
forward_button = widgets.Button(description='forward', layout=button_layout)
backward_button = widgets.Button(description='backward', layout=button_layout)
left_button = widgets.Button(description='left', layout=button_layout)
right_button = widgets.Button(description='right', layout=button_layout)
#将运动控制函数附加到对应按钮的单击事件上
stop_button.on_click(stop)
forward_button.on_click(step_forward)
backward_button.on_click(step_backward)
left_button.on_click(step_left)
right_button.on_click(step_right)

#创建 x 和 y 值调试滑动条
x_slider = widgets.FloatSlider(min=-1.0, max=1.0, step=0.001, description='x')
y_slider = widgets.FloatSlider(min=-1.0, max=1.0, step=0.001, description='y')

#创建标注图像显示控件
target_widget = widgets.Image(format='jpeg', width=224, height=224)
#定义函数，生成标注图像
def display_xy(camera_image):
    image = np.copy(camera_image)
    x = x_slider.value
```

```
        y = y_slider.value
        x = int(x * 224 / 2 + 112)
        y = int(y * 224 / 2 + 112)
        image = cv2.circle(image, (x, y), 8, (0, 255, 0), 3)
        image = cv2.circle(image, (112, 224), 8, (0, 0,255), 3)
        image = cv2.line(image, (x,y), (112,224), (255,0,0), 3)
        jpeg_image = bgr8_to_jpeg(image)
    return jpeg_image
    #将摄像头图像数据实时更新到标注图像显示控件
    traitlets.dlink((camera, 'value'), (target_widget, 'value'), transform=display_xy)

    # 将前后左右运动与停止 5 个按钮控件在布局中显示
    button_layout = widgets.Layout(width='75px', height='75px', align_self='center')
    middle_box = widgets.HBox([left_button, stop_button, right_button],layout=widgets.
Layout(align_self='center'))
    controls_box = widgets.VBox([forward_button, middle_box, backward_button])
    panel_box = widgets.HBox([target_widget,controls_box])
    display(panel_box)
    display(widgets.HBox([x_slider,y_slider]),layout=widgets.Layout(align_self='fle
x-start'))
    display(widgets.HBox([free_button,count_widget]))
```

代码 15-4　关闭摄像头

```
    camera.stop()
```

15.3　自动驾驶模型训练

自动驾驶模型训练的实现代码可参考 EAC 小车平台上的/Notebooks/project_8_road_following/train_ mode.ipynb 文件。

1. ResNet18 网络

ResNet 系列网络是图像分类领域的知名算法，经久不衰，直到今天依旧具有广泛的研究意义和应用场景，常被业界改进后用于图像识别任务。ResNet 系列网络在 PyTorch 框架中共有 5 种不同深度的结构，深度分别为 18、34、50、101、152。网络的深度指的是需要通过训练更新参数的层数，如卷积层、全连接层等。RestNet 系列网络结构如表 15-1 所示。

表 15-1　ResNet 系列网络结构

Layer name	output size	18-layer	34-layer	50-layer	101-layer	152-layer
convl	112×112	7×7，64，stride 2				
conv2_x	56×56	3×3 max pool，stride 2				
		$\begin{bmatrix}3\times3, 64\\3\times3, 64\end{bmatrix}\times2$	$\begin{bmatrix}3\times3, 64\\3\times3, 64\end{bmatrix}\times3$	$\begin{bmatrix}1\times1, 64\\3\times3, 64\\1\times1, 256\end{bmatrix}\times3$	$\begin{bmatrix}1\times1, 64\\3\times3, 64\\1\times1, 256\end{bmatrix}\times3$	$\begin{bmatrix}1\times1, 64\\3\times3, 64\\1\times1, 256\end{bmatrix}\times3$

续表

Layer name	output size	18-layer	34-layer	50-layer	101-layer	152-layer
conv3_x	28×28	$\begin{bmatrix}3\times3,128\\3\times3,128\end{bmatrix}\times2$	$\begin{bmatrix}3\times3,128\\3\times3,128\end{bmatrix}\times4$	$\begin{bmatrix}1\times1,128\\3\times3,128\\1\times1,512\end{bmatrix}\times4$	$\begin{bmatrix}1\times1,128\\3\times3,128\\1\times1,512\end{bmatrix}\times4$	$\begin{bmatrix}1\times1,128\\3\times3,128\\1\times1,512\end{bmatrix}\times8$
conv4_x	14×14	$\begin{bmatrix}3\times3,256\\3\times3,256\end{bmatrix}\times2$	$\begin{bmatrix}3\times3,256\\3\times3,256\end{bmatrix}\times6$	$\begin{bmatrix}1\times1,256\\3\times3,256\\1\times1,1024\end{bmatrix}\times6$	$\begin{bmatrix}1\times1,256\\3\times3,256\\1\times1,2048\end{bmatrix}\times23$	$\begin{bmatrix}1\times1,256\\3\times3,256\\1\times1,1024\end{bmatrix}\times36$
conv5_x	7×7	$\begin{bmatrix}3\times3,512\\3\times3,512\end{bmatrix}\times2$	$\begin{bmatrix}3\times3,512\\3\times3,512\end{bmatrix}\times3$	$\begin{bmatrix}1\times1,512\\3\times3,512\\1\times1,2048\end{bmatrix}\times6$	$\begin{bmatrix}1\times1,512\\3\times3,512\\1\times1,2048\end{bmatrix}\times3$	$\begin{bmatrix}1\times1,512\\3\times3,512\\1\times1,2048\end{bmatrix}\times3$
	1×1	average pool, 1000-d fc, softmax				
FLOPs		1.8×10^9	3.6×10^9	3.8×10^9	7.6×10^9	11.3×10^9

本任务采用 ResNet18 网络模型来学习场景图像数据，实现输入场景图像、预测输出驾驶方向（x 和 y 值）的目标。通过在 ResNet 系列网络中增加残差网络的方法，解决了网络深度增加到一定程度，更深的网络堆叠效果反而变差的问题。残差网络增加了一个恒等映射，跳过本层或多层运算，同时向后传播，下一层网络梯度直接传递给上一层，解决了深层网络梯度消失的问题。采用 RestNet18 网络模型可以使前馈/反馈传播算法顺利进行，结构更加简单，同时增加的恒等映射基本不会降低网络的性能。ResNet18 网络结构如图 15-5 所示。

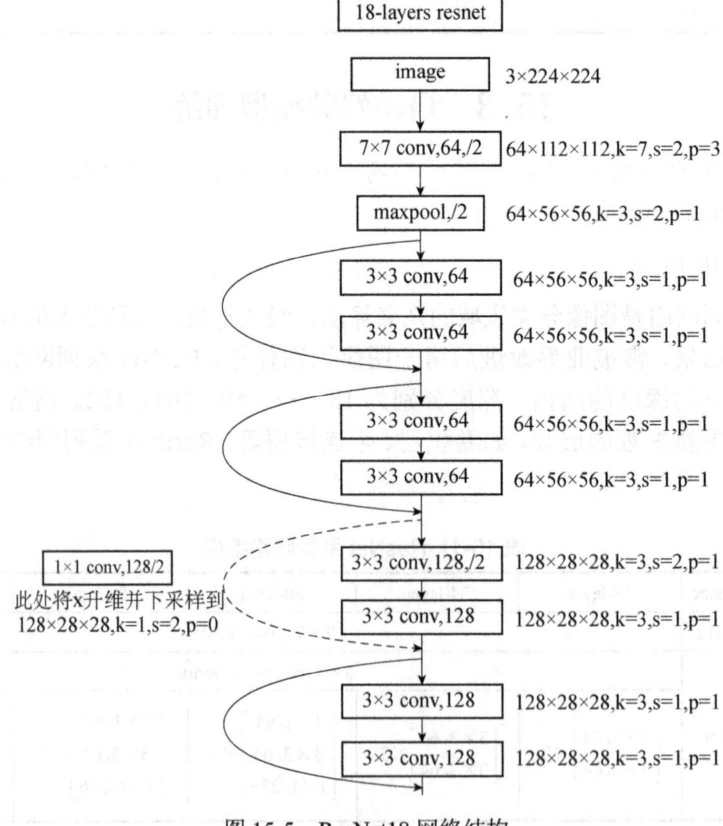

图 15-5　ResNet18 网络结构

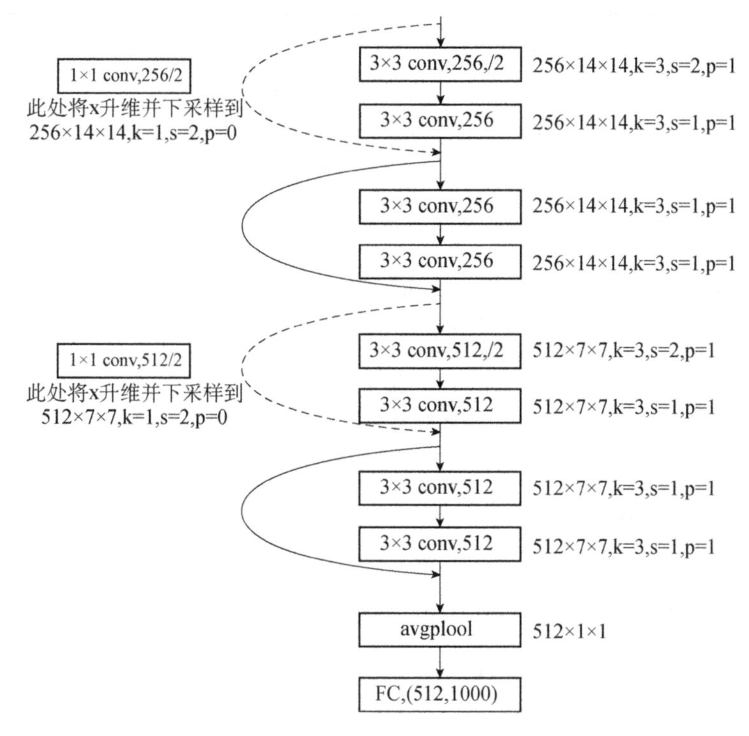

图 15-5　ResNet18 网络结构（续）

2. 加载数据集

在数据采集环节采集到的各种类型的驾驶图像数据可作为模型训练数据，为了满足神经网络对输入数据的要求，需要对原始数据集进行预处理。整个数据预处理流程分为创建数据集、拆分数据集和批量加载数据集三个环节。

1）创建数据集

为了批量管理训练数据，需要创建数据集对象，这里通过创建一个自定义的 XYDatase 类来实现。该类负责加载图像并解析图像文件名中的 x 和 y 值，同时对图像进行归一化、标准化操作，并将图像转化为向量等预处理。创建数据集如代码 15-5 所示。

代码 15-5　创建数据集

```
import torch
import torch.optim as optim
import torch.nn.functional as F
import torchvision
import torchvision.datasets as datasets
import torchvision.models as models
import torchvision.transforms as transforms
import glob
import PIL.Image
import os
import numpy as np

def get_x(path):
    """Gets the x value from the image filename"""
```

```
    return (float(int(path[3:6])) - 50.0) / 50.0

def get_y(path):
    """Gets the y value from the image filename"""
    return (float(int(path[7:10])) - 50.0) / 50.0

class XYDataset(torch.utils.data.Dataset):

    def __init__(self, directory, random_hflips=False):
        self.directory = directory
        self.random_hflips = random_hflips
        self.image_paths = glob.glob(os.path.join(self.directory, '*.jpg'))
        self.color_jitter = transforms.ColorJitter(0.3, 0.3, 0.3, 0.3)

    def __len__(self):
        return len(self.image_paths)

    def __getitem__(self, idx):
        image_path = self.image_paths[idx]

        image = PIL.Image.open(image_path)
        x = float(get_x(os.path.basename(image_path)))
        y = float(get_y(os.path.basename(image_path)))

        if float(np.random.rand(1)) > 0.5:
            image = transforms.functional.hflip(image)
            x = -x

        image = self.color_jitter(image)
        image = transforms.functional.resize(image, (224, 224)) # 改变图像大小
        image = transforms.functional.to_tensor(image) # 将图像数据转换为向量
        image = image.numpy()[::-1].copy()
        image = torch.from_numpy(image)
        image = transforms.functional.normalize(image, [0.485, 0.456, 0.406],
[0.229, 0.224, 0.225]) #向量归一化处理

        return image, torch.tensor([x, y]).float()

dataset = XYDataset('dataset_xy', random_hflips=False)
```

2）拆分数据集

将数据集拆分为训练集数据和测试集数据，如代码 15-6 所示。训练集数据用于模型训练，测试集数据用于对训练好的模型性能进行评估。

代码 15-6　拆分数据集

```
test_percent = 0.1
num_test = int(test_percent * len(dataset))
train_dataset, test_dataset = torch.utils.data.random_split(dataset, [len(dataset) -
num_test, num_test])
```

3）批量加载数据集

为了加快运算速度，通常采取批量训练的方法，每次从数据集中加载固定数量的数据进行训练。在训练之前创建两个 dataloader 数据集加载器，分别对训练数据集和测试数据集进行批量加载，如代码 15-7 所示。

代码 15-7　批量加载数据集

```
train_loader = torch.utils.data.DataLoader(
    train_dataset,
    batch_size=4,
    shuffle=True,
    num_workers=4
)

test_loader = torch.utils.data.DataLoader(
    test_dataset,
    batch_size=4,
    shuffle=True,
    num_workers=4
)
```

3. 模型加载与训练

1）模型加载

进行模型训练之前，首先要加载 ResNet18 神经网络预训练模型，在 PyTorch 框架的 torchvision.models 包中封装了经典的深度网络模型加载接口，如 AlexNet 网络、VGG 网络、ResNet 网络和 SqueezeNet 网络等。加载模型如代码 15-8 所示。

代码 15-8　加载模型

```
import torchvision.models as models
model = models.resnet18(pretrained=True) #pretrained为True加载模型预训练好的权重参数初始化网络，加速模型训练过程
```

如果是第一次进行 ResNet18 神经网络的模型训练，程序会自动从网上下载 ResNet18 神经网络原型。为了匹配本任务的控制需求（运动方向由 x 和 y 值决定），需要将 ResNet18 中最后的全连接输出通道的个数改为 2 个，并将模型转移到 GPU 中运行，实现代码如代码 15-9 所示。

代码 15-9　修改模型并转移到 GPU 中运行

```
model.fc = torch.nn.Linear(512, 2)
device = torch.device('cuda')
model = model.to(device)
```

2）模型训练

分 30 个周期进行模型训练，在每个周期中计算测试准确率。当测试准确率大于最佳准确率的时候，将当前测试准确率设为最佳准确率，保存模型文件 best_steering_model_xy.pth

到当前目录下，如代码 15-10 所示。

代码 15-10　模型训练

```
from tqdm import tqdm,trange
# 训练参数设置
NUM_EPOCHS = 70                         # 训练次数设置
BEST_MODEL_PATH = 'best_steering_model_xy.pth'     # 模型权重文件
best_accuracy = 0.0                           # 最佳准确率
# 定义优化器类型为 Adam
optimizer = optim.Adam(model.parameters()) # 模型训练过程
for epoch in tqdm(range(NUM_EPOCHS)):
    # 加载训练数据集中的驾驶图像和驾驶标签
    for images, labels in iter(train_loader):
        images = images.to(device)  # 将图像数据转移到 GPU 中
        labels = labels.to(device)     # 将标签转移到 GPU 中
        optimizer.zero_grad()       # 梯度清零
        outputs = model(images)     # 图像推理运算
        loss = F.cross_entropy(outputs, labels)  # 定义损失函数
        loss.backward()            # 后向传播
        optimizer.step()            # 更新权重参数
    test_error_count = 0.0          # 测试集错误总数
    # 加载测试数据集中的驾驶图像和驾驶标签
for images, labels in iter(test_loader):
        images = images.to(device)  # 将图像数据转移到 GPU 中
        labels = labels.to(device)     # 将标签转移到 GPU 中
        outputs = model(images)     # 图像推理运算
    # 获取每批次中的错误数，计算错误总数
        test_error_count += float(torch.sum(torch.abs(labels - outputs.argmax(1))))
# 计算测试准确率
test_accuracy = 1.0 - float(test_error_count) / float(len(test_dataset))
# 当前测试准确率大于最佳准确率
if test_accuracy > best_accuracy:
    torch.save(model.state_dict(), BEST_MODEL_PATH) # 保存模型的权重数据
        best_accuracy = test_accuracy  # 设置最佳准确率
        print('当前训练次数:测试准确率 %d: %f' % (epoch+1, test_accuracy))
if epoch == NUM_EPOCHS:
        print('训练总次数:最优准确率 %d: %f' % (epoch+1, test_accuracy))
```

模型训练是一个耗时的任务，需耐心等待，模型训练过程中终端会持续输出当前训练进度和准确率，一旦模型训练完成，它将生成 best_steering_model_xy.pth 文件。模型训练完成后，终端打印的 logo 信息如图 15-6 所示。

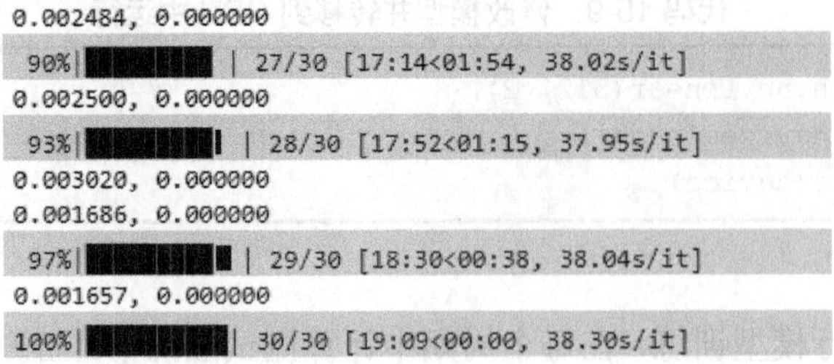

```
0.002484, 0.000000
 90%|█████████   | 27/30 [17:14<01:54, 38.02s/it]
0.002500, 0.000000
 93%|█████████▎  | 28/30 [17:52<01:15, 37.95s/it]
0.003020, 0.000000
0.001686, 0.000000
 97%|█████████▋  | 29/30 [18:30<00:38, 38.04s/it]
0.001657, 0.000000
100%|██████████| 30/30 [19:09<00:00, 38.30s/it]
```

图 15-6　模型训练完成后终端打印的 logo 信息

15.4　自动驾驶模型部署与运行

自动驾驶模型部署与运行的完整实现代码可参考 EAC 小车平台上的/Notebooks/project_8_road_following/live_demo_basic-csi.ipynb 文件。

1. 加载已训练模型

在模型部署中，首先加载原始模型文件，然后加载已训练好的模型权重，更新模型权重数据。为了发挥边缘硬件的计算性能，最后将模型从内存转移到 GPU 中，如代码 15-11 所示。

代码 15-11　加载已训练模型并转移到 GPU 中运行

```
import torchvision
import torch

model = torchvision.models.resnet18(pretrained=False) #pretrained为False不加载模型预训练好的权重参数，仅加载网络结构
model.fc = torch.nn.Linear(512, 2) #修改模型网络的全连接层输出数量为2
model.load_state_dict(torch.load('best_steering_model_xy.pth'))  #加载已训练好的网络权重参数
device = torch.device('cuda')
model = model.to(device)
model = model.eval().half()
```

2. 创建图像预处理函数

完成模型加载后，需要对图像进行预处理，这里因为训练模型的数据格式与相机的数据格式不完全匹配。图像数据预处理主要包含以下几个步骤。

（1）从 hwc（height、width、channel）布局转换为 chw（channel、height、width）布局。

（2）使用与训练期间相同的参数进行标准化（摄像头提供[0,255]范围内的值，缩放到[0,1]范围内的训练加载图像），因此需要缩放 255。

（3）将数据从 CPU 传输到 GPU。

（4）添加批处理维度。

创建图像预处理函数如代码 15-12 所示。

代码 15-12　创建图像预处理函数

```
import torchvision.transforms as transforms
import torch.nn.functional as F
import cv2
import PIL.Image
import numpy as np

mean = torch.Tensor([0.485, 0.456, 0.406]).cuda().half()
std = torch.Tensor([0.229, 0.224, 0.225]).cuda().half()

def preprocess(image):
    image = PIL.Image.fromarray(image)
    image = transforms.functional.to tensor(image).to(device).half()
    image.sub (mean[:, None, None]).div (std[:, None, None])
    return image[None, ...]
```

3. 创建EAC小车PD调试界面

EAC小车PD调试界面如图15-7所示，界面分为用户可调试控件区域和用户仅查看控件区域两个部分。

1）用户可调试控件区域

“速度初始值”滑动条：该控件的值为左右轮速度初始值。在自动驾驶过程中，小车原地不动，可适当调大该值，因为轮子的转速要大于地面摩擦力才能启动。

“左右轮偏差”滑动条：该控件值可调整小车朝正前方的直线行走能力。给定小车前进控制指令，观察小车的行驶方向，如果小车向右偏，将该控件值调小；如果小车向左偏，将该控件值调大，直到小车能较好完成朝正前方的直线行走为止。

“转向Kp”滑动条：该控件值为PD控制策略中的比例P参数，该值反映小车的转向灵敏度。如果小车在自动驾驶过程中出现左右晃动现象，需要将该值调小；如果小车在转弯过程中出现转弯不及时现象，可适当增大该值。

“转向Kd”滑动条：该控件值为PD控制策略中的微分D参数，该值反映小车在控制指令快速变化过程中的跟随能力，需要和P参数配合工作。

用户需要根据小车的实际运行情况修改上述4个控件的值，最终使小车在特定跑道上完成自动驾驶。

2）用户仅查看控件区域

“x”滑动条：网络模型预测输出值。

“y”滑动条：网络模型预测输出值。

“目标转角”滑动条：根据 x 和 y 值得出的近似转向角（rad）。

“pd环输出”滑动条：PD控制环节输出的速度调整值。

“左电机转速”滑动条：左电机的目标控制速度。

“右电机转速”滑动条：右电机的目标控制速度。

EAC小车PD调试界面实现如代码15-13所示。

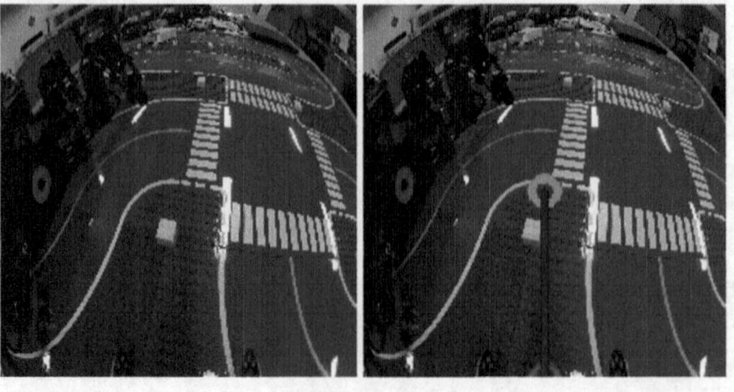

图15-7 EAC小车PD调试界面

代码 15-13　EAC 小车 PD 调试界面实现

```
from IPython.display import display
import ipywidgets
import traitlets
from jetbot import bgr8_to_jpeg
import ipywidgets

import cv2
import PIL.Image
import numpy as np

speed_gain_slider = ipywidgets.FloatSlider(min=0.0, max=1.0, step=0.01, value=0.46, description='速度初始值：')
steering_pgain_slider = ipywidgets.FloatSlider(min=0.0, max=1.0, step=0.01, value=0.20, description='转向 Kp：')
steering_dgain_slider = ipywidgets.FloatSlider(min=0.0, max=1.0, step=0.001, value=0.16, description='转向 kd：')
steering_bias_slider = ipywidgets.FloatSlider(min=-0.3, max=0.3, step=0.01, value=0.03, description='左右轮偏差：')


control_box1 = ipywidgets.HBox([speed_gain_slider, steering_bias_slider])
control_box2 = ipywidgets.HBox([steering_pgain_slider,steering_dgain_slider])

x_slider = ipywidgets.FloatSlider(min=-1.0, max=1.0, description='x：')
y_slider = ipywidgets.FloatSlider(min=0, max=1.0, description='y：')
net_out_box = ipywidgets.HBox([x_slider,y_slider])

left_motor_slider = ipywidgets.FloatSlider(min=-1.0, max=1.0, description='左电机速度:')
right_motor_slider = ipywidgets.FloatSlider(min=-1.0, max=1.0, description='右电机速度:')
out_angle_slider = ipywidgets.FloatSlider(min=-90.0, max=90.0, description='目标转角:')
pid_out_slider = ipywidgets.FloatSlider(min=-90.0, max=90.0, description='pid环输出:')
goal_box = ipywidgets.HBox([out_angle_slider,pid_out_slider])
motor_goal_box = ipywidgets.HBox([left_motor_slider, right_motor_slider])

display(control_box1,control_box2,net_out_box,goal_box,motor_goal_box)

image_widget = ipywidgets.Image()
target_widget = ipywidgets.Image()

def display_xy(camera_image):
    image = np.copy(camera_image)
    x = int(x_slider.value * 224 / 2 + 112)
    y = int(y_slider.value * 224 / 2 + 112)
    image = cv2.circle(image, (x, y), 8, (0, 255, 0), 3)
    image = cv2.circle(image, (112, 224), 8, (0, 0,255), 3)
    image = cv2.line(image, (x,y), (112,224), (255,0,0), 3)
```

```
    jpeg_image = bgr8_to_jpeg(image)
    return jpeg_image

traitlets.dlink((camera, 'value'), (image_widget, 'value'), transform=bgr8_to_jpeg)
traitlets.dlink((camera, 'value'), (target_widget, 'value'), transform=display_xy)
display(ipywidgets.HBox([image_widget, target_widget]))
```

4. 创建模型运行线程

创建一个函数来实现自动驾驶，该函数可实现以下功能：预处理摄像机图像；执行神经网络预测驾驶方向 x 和 y 值；计算近似转向值；使用 PD 控制策略控制电机。该函数功能实现如代码 15-14 所示。

代码 15-14　自动驾驶函数功能实现

```
angle = 0.0
angle_last = 0.0

def execute(change):
    global angle, angle_last
    image = change['new']
    xy = model(preprocess(image)).detach().float().cpu().numpy().flatten()
    x = xy[0]
    y = 0.5 - xy[1] / 2.0
    x_slider.value = x
    y_slider.value = y

    angle = np.arctan2(x, y)
    pid = angle * steering_pgain_slider.value + (angle - angle_last) * steering_dgain_
slider.value
    angle_last = angle

    pid_out_slider.value = pid + steering_bias_slider.value

    robot.left_motor.value = max(min(speed_gain_slider.value + pid_out_slider.value, 1.0),
0.0)
    robot.right_motor.value = max(min(speed_gain_slider.value - pid_out_slider.value, 1.0),
0.0)
    left_motor_slider.value = robot.left_motor.value
    right_motor_slider.value = robot.right_motor.value
    out_angle_slider.value = angle
    time.sleep(0.03)
```

为了更好地实现自动驾驶，需要创建一个新的线程来运行自动驾驶函数，并当输入值发生变化时就会调用该函数，实现如代码 15-15 所示。

代码 15-15　新建线程运行自动驾驶函数

```
import threading
import inspect
import ctypes
```

```
import time
'''以下为定义关闭线程函数'''
def _async_raise(tid, exctype):
  """raises the exception, performs cleanup if needed"""
  tid = ctypes.c_long(tid)
  if not inspect.isclass(exctype):
    exctype = type(exctype)
  res = ctypes.pythonapi.PyThreadState_SetAsyncExc(tid, ctypes.py_object(exctype))
  if res == 0:
    raise ValueError("invalid thread id")
  elif res != 1:
    # """if it returns a number greater than one, you're in trouble,
    # and you should call it again with exc=NULL to revert the effect"""
    ctypes.pythonapi.PyThreadState_SetAsyncExc(tid, None)
    raise SystemError("PyThreadState_SetAsyncExc failed")
def stop_thread(thread):
  _async_raise(thread.ident, SystemExit)
'''线程 1 的函数，不断调用检测函数'''
def test():
    while True:
        execute({'new': camera.value})
thread1 = threading.Thread(target=test)
thread1.setDaemon(False)
thread1.start()
```

自动驾驶完成后，需要关闭线程和摄像头，如代码 15-16 所示。

代码 15-16 关闭线程和摄像头

```
import time
stop_thread(thread1)
camera.unobserve_all()
time.sleep(1.0)
robot.stop()
camera.stop()
```

【任务设计】

本任务利用人类的驾驶经验，为驾驶跑道标注数据，使用已标注的数据来训练深度神经网络，神经网络训练好后即为 EAC 小车构建好了驾驶经验模型。在模型部署阶段，使用已训练好的模型来预测当前驾驶环境下的驾驶转向指令，从而控制 EAC 小车实现自动驾驶。本任务的流程图 15-8 所示，主要实施步骤如下。

（1）采集并标注大量的场景数据。

（2）对场景数据进行数据预处理。

（3）建立并训练自动驾驶模型。

（4）优化自动驾驶模型。

（5）部署自动驾驶模型。

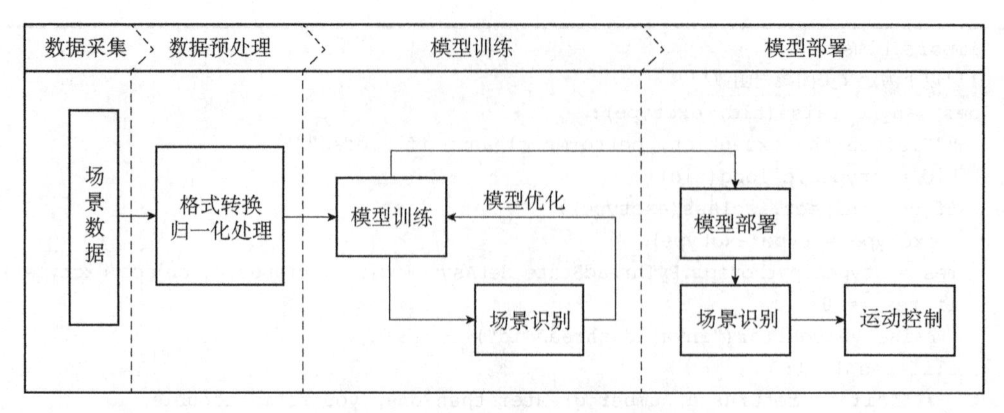

图 15-8　自动驾驶模型的流程图

【任务实施】

机器小车的自动驾驶实践平台为 EAC 小车，任务实施步骤如下：

（1）启动 EAC 小车。

（2）远程登录 EAC 界面。

（3）数据采集与标注。

登录 EAC 界面后，新建 Notebook 文件，新建单元，完成数据采集与标注的相关编码工作。

运行代码，数据采集与标注运行界面如图 15-9 所示，调整滑动条 x 和 y 的值，使绿色箭头落在跑道中间的黄色线内，效果如图 15-10 所示。图像数据标注完成后，单击“add pic”按钮保存图像。移动小车在跑道的不同位置和不同角度采集图像数据并标注，推荐采集场景数据至少 200 张。采集结束后，关闭摄像头。

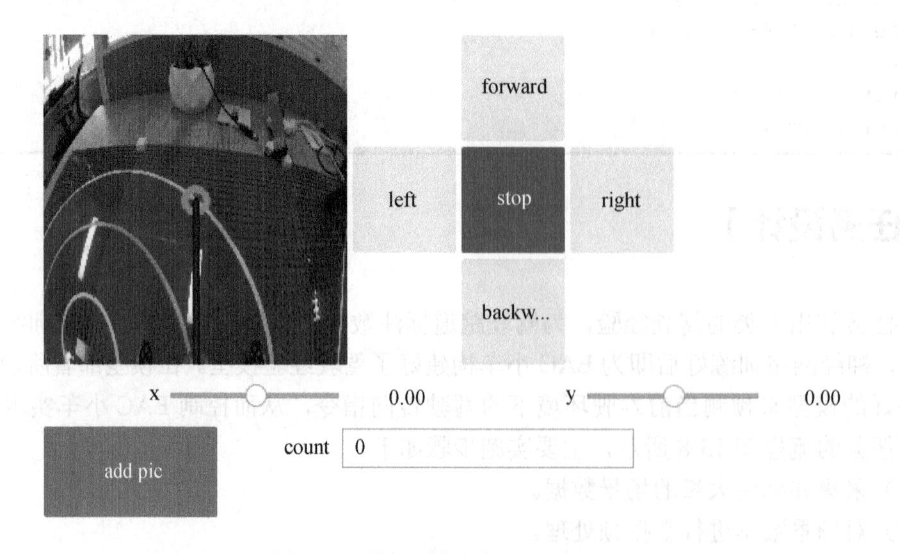

图 15-9　数据采集与标注运行界面

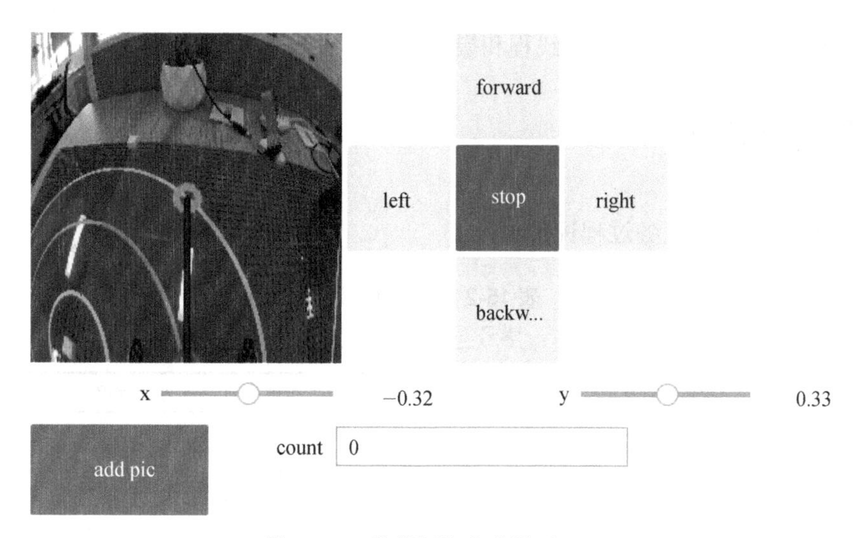

图 15-10　数据标注完成界面

（4）模型训练。

新建 Notebook 文件，新建单元，完成模型训练的相关编码工作。

编码完成后，运行代码，从第一个代码块开始运行，运行完模型训练代码块后，模型开始训练，模型训练完成会在终端打印信息。

（5）模型部署与调试。

新建 Notebook 文件，新建单元，完成模型部署相关的编码工作。

运行代码，从第一个代码块开始运行，运行自动驾驶功能代码块，等待一会可以观察到图 15-11 所示的控件值在更新，表示自动驾驶模型已经开始工作。根据小车的实际运动效果调试“速度初始值”滑动条、“左右轮偏差”滑动条、“转向 Kp”滑动条、“转向 Kd”滑动条的值，使小车在跑道上完成自动驾驶。

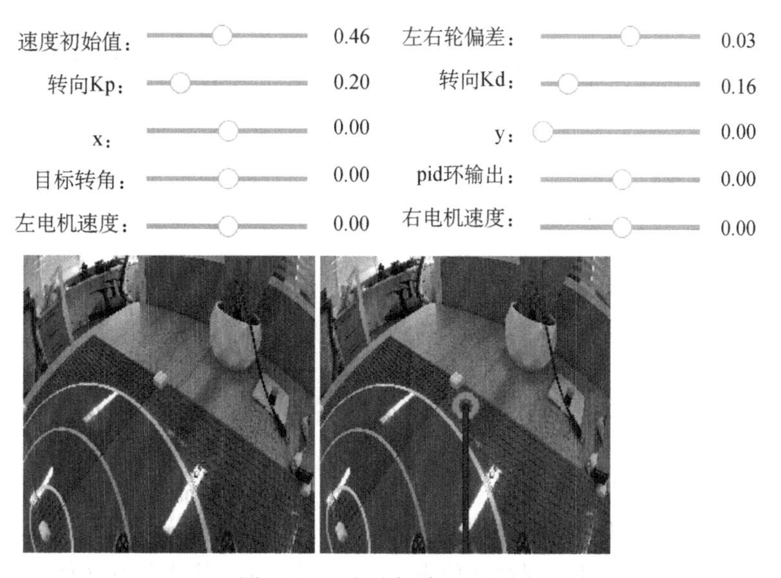

图 15-11　自动驾驶调试界面

（6）自动驾驶完成后，关闭线程和摄像头。

【任务评价】

填写表 15-2 所列任务过程评价表。

表 15-2　任务过程评价表

任务实施人姓名______________　　学号________________　　时间___________

评价项目及标准		分值	小组评议	教师评议
技术能力	1. 远程登录边缘智能小车 EAC 平台	10		
	2. 完成数据采集与标注	10		
	3. 完成模型训练	10		
	4. 完成模型部署	10		
	5. 边缘智能小车 EAC 的自动驾驶效果	20		
执行能力	1. 出勤情况	5		
	2. 遵守纪律情况	5		
	3. 是否主动参与，有无提问记录	5		
	4. 有无职业意识	5		
社会能力	1. 能否有效沟通	5		
	2. 能否使用基本的文明礼貌用语情况	5		
	3. 能否与组员主动交流、积极合作	5		
	4. 能否自我学习及自我管理	5		
		100		
评定等级：				
评价意见		学习意见		

评定等级：A：优，得分＞90；B：好，得分＞80；C：一般，得分＞60；D：有待提高，得分＜60。

任务 15 练习

1. 选择题

（1）本任务的自动驾驶控制策略使用的（　　）控制

A. PID　　B. PI　　C. PD

（2）本任务使用的神经网络模型是（　　）。

A. VGG　　B. SSD

C. ResNet18　　D. MoblieNet V2

（3）自动驾驶跑道的标注数据保存在哪里？（　　）

A. 图像的名称中　　B. 图像文件中　　C. 其他专有文件中

2. 判断题

（1）ResNet18 中数字 18 代表是需要通过训练更新参数的层数。（　　）
（2）为了简化数据采集工作，仅需要在一个角度采集跑道的不同位置图像数据。（　　）
（3）本任务自动驾驶网络模型的输出为 1 个变量。（　　）

3. 填空题

（1）边缘智能小车 EAC 的环境感知传感器为________。
（2）在模型训练过程中，需要将数据集分为________和________两个部分。
（3）自动驾驶的实现主要可分为________、________和________三大步骤。

4. 简答题

简述边缘智能小车自动驾驶的实现原理。

任务 16

实现视觉 SLAM 建图

【任务要求】

了解视觉 SLAM 的概念和经典视觉 SLAM 算法，了解 ORB-SLAM2 算法及应用，利用开源数据集构建三维稀疏地图。

【相关知识】

16.1　视觉 SLAM

1. 视觉 SLAM 的定义

同时定位与制图(Simultaneous Localization and Mapping, SLAM)是机器人在未知环境下基于传感器获取环境感知数据，构建周围环境地图，同时提供机器人在环境地图中位置的技术。用于采集环境数据的传感器通常有雷达、声呐、相机等，以视觉传感器为环境感知的 SLAM 称为视觉 SLAM。由于视觉传感器具有体积小、功耗低、信息获取丰富等特点，近年来基于视觉的 SLAM 技术已成为研究的热点。

2. 视觉 SLAM 技术使用的相机及分类

按照工作方式的不同，视觉 SLAM 技术使用的相机可以分为单目（Monocular)、双目（Stereo）和深度（RGB-D）三大类，如图 16-1 所示。

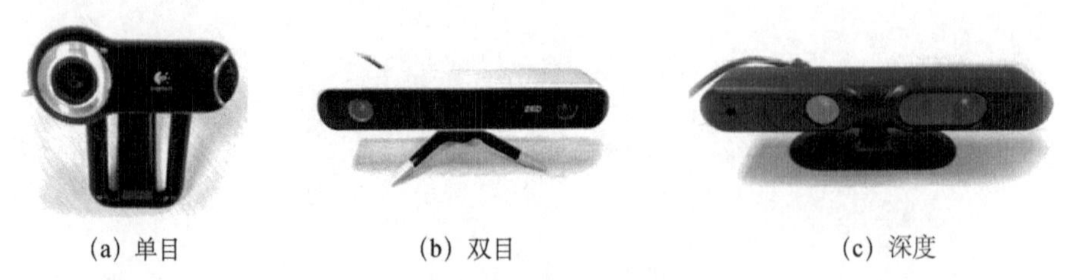

(a) 单目　　(b) 双目　　(c) 深度

图 16-1　单目、双目、深度相机

单目相机只有一个摄像头，结构简单，成本低。使用单目相机进行 SLAM 的称为单目 SLAM。单目相机采集的数据就是图像，其本质是拍摄现实场景，在相机的成像平面上留下一个投影，以二维的形式反映三维的世界。显然，单目 SLAM 过程中丢掉了场景的深度（或距离）信息，单目相机采集的图像数据无法计算场景中物体与相机之间的距离（远近）。在单张图像中看到的物体可能是一个很大但很远的物体，也可能是一个很近但很小的物体，无法明确判断物体的真实大小。由于近大远小的透视关系，不同大小的物体可能在一张图像中变成同样的大小，如图 16-2 所示为单目相机的错位拍摄。

图 16-2　单目相机的错位拍摄

当相机连续移动时，对比图像中物体位置可以估计出物体的运动。同时由于近处的物体移动快，远处的物体移动慢，当相机移动时，物体在图像上的运动会形成视差，通过视差能够判断物体的相对距离。这就是单目 SLAM 的原理。但由于单目相机无法获取现实场景的真实距离，因此单目 SLAM 估计的轨迹和地图将与真实的轨迹和地图相差一个因子，也就是所谓的尺度。由于单目 SLAM 无法仅凭图像确定这个真实尺度，所以又称为尺度不确定性。为了解决这一问题，人们开始使用双目相机和 RGB-D 相机。

双目相机是由两个单目相机组成的，这两个单目相机之间的距离（通常称为基线）是已知的。与人眼相似，双目相机通过基线和左右摄像头图像的差异可以估计每个像素的空间位置，如图 16-3 所示。双目相机图像数据如图 16-4 所示。双目相机的距离估计不依赖其他传感器设备，所以它既可以应用在室内，又可应用于室外。双目相机的缺点是算力需求高，深度量程和精度受双目的基线与分辨率影响大。

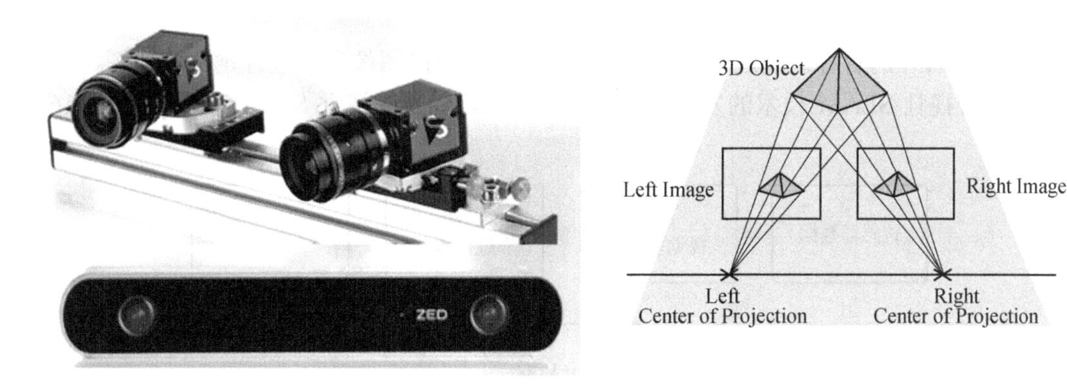

图 16-3　双目相机实物图和测距原理

图 16-4　双目相机图像数据

RGB-D 相机与双目相机测量深度的原理大不相同。RGB-D 相机可以利用红外结构光或 Time-of-Flight（ToF）原理，通过主动向物体发射光并接收返回的光测出物体与相机之间的距离。与双目相机依赖计算机计算实现深度测量不同，RGB-D 相机使用的是物理的测量手段，因此可节省大量的计算资源。如图 16-5 所示，RGB-D 相机直接采集图像数据和深度信息，能够重构物体的三维结构。但 RGB-D 相机存在测量范围窄、噪声大、视野小、易受日光干扰、无法测量透射材质等诸多问题，因此主要适用于室内 SLAM，在室外环境下表现不佳。

图 16-5　RGB-D 相机图像数据

16.2　视觉 SLAM 框架

视觉 SLAM 的目标是通过相机采集一系列连续变化的图像数据进行定位和地图构建。近年来随着视觉 SLAM 技术的发展，形成了一套比较成熟的视觉 SLAM 框架，如图 16-6 所示。

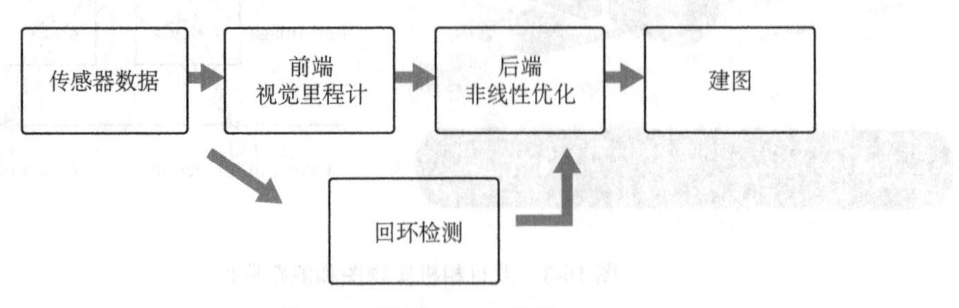

图 16-6　视觉 SLAM 框架

视觉 SLAM 流程主要包括以下几个步骤。

（1）传感器数据。

视觉 SLAM 中的传感器主要是相机，通常为单目、双目或 RGB-D 相机。视觉 SLAM 的第一步是读取视觉传感器采集的图像数据并进行预处理。

（2）前端视觉里程计。

视觉 SLAM 中的前端即是指视觉里程计（Visual Odometry，VO），用于估计相邻两帧图像之间相机的运动（旋转与平移），同时估计这两帧图像所对应的局部地图。

（3）后端非线性优化。

后端接收不同时刻视觉里程计传输来的相机位姿信息，结合回环检测的信息对相机轨迹与地图进行优化，得到全局一致的轨迹和地图。

（4）回环检测。

回环检测能够判断机器人是否到达过先前的位置。如果检测到回环，它会把信息提供给后端，用于消除前端（视觉里程计）的累积误差，提高轨迹与地图的全局一致性。

（5）建图。

建图模块根据估计的相机轨迹，建立与任务要求对应的地图。SLAM 地图主要分为度量地图与拓扑地图，而度量地图又分为稀疏地图与稠密地图。度量地图用于准确地表达场景中物体的位置关系，而拓扑地图更强调元素与元素之间的关系，至于选用何种地图，则根据实际的需求而决定。

16.3　经典视觉 SLAM 算法

从视觉 SLAM 前端视觉里程计的角度，目前主流的视觉 SLAM 算法可以分为关键点算法和直接算法。关键点算法的原理是通过提取和匹配相邻图像的关键点估计相机的相对运动。而直接算法，则并不要求有一一对应的匹配点，只要先前的点在当前图像中具有合理的投影残差，就认为这次投影是成功的。常见的关键点算法有 PTAM、ORB-SLAM 等，而经典直接算法有 LSD-SLAM、SVO、DSO 等。下面介绍基于关键点的 ORB 系列 SLAM 算法。

1. ORB-SLAM

ORB-SLAM 是一种基于 ORB 特征的单目 SLAM 算法。该算法由 Raul Mur-Artal，J. M. M. Montiel 和 Juan D. Tardos 于 2015 年发表在 IEEE Transactions on Robotics 上。ORB-SLAM 基于 PTAM 架构，增加了地图初始化和闭环检测的功能，优化了关键帧选取和地图构建的方法，在处理速度、追踪效果和地图精度上都取得了不错的效果。

ORB-SLAM 是一种典型的视觉 SLAM 算法，使用的 ORB 特征在计算效率方面比 SIFT 和 SURF 高，又具有良好的旋转和缩放不变性。前端视觉里程计中使用 ORB 特征进行图像匹配和位姿估计，并使用 ORB 词袋进行回环检测。ORB-SLAM 创新地使用了三个线程完成 SLAM，即实时跟踪特征点的跟踪线程、局部优化线程和全局回环检测与优化线程。该算法的缺点：特征点计算量大，三线程结构给 CPU 带来了较重负担，并且基于 ORB-SLAM 构建地图只能满足定位需求，无法提供导航、避障等功能。

2. ORB-SLAM2

2017 年，Raul Mur-Artal 和 Juan D. Tardos 公布了 ORB-SLAM2。ORB-SLAM2 是目前

应用最广泛的视觉 SLAM 算法之一。ORB-SLAM2 基于单目的 ORB-SLAM 具有以下优势：

① ORB-SLAM2 是第一个用于单目、双目和 RGB-D 的开源 SLAM 系统，组成模块包括闭环、重定位和地图重用。

② RGB-D 模式下的结果显示，通过使用 BA 方法，比基于迭代最近点（ICP）或光度和深度误差最小化方法能获得更高的精度。

③ 轻量级的本地化模式，当构建的地图不可用时，可以有效地重新使用地图。

④ ORB-SLAM2 能够实现在 CPU 上实时运行，并适用于各种各样室内和室外环境。ORB-SLAM2 效果图如图 16-7 所示。对多个公开数据集进行测试的结果表明，ORB-SLAM2 优于当时的大部分主流算法。

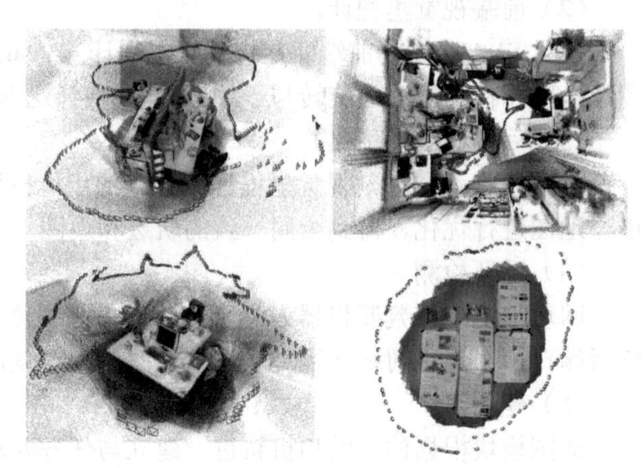

图 16-7　ORB-SLAM2 效果图

ORB-SLAM2 整体框图如图 16-8 所示。下面介绍 ORB-SLAM2 实现的关键技术。

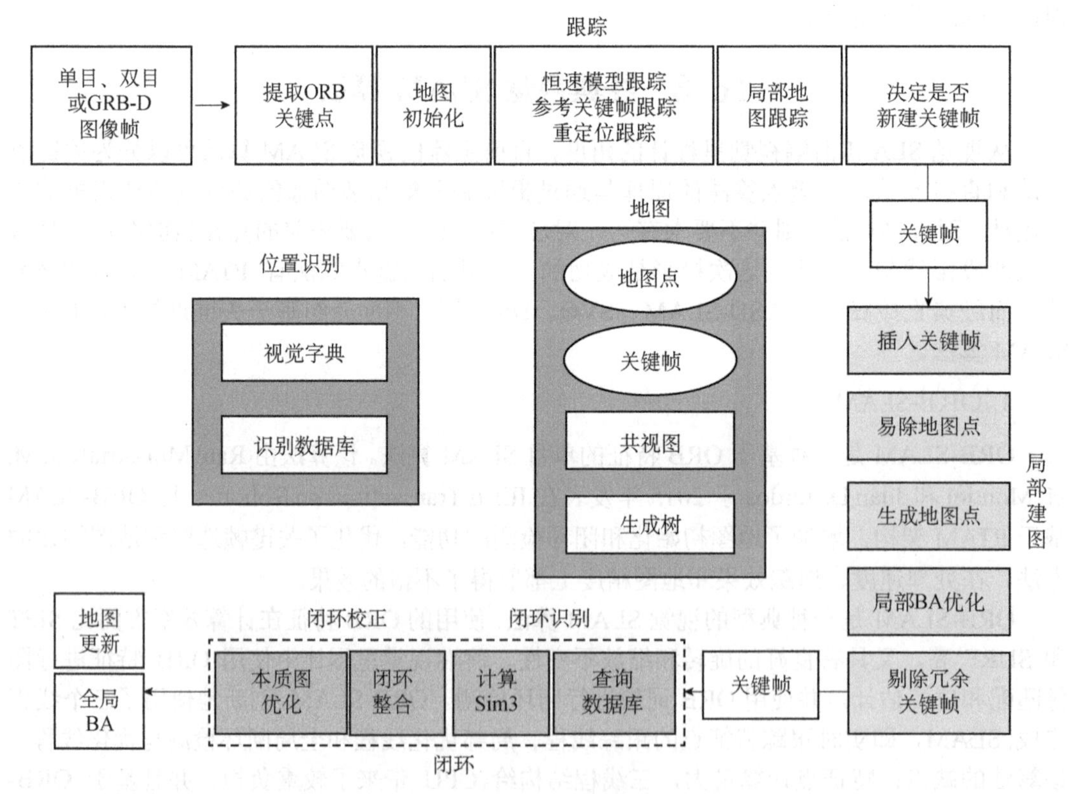

图 16-8　ORB-SLAM2 整体框图

1）ORB 关键点的提取与匹配

在图像处理中，关键点指的是图像灰度值发生剧烈变化的点或者在图像边缘上曲率较大的点（两个边缘的交点）。如图 16-9 所示为 ORB 关键点提取。ORB 关键点基于 FAST 关键点和 BRIEF 描述符，具有高性能、低运算量、旋转不变性的特点。

图 16-9　ORB 关键点提取

在 ORB-SLAM2 中，通过对不同图像帧中提取的关键点进行匹配，能够估计两帧图像的位移关系。如图 16-10 所示为 ORB 关键点匹配结果。

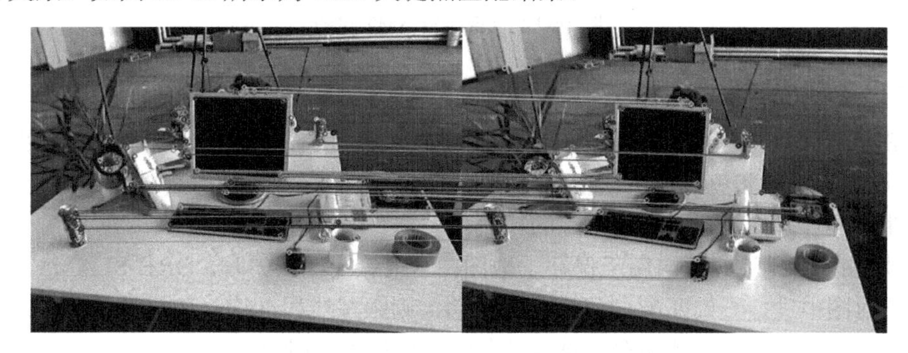

图 16-10　ORB 关键点匹配结果

2）运动估计

运动估计是指运动相机的位姿估计。在 ORB-SLAM2 运行过程中，主要是通过在当前帧和（局部）地图之间寻找对应关系，从而计算拍摄当前帧的相机位姿。这里的对应关系是指不同图像帧之间的关键点匹配。

ORB-SLAM2 中的运动估计算法是 PnP（Perspective-n-Point）算法。PnP 是一种通过 3D 关键点与 2D 关键点匹配来估计相机运动的算法。如图 16-11 所示，A、B、C 为历史图像帧生成的 3D 关键点，a、b、c 为当前图像帧中的匹配 2D 点，通过最小化误差可求出相机位姿。

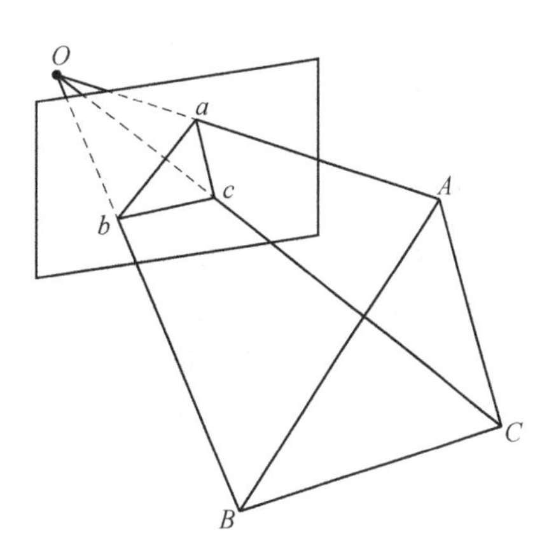

图 16-11　PnP 算法原理

3）构建地图

基于 ORB-SLAM2 构建的地图是稀疏关键点云

地图。如图 16-12 所示，地图中显示的点为图像帧中提取的关键点，方框为相机位姿，连线为相机位姿之间的关联。通过 ORB-SLAM2 构建地图，可得到环境轮廓和相机运动轨迹。

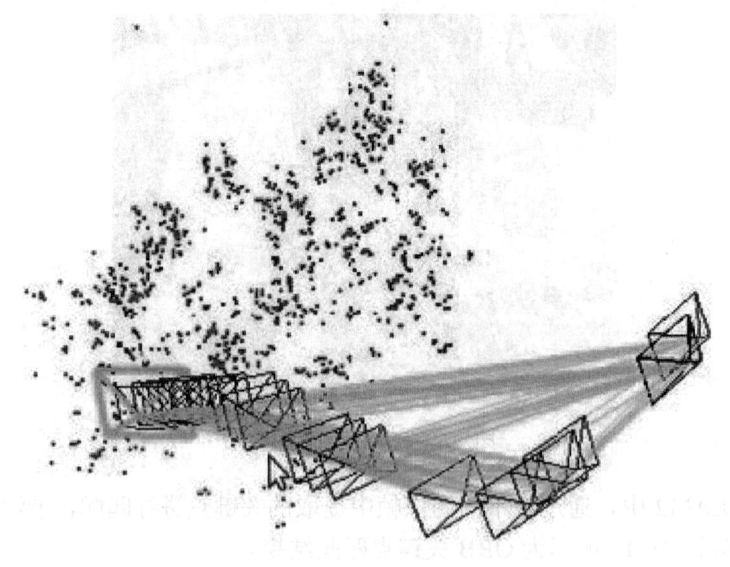

图 16-12　ORB-SLAM2 建图

3. ORB-SLAM3

ORB-SLAM3 发布于 2021 年，在 ORB-SLAM2 的基础上，ORB-SLAM3 做出了以下改进：

① 增加了针孔和鱼眼镜头模型的使用，同时增加了视觉惯性融合的 SLAM 方案。视觉和惯性的融合方案提高了轨迹跟踪的精度。

② 增加了多地图模块，用于保存子地图。当跟踪线程丢失时，ORB-SLAM3 会在之前构建的子地图中进行查询匹配，如果匹配成功，则跟踪线程继续；如果匹配不成功，则构建新的子地图。同时当子地图存在重合部分时，进行地图融合。

4. ORB-SLAM2 的安装和使用

ORB-SLAM2 是一个 CMake 工程，在工程文件夹下的 README.md 文件中，官方给出了详细的下载和使用说明，在此简单介绍该工程的安装和使用。

1）ORB-SLAM2 的安装

（1）前提准备。推荐在 Ubuntu 16.0.4 系统下安装 ORB-SLAM2，安装 ORB-SLAM2 需要的依赖如下：

① C++11 或 C++0x 编译器。

② 需要使用 C++11 的线程和计时功能。

③ 使用 Pangolin 进行可视化和用户界面构建。

（2）安装依赖项。在 Ubuntu16.0.4 系统下，打开命令终端，依次输入以下命令安装依赖库。

```
$ sudo apt-get install libglew-dev
$ sudo apt-get install libboost-dev libboost-thread-dev libboost-filesystem-dev
$ sudo apt-get install libpython2.7-dev
```

（3）安装 Pangolin。

```
$ git clone https://github.com/stevenlovegrove/Pangolin.git
$ cd Pangolin
$ mkdir build
$ cd build
$ cmake -DCPP11_NO_BOOSR=1 ..
$ make -j
```

2）OpenCV 3.4 的安装

使用 OpenCV 处理图像和特征。

OpenCV 版本最低要求为 2.4.3，建议使用 OpenCV 2.4.11 或 OpenCV 3.4。

（1）安装依赖项。

```
$ sudo apt-get install build-essential libgtk2.0-dev libavcodec-dev libavformat-dev
libjpeg.dev
$ sudo apt-get install libtiff4.dev libswscale-dev libjasper-dev
```

（2）安装 OpenCV3.4。

在官网下载安装包，在安装包文件夹建立 build 文件夹，编译文件夹。

```
$ cd opencv-3.4.5
$ mkdir build
$ cd build
$ cmake ..
$ make
$ sudo make install
```

（3）配置环境变量。

```
$ sudo vim /etc/ld.so.conf.d/opencv.conf
```

在打开的空白文件中添加 /usr/local/lib，执行 sudo ldconfig，使配置的环境变量生效。

（4）配置.bashrc。末尾添加下面内容：

```
//打开.bashrc
$ sudo vim /etc/bash.bashrc
//添加以下两行内容到.bashrc
$ PKG_CONFIG_PATH=$PKG_CONFIG_PATH:/usr/local/lib/pkgconfig
export PKG_CONFIG_PATH
```

（5）source 与 update。

```
$ source /etc/bash.bashrc
$ sudo updatedb
```

（6）测试是否正常安装（安装成功会出现带“hello opencv”字样的窗口），实现效果示例如图 16-13 所示。

```
$ cd opencv-3.4.5/samples/cpp/example_cmake
$ cmake .
$ make
```

$./opencv_example

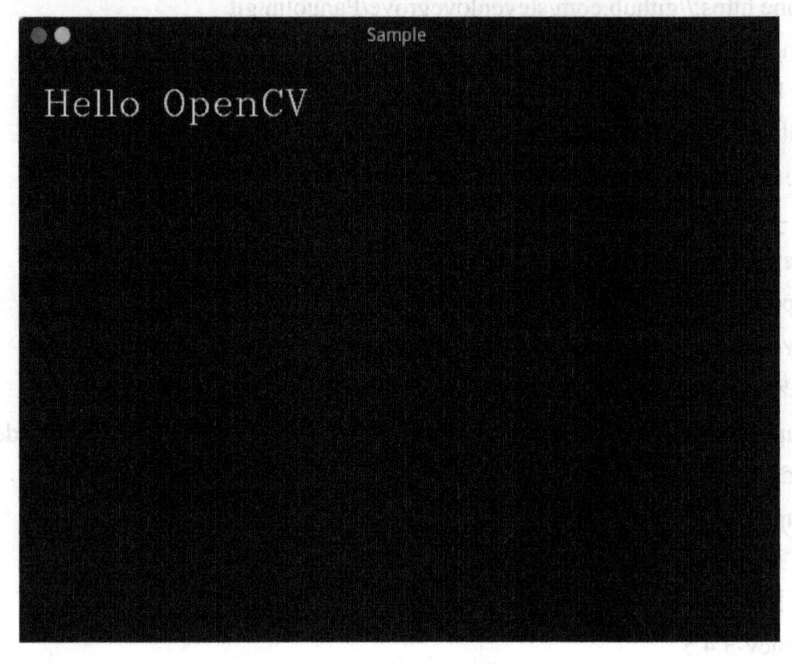

图 16-13　OpenCV 实现效果示例

3）安装 Eigen3

Eigen3 依赖于 g2o。

Eigen3 版本最低要求为 3.1.0，官网下载安装包，在安装包文件夹下编译。

```
$ cd eigen-git-mirror
$ mkdir build
$ cd build
$ cmake ..
$ sudo make install
#安装后，头文件安装在/usr/local/include/eigen3/
#移动头文件
$ sudo cp -r /usr/local/include/eigen3/Eigen /usr/local/include
```

DBoW2 和 g2o（包含在第三方文件夹中）

使用修改版的 DBoW2 库进行位置识别，使用修改版的 g2o 库实现非线性优化。修改版的 DBoW2 库位于工程文件夹下 Thirdparty 文件夹中。

4）安装 ORB_SLAM2

```
$ git clone https://github.com/raulmur/ORB_SLAM2.git ORB_SLAM2
$ cd ORB_SLAM2
$ chmod +x build.sh
$./build.sh
```

2. ORB-SLAM2 的使用

在 README.md 文件中说明了各种案例的使用步骤，在此介绍 RGB-D 相机 TUM 数据集，官方示例的使用如下。

1）下载数据集

从 http://vision.in.tum.de/data/datasets/rgbd-dataset/download 下载 freiburg1 数据集。

2）运行

将 PATH_TO_SEQUENCE_FOLDER 更改为已解压数据集的目录。

$./Examples/RGB-D/rgbd_tum Vocabulary/ORBvoc.txt Examples/RGB-D/TUM1.yaml PATH_TO_SEQUENCE_FOLDER Examples/RGB-D/associations/fr1_xyz.txt

ORB-SLAM2 的使用效果如图 16-14 所示。

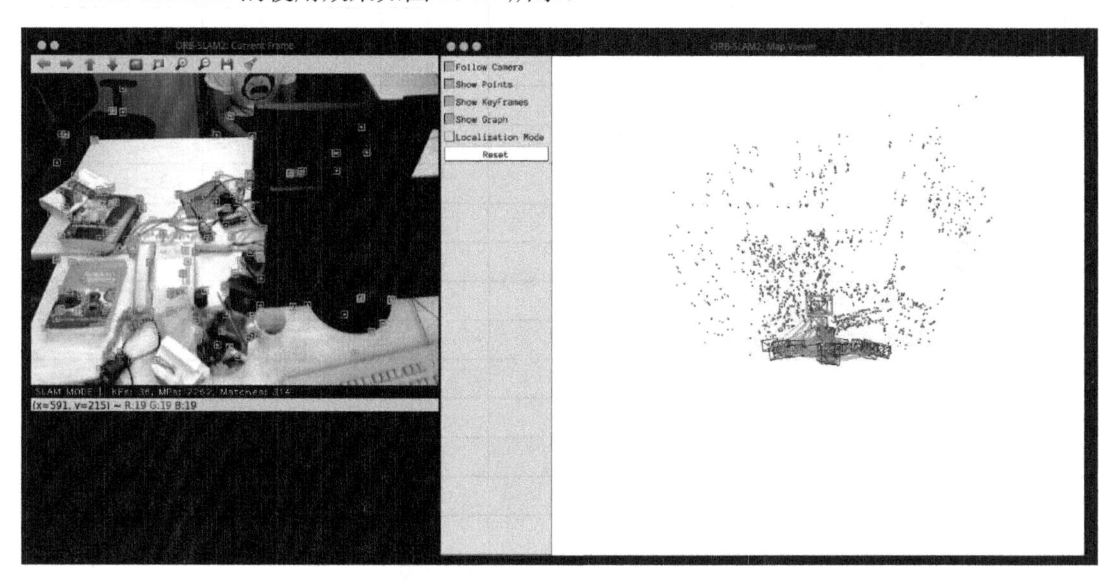

图 16-14　ORB-SLAM2 的使用效果

【任务设计】

本任务的设计要点如下：

① 任务要求。

② 任务所需的工具及环境。

③ 任务实施过程。

④ 结果展示与解析。

【任务实施】

先安装依赖库及 ORB-SLAM2，最后运行通过加载 RGB-D 相机 TUM 数据集构建三维稀疏地图。

【任务评价】

填写表 16-1 所列任务过程评价表。

表 16-1　任务过程评价表

任务实施人姓名______________　　学号________________　　时间___________

评价项目及标准		分值	小组评议	教师评议
技术能力	1. 基础概念的熟悉度	10		
	2. 安装 ORB-SLAM2 依赖库	10		
	3. 安装 ORB-SLAM2 软件包	10		
	4. 发布数据包	10		
	5. 运行 ORB-SLAM	10		
	6. 构建三维稀疏地图	10		
执行能力	1. 出勤情况	5		
	2. 遵守纪律情况	5		
	3. 是否主动参与，有无提问记录	5		
	4. 有无职业意识	5		
社会能力	1. 能否有效沟通	5		
	2. 能否使用基本的文明礼貌用语情况	5		
	3. 能否与组员主动交流、积极合作	5		
	4. 能否自我学习及自我管理	5		
		100		
评定等级：				
评价意见		学习意见		

评定等级：A：优，得分>90；B：好，得分>80；C：一般，得分>60；D：有待提高，得分<60。

任务 16 练习

1. 填空题

按照工作方式的不同，视觉 SLAM 技术使用的相机可以分为________、_________和______ 三大类。

2. 简答题

（1）什么是图像的关键点？

（2）SLAM 的定义是什么？